现代数控技术系列（第4版）

现代数控加工工艺及操作技术

王彪　李清　蓝海根　刘中柱　编著

U0345732

国防工业出版社

·北京·

内 容 简 介

本书共9章。第1章总体概述了数控机床的组成、分类及特点;第2章系统介绍了数控加工工艺设计及所需工艺文件;第3章着重介绍了数控刀具的种类、特点、材料及选用、对刀方法,并对数控工具系统进行了介绍;第4章介绍工件的定位、装夹及夹具选用等内容;第5章至第8章以 FANUC、SIEMENS、HNC 等常见数控系统为例,详细介绍了数控车床、数控铣床、数控加工中心、数控电火花、线切割机床的基本操作与加工方法,考虑到各种版本的使用现状和未来发展,对多种版本进行了介绍,使本书具有较广泛的指导作用,对学习其他数控系统会具有一定普遍意义;第9章对数控机床的选用、调试、验收、维护以及故障处理等一些实际应用问题做了必要的说明。

全书兼顾数控加工技术的先进性与实用性,内容详简得当、层次分明,可作为高等院校机电类相关专业的教学教材,也可供从事数控加工技术与维修工作的人员参考。

图书在版编目(CIP)数据

现代数控加工工艺及操作技术/王彪编著. —北京:国防工业出版社,2016.4
(现代数控技术系列/王爱玲主编)
ISBN 978 – 7 – 118 – 10667 – 1

Ⅰ.①现... Ⅱ.①王... Ⅲ.①数控机床 – 加工 ②数控机床 – 操作 Ⅳ.①TG659

中国版本图书馆 CIP 数据核字(2016)第 030624 号

※

*国防工业出版社*出版发行
(北京市海淀区紫竹院南路23号 邮政编码100048)
三河市鼎鑫印务有限公司印刷
新华书店经售
*
开本 787×1092 1/16 印张 19¾ 字数 448 千字
2016 年 4 月第 4 版第 1 次印刷 印数 1—5000 册 定价 55.00 元

(本书如有印装错误,我社负责调换)

国防书店:(010)88540777   发行邮购:(010)88540776
发行传真:(010)88540755   发行业务:(010)88540717

"现代数控技术系列"（第4版）总序

中北大学数控团队近期完成了"现代数控技术系列"（第4版）的修订工作,分六个分册:《现代数控原理及控制系统》《现代数控编程技术及应用》《现代数控机床》《现代数控机床伺服及检测技术》《现代数控机床故障诊断及维修》《现代数控加工工艺及操作技术》。该系列书2001年1月初版,2005年1月再版,2009年3月第3版,系列累计发行超过15万册,是国防工业出版社的品牌图书(其中,《现代数控机床伺服及检测技术》被列为普通高等教育"十一五"国家级规划教材,《现代数控原理及控制系统》还被指定为博士生入学考试参考用书)。国内四五十所高等院校将系列作为相关专业本科生或研究生教材,企业从事数控技术的科技人员也将该系列作为常备的参考书,广大读者给予很高的评价。同时本系列也取得了较好的经济效益和社会效益,为我国飞速发展的数控事业做出了相当大的贡献。

根据读者的反馈及收集到的大量宝贵意见,在第4版的修订过程中,对本系列书籍(教材)进行了较大幅度的增、删和修改,主要体现在以下几个方面:

（1）传承数控团队打造"机床数控技术"国家精品课程和国家精品网上资源共享课程时一贯坚持的"新""精""系""用"要求(及时更新知识点、精选内容及参考资料、保持现代数控技术系列完整性、体现教材的科学性和实用价值)。

（2）通过修订,重新确定各分册具体内容,对重复部分进行了协调删减。对必须有的内容,以一个分册为主,详细叙述;其他分册为保持全书内容完整性,可简略介绍或指明参考书名。

（3）本次修订比例各分册不太一样,大致在30%～60%之间。

变更最大的是以前系列版本中《现代数控机床实用操作技术》,由于其与系列其他各本内容不够配套,第4版修订时重新编写成为《现代数控加工工艺及操作技术》。

《现代数控原理及控制系统》除对各章内容进行不同程度的更新外,特别增加了一章目前广泛应用的"工业机器人控制"。

《现代数控编程技术及应用》整合了与《现代数控机床》重复的内容,删除了陈旧的知识,增添了数控编程实例,还特别增加一章"数控宏程序编制"。

《现代数控机床》对各章节内容进行更新和优化,特别新增加了数控机床的人机工程学设计、数控机床总体设计方案的评价与选择等内容。

《现代数控机床伺服及检测技术》更新了伺服系统发展趋势的内容,增加了智能功率模块、伺服系统的动态特性、无刷直流电动机、全数字式交流伺服系统、电液伺服系统等内容,并对全书的内容进行了优化。

《现代数控机床故障诊断及维修》对原有内容进行了充实、精炼,对原有的体系结构进行了更新,增加了大量新颖的实例,修订比例达到60%以上。第9章及第11章5、6节全部内容是新增加的。

（4）为进一步提升系列书的质量、有利于团队的发展,对参加编著的人员进行了调整。给学者们提供了一个新的平台,让他们有机会将自己在本学科的创新成果推广和应用到实践中去。具体内容见各分册详述及引言部分的介绍。

（5）为满足广大读者,特别是高校教师需要,本次修订时,各分册将配套推出相关内容的多媒体课件供大家参考、与大家交流,以达到共同提高的目的。

中北大学数控团队老、中、青成员均为第一线教师及实训人员,部分有企业工作经历,这是一支精诚团结、奋发向上、注重实践、甘愿奉献的队伍。一直以来坚守着信念:热爱我们的教育事业,为实现我国成为制造强国的梦想,为我国飞速发展的数控技术多培养出合格的人才。

从20世纪80年代王爱玲为本科生讲授"机床数控技术"开始,团队成员在制造自动化相关的科技攻关及数控专业教学方面获得了20多项国家级、省部级奖项。为适应培养数控人才的需求,团队特别重视教材建设,至今已编著出版了50多部数控技术相关教材、著作,内容涵盖了数控理论、数控技术、数控职业教育、数控操作实训及数控概论介绍等各个层面,逐步完善了数控技术教材系列化建设。

希望本次修订的"现代数控技术系列"(第4版)带给大家更多实用的知识,同时也希望得到更多读者的批评指正。

王爱玲

2015年8月

引　言

本书在"现代数控技术系列"中的《现代数控机床实用操作技术》（第3版）一书的基础上修订。

《现代数控机床实用操作技术》于2002年1月正式出版，全书共分5章，侧重于几种常见数控系统的实际操作技术，并对编程操作进行了简要叙述。为适应数控技术发展变化，该书于2005年1月进行了第2版修订，2009年3月又进行了第3版修订。本次修订对数控操作技术所必需的基础知识，如数控机床的坐标系统、与操作相关的编程基础和工艺知识及对刀方法等做了大量补充，并增加或更换了几种常见数控系统的基本操作方法和加工实例；对数控机床的选用与安装调试等一些实际操作问题也做了必要的补充说明。另外为了与系列中其他书籍在内容上的协调，本次修订删除了"数控机床的编程操作"一章。

追踪前三版的发行和使用情况发现：本书对读者的定位不够清晰和明确，本科中缺乏使用该书的相应课程；研究生阶段使用该书，理论的系统性不强，深度不够；对于高职高专学生，由于侧重点不同，也只能作为提升和拓展知识的参考书。

针对上述问题，本次修订时，决定将书名改为《现代数控加工工艺及操作技术》，新书保留原书实用操作技术的主要内容，重点增加数控加工工艺的相应内容，弥补原书注重操作技术，而缺少系统的工艺理论基础的缺陷。在操作技术中，按照最新数控系统，修改原书中陈旧和过时的内容，并增加了五轴数控机床的相关操作内容，使新书从工艺理论基础和实用操作两个层面都得到全面的提升，从而与系列中的其他分册更加协调与统一。

修订后本书共分9章。第1～4章，为数控加工概述、数控加工工艺设计、刀具及使用、装卡定位等内容，突出与操作技术相关的数控加工工艺的特点；第5～8章，为精选车、铣、加工中心与特种加工设备的操作技术，特别是线切割加工一章体现了作者团队在具体开发应用方面原创性成果；第9章为机床的选用与维护，删减数控机床故障分析与处理的部分内容，避免与丛书中其他分册的内容重复。

本书可作为高等院校机械设计制造及其自动化相关专业本科生教材；对从事数控设备使用、维修人员，工程设计技术人员有较大的参考价值，也可作为各种层次的继续工程教育用数控培训教材。

程教育用数控培训教材。

　　本书第 1、9 章由王彪编写；第 2、3 章由李清编写；第 4 章由赵丽琴编写；第 5、6、7、8 章由蓝海根编写；第 7 章由刘中柱编写。系列总主编王爱玲教授对全书进行了主审。对上述同志为本书修订再版所做的工作一并致谢。

　　数控技术发展日新月异，由于编著者水平有限，书中的不妥之处恳请读者批评指正。

作者

2015 年 8 月

目　　录

第1章 数控加工概述

数控机床(Numerically Controlled Machine Tool,NC)是采用数控技术控制的机床,即装备了数控系统的机床。由于现代数控机床都用计算机来进行控制,所以一般称为计算机数控(CNC)机床。数控机床具有适应性强、加工精度高、加工质量稳定和生产效率高的优点。随着机床数控技术的迅速发展,数控机床在机械制造业中的地位越来越重要,已成为现代制造技术的基础。

1.1 数控机床的组成及性能指标

1.1.1 数控机床的组成与结构

1. 数控机床的组成

数控机床主要由控制介质、数控装置、伺服系统和机床本体四部分组成,对于闭环系统还要有测量反馈装置。数控机床的组成框图如图1-1所示。

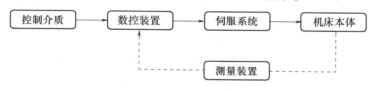

图1-1 数控机床的组成

1)控制介质

在数控机床上加工时,控制介质是存储数控加工所需要的全部动作和刀具相对于工件位置等信息的信息载体,它记载着零件的加工工序。

数控机床中,控制介质更新很快,至于采用哪一种,则取决于数控装置的类型。此外,还可以利用键盘手工输入程序及数据(MDI方式)。随着CAD/CAM技术的发展,有些系统还可利用CAD/CAM软件在其他计算机上编程,然后通过计算机与数控系统通信,将程序和数据直接传送给数控装置。

2)数控装置

数控装置是数控机床的核心,其功能是接受输入装置输入的数控程序中的加工信息,经过数控装置的系统软件或逻辑电路进行译码、运算和逻辑处理后,发出相应的脉冲送给伺服系统,使伺服系统带动机床的各个运动部件按数控程序预定要求动作。一般由输入/输出装置、控制器、运算器、各种接口电路、CRT显示器等硬件以及相应的软件组成。数控装置能完成信息的输入、存储、变换、插补运算以及实现各种控制功能,其主要功能如下:

1

（1）多轴联动控制；

（2）直线、圆弧、抛物线等多种函数的插补；

（3）输入、编辑和修改数控程序功能；

（4）数控加工信息的转换功能：ISO/EIA 代码转换、公英制转换、坐标转换、绝对值和相对值的转换、计数制转换等；

（5）刀具半径、长度补偿，传动间隙补偿，螺距误差补偿等补偿功能；

（6）实现固定循环、重复加工、镜像加工等多种加工方式的选择；

（7）在 CRT 上显示字符、轨迹、图形和动态演示等功能。

3）伺服系统

伺服系统由伺服驱动电动机和伺服驱动装置组成，它是数控系统的执行部分。伺服系统接受数控系统的指令信息，并按照指令信息的要求带动机床的移动部件运动或使执行部分动作，以加工出符合要求的零件。

伺服系统是数控机床的关键部件，它直接影响数控加工的速度、位置、精度等。一般来说，数控机床的伺服驱动系统，要求有较高的刚度、好的快速响应性能，以及能灵敏而准确地跟踪指令功能。

伺服机构中常用的驱动装置，随控制系统的不同而不同。开环系统的伺服系统常用步进电机；闭环系统常用的是直流伺服电机和交流伺服电机，都带有感应同步器、编码器等位置检测元件，而交流伺服电机正在取代直流伺服电机。

4）机床本体

机床本体是数控机床的主体，主要由机床的基础大件（如床身、底座）和各运动部件（如工作台、床鞍、主轴等）所组成。它是完成各种切削加工的机械部分，是在原普通机床的基础上改进而得到的，与传统的手动机床相比，数控机床的外部造型、整体布局、传动系统与刀具系统的部件结构及操作机构等方面都已发生了很大的变化。这种变化的目的是为了满足数控机床的要求和充分发挥数控机床的特点。数控机床的主体结构有下面几个特点：

（1）数控机床采用了高性能的主轴及伺服传动系统，机械传动结构简化，传动链较短；

（2）数控机床的机械结构具有较高的动态特性、动态刚度、阻尼精度、耐磨性以及抗热变形性能，适应连续地自动化加工；

（3）更多地采用高效传动部件，如滚珠丝杠副、直线滚动导轨等。

除上述四个主要部件外，数控机床还有一些辅助装置和附属设备，如电器，液压、气动系统与冷却、排屑、润滑、照明、储运等装置以及编程机、对刀仪等。

2. 数控机床的结构布局

1）数控车床的典型布局

数控车床在刀架和床身导轨的布局形式上与传统车床相比发生了根本的变化，这是因为刀架和床身导轨的布局形式不仅影响车床的结构和外观，还直接影响数控车床的使用性能，如刀具和工件的装夹、切屑的清理以及车床的防护维修等。数控车床床身导轨与水平面的相对位置有四种布局形式。

（1）水平床身。如图 1-2（a）所示，水平床身的工艺性好，便于导轨面的加工。水平床身配上水平放置的刀架可提高刀架的运动精度，但水平刀架增加了机床宽度方向的结构尺寸,且床身下部排屑空间小,排屑困难。

（2）水平床身斜刀架。如图1-2（b）所示,水平床身配上倾斜放置的刀架滑板,这种布局形式的床身工艺性好,车床宽度方向的尺寸也较水平配置滑板的要小且排屑方便。

（3）斜床身。如图1-2（c）所示,斜床身的导轨倾斜角度多采用30°、45°、60°、75°等角度。它和水平床身斜刀架滑板都因具有排屑容易、操作方便、机床占地面积小、外形美观等优点而被中小型数控车床普遍采用。

（4）立床身。如图1-2（d）所示,从排屑的角度来看,立床身布局最好,切屑可以自由落下,不易损伤导轨面,导轨的维护与防护也较简单,但机床的精度不如其他三种布局形式高,故运用较少。

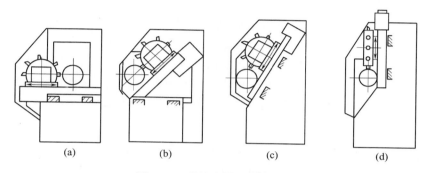

(a)	(b)	(c)	(d)

图1-2　数控车床的布局形式

2）数控铣床的典型布局

数控铣床一般分为立式和卧式两种,其典型布局有四种,如图1-3所示,不同的布局形式可以适应不同的工件形状、尺寸及重量。如图（a）适应较轻工件,图（b）适应较大尺

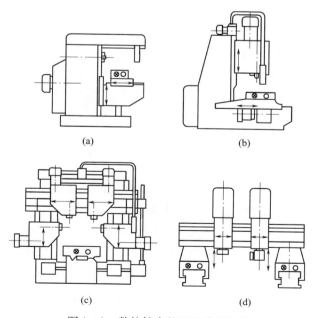

(a)	(b)
(c)	(d)

图1-3　数控铣床的四种典型布局

3

寸工件,图(c)适应较重工件,图(d)适应更重、更大工件。

1.1.2 数控机床的工作过程

数控机床的所有运动包括主运动、进给运动及各种辅助运动,都是用输入数控装置的数字信号来控制的。具体而言,数控机床的工作过程如图 1-4 所示,其主要步骤是:

（1）根据被加工零件图中所规定的零件的形状、尺寸、材料及技术要求等,制定工件加工的工艺过程,刀具相对工件的运动轨迹、切削参数以及辅助动作顺序等,进行零件加工的程序设计;

（2）用规定的代码和程序格式编写零件加工程序单;

（3）按照程序单上的代码制作穿孔带（控制介质）;

（4）通过输入装置（如光电阅读机或磁盘驱动器）把控制介质上的加工程序输入给数控装置;

（5）启动机床后,数控装置根据输入的信息进行一系列的运算和控制处理,将结果以脉冲形式送往机床的伺服机构（如步进电机、直流伺服电机、交流伺服电机等）;

（6）伺服机构驱动机床的运动部件,使机床按程序预定的轨迹运动,从而加工出合格的零件。

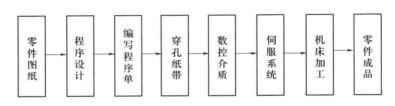

图 1-4　数控机床的工作过程

1.1.3 数控机床的性能指标

数控机床的性能指标一般有精度指标、坐标轴指标、运动性能指标及加工能力指标等,其内容及含义与影响可参见表 1-1。

表 1-1　数控机床的性能指标

种类	项目	含　义	影　响
精度指标	定位精度	数控机床工作台等移动部件在确定的终点所达到的实际位置的水平	直接影响加工零件的位置精度
	重复定位精度	同一数控机床上,应用相同程序加工一批零件所得连续质量的一致程度	影响一批零件的加工一致性、质量稳定性
	分度精度	分度工作台在分度时,理论要求回转的角度值和实际回转角度值的差值	影响零件加工部位的空间位置及孔系加工的同轴度等
	分辨力	指数控机床对两个相邻的分散细节间可分辨的最小间隔,即可识别的最小单位的能力	决定机床的加工精度和表面质量
	脉冲当量	执行运动部件的最小移动量	

4

种类	项目	含　义	影响
坐标轴	可控轴数	机床数控装置能控制的坐标数目	影响机床功能、加工适应性和工艺范围
	联动轴数	机床数控装置控制的坐标轴同时到达空间某一点的坐标数目	
运动性能指标	主轴转速	机床主轴转速（目前普遍达到 5000r/mim ~ 10000r/min）	可加工小孔和提高零件表面质量
	进给速度	机床进给线速度	影响零件加工质量、生产效率、刀具寿命等
	行程	数控机床坐标轴空间运动范围	影响零件加工大小（机床加工能力）
	摆角范围	数控机床摆角坐标的转角大小	影响加工零件的空间大小及机床刚度
	刀库容量	刀库能存放加工所需的刀具数量	影响加工适应性及加工资源
	换刀时间	带自动换刀装置的机床将主轴用刀与刀库中下道工序用刀交换所需时间	影响加工效率
加工能力指标	每分钟最大金属切除率	单位时间内去除金属余量的体积	影响加工效率

1.2　数控机床的分类

目前,数控机床的品种很多,结构、功能各不相同,从不同角度可以将数控机床划分为不同的类别。由于本书主要内容为数控加工工艺和操作技术,所以本书从以下几个角度进行分类。

1.2.1　按工艺用途分类

1. 金属切削类数控机床

这类数控机床包括数控车床、数控钻床、数控铣床、数控磨床、数控镗床以及加工中心。切削类数控机床发展最早,目前种类繁多,功能差异也较大。这里特别强调的是加工中心,也称为可自动换刀的数控机床。这类数控机床都带有一个刀库,可容纳 10 ~ 100 多把刀具。其特点是:工件一次装夹可完成多道工序。为了进一步提高生产率,有的加工中心使用双工作台,一边加工,一边装卸,工作台可自动交换等。

2. 金属成型类数控机床

这类机床包括数控折弯机、数控组合冲床、数控弯管机、数控回转头压力机等。此类机床起步晚,但目前发展很快。

3. 数控特种加工机床

这类机床有数控线（电极）切割机床、数控电火花加工、火焰切割机、数控激光切割机床等。

4. 其他类型的数控机床

这类机床有数控三坐标测量机等。

1.2.2 按数控机床的功能水平分类

可将数控机床分为高、中、低档三类,但是这种分类方法没有一个确切定义。数控机床水平高低由主要技术参数、功能指标和关键部件的功能水平决定。表1-2是几个评价数控机床档次的参考条件。

还可以按数控机床的联动轴数来分类,这样可以分为2轴联动、2.5轴联动、3轴联动、4轴联动、5轴联动等数控机床。其中2.5轴联动是三个坐标轴中任意两轴联动,第三轴点位或直线控制。

表1-2　数控机床档次参考条件

参考条件 \ 档次	低档	中档	高档
分辨力/μm	10	1	0.1
进给速度/(m/min)	8～15	15～24	15～100
联动坐标数(轴)	2～3	3～5	3～5 及以上
显示功能	数码管、阴极射线管(CRT)	具备字符、图形人机对话、自诊断(CRT)	具备三维动态图形显示(CRT)
通信功能	无通信功能	RS232 或 DNS 接口	具有 MAP 接口和网络功能

1.2.3 按所用数控装置的构成方式分类

1. 硬线数控系统

硬线数控系统使用硬线数控装置,它的输入处理、插补运算和控制功能都由专用的固定组合逻辑电路来实现,不同功能的机床,其组合逻辑电路也不相同。改变或增减控制、运算功能时,需要改变数控装置的硬件电路,因此通用性和灵活性差,制造周期长,成本高。20世纪70年代初期以前的数控机床基本上均属于这种类型。

2. 软线数控系统

软线数控系统也称为计算机数控系统(CNC),它使用软线数控装置。这种数控装置的硬件电路是由小型或微型计算机再加上通用或专用的大规模集成电路制成,数控机床的主要功能几乎全部由系统软件来实现,所以不同功能的数控机床其系统软件也就不同,而修改或增减系统功能时,也不需要变动硬件电路,只需要改变系统软件,因此具有较高的灵活性。同时,由于硬件电路基本上是通用的,这就有利于大量生产、提高质量和可靠性、缩短制造周期和降低成本。从20世纪70年代中期以后,随着微电子技术的发展和微型计算机的出现,以及集成电路的集成度不断提高,计算机数控系统才得到不断发展和提高,目前几乎所有的数控机床都采用了软线数控系统。

1.3 数控机床的特点和应用范围

1.3.1 数控机床与普通机床的区别

数控机床与普通机床的区别主要有:

(1)数控机床一般具有手动加工(用电手轮)、机动加工和控制程序自动加工功能,加工过程中一般不需要人工干预。普通机床只有手动加工和机动加工功能,加工过程全部由人工干预。

(2)数控机床一般具有 CRT 屏幕显示功能,以显示加工程序、多种工艺参数、加工时间、刀具运动轨迹以及工件图形等。数控机床一般还具有自动报警显示功能,根据报警信号或报警提示,可以迅速查找机器故障。普通机床不具备上述功能。

(3)数控机床主传动和进给传动采用直流或交流无级调速伺服电动机,一般没有主轴变速箱和进给变速箱,传动链短。普通机床主传动和进给传动一般采用三相交流异步电动机,由变速箱实现多级变速以满足工艺要求,机床传动链长。

(4)数控机床一般具有工件测量系统,加工过程中一般不需要进行工件尺寸的人工测量。普通机床在加工过程中必须由人工不断地进行测量,以保证工件的加工精度。

数控机床与普通机床最显著的区别:当对象(工件)改变时,数控机床只需改变加工程序(应用软件),而不需要对机床作较大的调整,即能加工出各种不同的工件。

1.3.2 数控机床的特点

1. 对加工对象改型的适应性强

数控机床实现自动加工的控制信息是由控制介质提供的,或以手工方式通过键盘输入给控制机。当加工对象改变时,除了更换相应的刀具和解决毛坯装夹方式外,只需要重新编制程序,更换一条新的穿孔纸带,或手动输入程序就能实现对零件的加工。它不同于传统的机床,不需要制造、更换许多工具、夹具和模具,更不需要重新调整机床。它缩短了生产准备周期,而且节省了大量工艺装备费用。因此,数控机床可以很快地从加工一种零件转变为加工另一种零件,这就为单件、小批及试制新产品提供了极大便利。

2. 加工精度高

数控机床是按以数字形式给出的指令进行加工的,由于目前数控装置的脉冲当量(即每输出一个脉冲后数控机床移动部件相应的移动量)普遍达到了 0.001mm,而且进给传动链的反向间隙与丝杆螺距误差等均可由数控装置进行补偿,因此,数控机床能达到比较高的加工精度。对于中、小型数控机床,定位精度普遍可达到 0.03mm,重复定位精度为 0.01mm。由于数控机床传动系统与机床结构都具有很高的刚度和热稳定性,所以提高了它的制造精度,特别是数控机床的自动加工方式避免了生产者的人为操作误差,同一批加工零件的尺寸一致性好,产品合格率高,加工质量十分稳定。对于需要多道工序完成的零件,特别是箱体类零件,使用加工中心一次安装能进行多道工序连续加工,减少了安装误差,使零件加工精度进一步提高。对于复杂零件的轮廓加工,在编制程序时已考虑到对进给速度的控制,可以做到在曲率变化时,刀具沿轮廓的切向进给速度基本不变,被加工表面就可获得较高的精度和表面质量。

3. 加工生产率高

零件加工所需要的时间包括机动时间与辅助时间两部分。数控机床能够有效地减少这两部分时间,因而加工生产效率比一般机床高得多。数控机床主轴转速和进给量的范围比普通机床的范围大,每一道工序都能选用最有利的切削用量,良好的结构刚性允许数控机床进行大切削用量的强力切削,有效地节省了机动时间。数控机床移动部件的快速移动和定位均采用了加速和减速措施,因而选用了很高的空行程运动速度,消耗在快进、快速和定位的时间要比一般机床的少得多。

数控机床在更换被加工零件时几乎不需要重新调整机床,而零件又都安装在简单的定位夹紧装置中,可以节省不少用于停机进行零件安装调整的时间。

数控机床的加工精度比较稳定,在穿孔带经过校验以及刀具完好情况下,一般只作首件检验或工序间关键尺寸抽样检验,因而可以减少停机检验时间。因此数控机床的利用系数比一般机床的高得多。

在使用带有刀库和自动换刀装置的数控加工中心机床时,在一台机床上实现了多道工序的连续加工,减少了半成品的周转时间,生产效率的提高就更为明显。

4. 减轻劳动强度,改善劳动条件

利用数控机床进行加工,首先要按图样要求编制加工程序,然后输入程序,调试程序,安装零件进行加工,观察监视加工过程并装卸零件。除此之外,不需要进行繁重的重复性手工操作,劳动强度与紧张程度均可大为减轻,劳动条件也因此得到相应的改善。

5. 良好的经济效益

在使用数控机床加工零件时,分摊在每个零件上的设备费用是较昂贵的。但在单件、小批生产情况下,可以节省许多其他费用,因此能够获得良好的经济效益。

在使用数控机床加工之前节省了划线工时,在零件安装到机床上之后可以减少调整、加工和检验时间,减少了直接生产费用。另一方面,由于数控机床加工零件不需要手工制作模型、凸轮、钻模板及其他工夹具,节省了工艺装备费用。此外,还由于数控机床的加工精度稳定,减少了废品率,使生产成本进一步下降。

6. 有利于生产管理的现代化

利用数控机床加工,能准确地计算零件的加工工时,并有效地简化检验、工夹具和半成品的管理工件。这些特点都有利于使生产管理现代化。

虽然数控机床有以上优点,但初期投资大,维修费用高,要求管理及操作人员素质也较高,因此,应合理地选择及使用数控机床,使企业获得最好的经济效益。

1.3.3 数控机床的应用范围

数控机床是一种高度自动化的机床,有一般机床所不具备的许多优点,所以数控机床的应用范围在不断扩大,但数控机床是一种高度机电一体化产品,技术含量高,成本高,使用维修都有一定难度,若从最经济的方面出发,数控机床适用于以下加工:

(1) 多品种、小批量零件;

(2) 结构较复杂,精度要求较高的零件;

(3) 需要频繁改型的零件;

（4）价格昂贵,不允许报废的关键零件;

（5）要求精密复制的零件;

（6）需要最短生产周期的急需零件;

（7）要求100%检验的零件。

图1-5表示了通用机床与数控机床、专用机床加工批量与综合费用的关系,图1-6表示了零件复杂程度及批量大小与机床的选用关系。

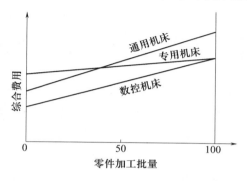

图1-5 零件加工批量与综合费用的关系　　　图1-6 零件复杂程度及批量与机床的选用关系

1.4 数控加工工艺特点和设计的基本原则

1.4.1 数控加工工艺特点

数控加工工艺规程是规定零部件或产品数控加工工艺过程和操作方法等内容的工艺文件。是在数控编程前对所加工的零件进行加工工艺分析、拟订工艺方案、选择数控机床、定位装夹方案和切削刀具等,还要确定走刀路线和切削用量并处理加工过程中的一些特殊工艺问题。生产规模的大小、工艺水平的高低以及解决各种工艺问题的方法和手段都要通过加工工艺规程来体现。数控加工工艺是以普通机械加工工艺为基础,针对数控机床加工中的典型工艺问题为研究对象的一门综合基础技术。数控加工技术水平的提高,不仅与数控机床的性能和功能紧密相关,而且数控加工工艺对数控加工质量也起着相当重要的作用。

随着数控技术在全世界范围内得到大规模的发展和应用,许多零件由于加工难度大、制造精度要求高,越来越多地采用了数控加工。在数控加工应用的初期阶段,数控加工工艺设计主要集中于机床控制、自动编程方法和软件的研究;随着数控加工应用的不断深入和拓展,全面分析数控加工工艺过程中涉及的机床、夹具、刀具、编程方法、走刀路线以及切削参数等影响因素,优化数控加工过程,成为加工工艺设计的重要内容。

1.4.2 数控加工工艺设计基本原则

数控加工工艺的设计原则与普通加工工艺相比较,既有相同之处,也有不同之处,这是由数控加工的特点决定的。普通加工工艺设计的基本原则是先粗后精、先主后次、先面

后孔、先基准后其他,以及便于装夹等。在制订数控加工工艺时,根据数控加工工艺的特点,一般应遵循以下原则:

1. 工序集中,一次定位

为了充分发挥数控机床的优势,提高生产效率,保证加工质量,数控加工编程中应遵循工序最大限度集中的原则,即零件在一次装夹中力求完成本台数控机床所能加工的更多表面。在确定路线时,要综合考虑最短加工路线和保证加工精度两者的关系。对于一些加工过程中易因重复定位而产生误差的零件,应采用一次定位的方式按顺序进行换刀作业,减少定位误差。根据零件特征,尽可能减少装夹次数。在一次装夹中,尽可能完成较多的加工表面,减少辅助时间,提高数控加工的生产效率。

2. 先粗后精

根据零件的加工精度、刚度和变形等因素划分工序时,应遵循粗、精加工分开的原则,即粗加工全部完成之后再进行半精加工、精加工。粗加工时可快速切除大部分余量,再依次精加工各个表面,这样既可提高生产效率,又可保证零件的加工精度和表面质量。粗加工时可快速切除大部分加工余量,尽可能减少走刀次数,缩短粗加工时间。精加工时主要保证零件加工的精度和表面质量,故通常精加工时零件的最终轮廓应由最后一刀连续精加工而成。粗、精加工之间最好间隔一段时间,以使粗加工后零件的应力得到充分释放后再进行精加工,进而提高零件的加工精度。此外应尽量在普通机床或其他机床上对零件进行粗加工,以减轻数控机床的负荷、保持数控机床的加工精度。

3. 先近后远、先面后孔

一般情况下,离对刀点近的部位先加工、离对刀点远的部位后加工,以便缩短刀具移动距离,减少空行程时间。对于车削,"先近后远"还有利于保持坯件或半成品的刚性,改善切削条件。对于既有铣平面、又有镗孔的零件加工,可按先铣平面、后镗孔的顺序进行。

4. 先内后外、内外交叉

对既有内表面(内型、内腔)又有外表面需要加工的零件,安排加工顺序时,通常应安排先加工内表面,后加工外表面。通常在一次装夹中,切不可将零件上某一部分表面(外表面或内表面)加工完毕后,再加工零件上的其他表面(内表面或外表面)。

5. 刀具与附件调用次数最少

在不影响加工精度的前提下,应减少换刀次数,减少空行程,节省辅助时间。为了减少换刀时间,同一把刀具工序尽可能集中,即在一次装夹中,尽可能用同一把刀具加工完工件上所有需要用该刀具加工的各个部位,并尽可能为下道工序做些预加工,例如,使用小钻头为大孔预钻位置孔或划位置痕;或用前道工序的刀具为后道工序进行粗加工,然后换刀后完成精加工或加工其他部位。同样,在保证加工质量的前提下,一次附件调用后,每次最大限度进行加工切削,以避免同一附件的多次调用、安装。

6. 走刀路线最短

在保证加工质量的前提下,使加工程序具有最短的走刀路线,不仅可以节省加工时间,而且还能减少一些不必要的刀具磨损及其他消耗。由于精加工切削过程的走刀路线基本上都是沿着零件轮廓顺序进行的,因此走刀路径的选择主要在于粗加工及空行程,一般清况下,若能合理选择起刀点、换刀点,合理安排各路径间空行程衔接,就能有效缩短空行程长度。

7. 程序段最少

在加工程序的编制工作中,应以最少的程序段数实现对零件的加工,这样不仅可以使程序简洁、减少出错的概率及提高编程工作的效率,而且可以减少程序段输入的时间及计算机内存的占用量。

8. 数控加工工序和普通工序的衔接

数控加工工序前后一般都穿插有其他普通加工工序,最好的方法是各道工序相互建立状态要求,各道工序必须前后兼顾、综合考虑,目的是达到共同满足加工要求,且质量目标及技术要求明确,各道工序交接验收有依据。

9. 连续加工

在加工半封闭或封闭的内、外轮廓中,应尽量避免加工停顿现象。由于工艺系统在加工过程中暂时处于动态平衡弹性变形状态下,若忽然进给停顿,切削力会明显减小,就会失去原工艺系统的平衡,使刀具在停顿处留下痕迹,因此,在轮廓加工中应避免进给停顿,保证零件表面的加工质量。

当然,上述原则并不是一成不变的,对于某些特殊的情况,可根据实际情况,工艺设计采取灵活可变的方案。

第2章　数控加工工艺设计

数控加工工艺规程是规定产品零部件数控加工工艺过程和操作方法等内容的工艺文件。生产规模的大小、工艺水平的高低以及解决各种工艺问题的方法和手段都要通过加工工艺规程来体现。数控加工工艺以普通机械加工工艺为基础,针对数控机床加工中的典型工艺问题作为研究对象。数控加工技术水平的提高,不仅与数控机床的性能和功能紧密相关,而且数控加工工艺以及数控程序也起着相当重要的作用。在数控加工过程中,如果数控机床是硬件的话,数控工艺和数控程序则相当于软件,两者缺一不可。

2.1　数控加工工艺规程

2.1.1　机械加工工艺过程的组成

在机械加工工艺过程中,针对零件的结构特点和技术要求,采用不同的加工方法和装备,按照一定的顺序依次进行才能完成由毛坯到零件的转变过程。因此,机械加工工艺过程是由工序、安装、工位、工步和走刀组成。

1. 工序

机械加工工艺过程中的工序是指一个(或一组)工人,在一个工作地对同一个(或同时对几个)工件连续完成的那一部分加工过程。根据这一定义,只要工人、工作地点、工作对象(工件)之一发生变化或不是连续完成,应成为另一工序。例如图2-1所示零件

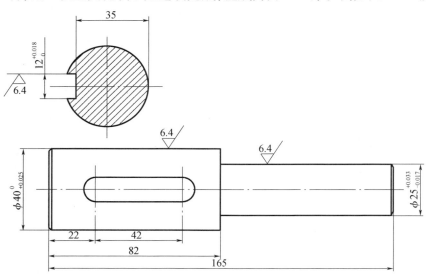

图2-1　阶梯轴零件图

的加工内容是:a. 加工小端面;b. 对小端面钻中心孔;c. 加工大端面;d. 对大端面钻中心孔;e. 车大端外圆;f. 对大端倒角;g. 车小圆外端;h. 对小端倒角;i. 铣键槽;j. 去毛刺。单件小批生产和大批大量生产时,工序划分可如表2-1和表2-2所列。工序是工艺过程的基本单元,是安排生产作业计划、制定劳动定额和配备工人数量的基本计算单元。

表2-1　阶梯轴单件小批生产工艺过程

工序号	工序内容	设备
1	加工小端面,对小端面钻中心孔,粗车小端外圆,对小端倒角;加工大端面,对大端面钻中心孔,粗车大端外圆;对大端倒角;精车外圆	车床
2	铣键槽,去毛刺	铣床

表2-2　阶梯轴大批大量生产工艺过程

工序号	工序内容	设备
1	加工小端面,对小端面钻中心孔,粗车小端外圆,对小端倒角	车床
2	加工大端面,对大端面钻中心孔,粗车大端外圆,对大端倒角	车床
3	精车外圆	车床
4	铣键槽,去毛刺	铣床

2. 安装

在同一个工序中,工件每定位和夹紧一次所能完成的那部分加工称为一个安装。在一个工序中,工件可能只需要安装一次,也可能需要安装几次。例如表2-1中的工序1,需要有4次定位和夹紧,才能完成全部工序内容,因此该工序共有4个安装;表2-1中工序2是在一次定位和夹紧下完成全部工序内容,故该工序只有一个安装(表2-3)。

表2-3　工序和安装

工序号	安装号	安装内容	设备
1	1	加工小端面,对小端面钻中心孔,粗车小端外圆,对小端倒角	车床
	2	加工大端面,对大端面钻中心孔,粗车大端外圆,对大端倒角	
	3	精车大端外圆	
	4	精车小端外圆	
2	1	铣键槽,去毛刺	铣床

3. 工位

在工件的一次安装中,通过分度(或位移)装置,使工件相对于机床床身变换加工位置,我们把每一个加工位置上所完成的工艺过程称为工位。在一个安装中,可能只有一个工位,也可能需要有几个工位。

如图2-2所示,工件在立轴式回转工作台上变换加工位置,共有4个工位,依次是装卸工件、钻孔、扩孔和铰孔,实现了在一次安装中进行钻孔、扩孔和铰孔加工。为了减少工件装夹次数和提高生产率,应适当采用多工位加工。

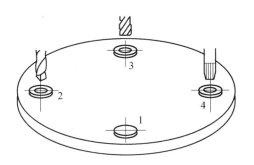

工位1：装卸工件　工位2：钻孔

工位3：扩孔　工位4：铰孔

图2-2　多工位安装

4．工步

在一个工位中，加工表面、切削刀具、切削速度和进给量都不变的情况下所连续完成的那一部分工序，称为一个工步。如立轴钻塔车床回转刀架的一次转位所完成的工位内容应属一个工步，因为刀具变化了，此时若有几把刀具同时参与切削，该工步称为复合工步，如图2-3、图2-4所示。应用复合工步的主要目的是为了提高工作效率。

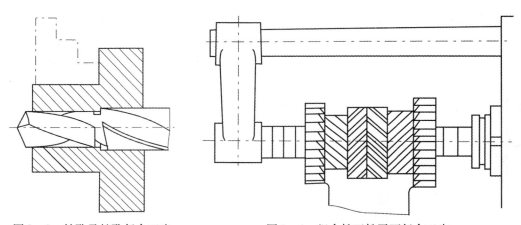

图2-3　钻孔及扩孔复合工步　　　　图2-4　组合铣刀铣平面复合工步

5．走刀

切削刀具在加工表面上切削一次所完成的工步内容，称为一次走刀。一个工步可包括一次或数次走刀。如果需要切去的金属层很厚，不能在一次走刀下切完，则需要分几次走刀。走刀是构成工艺过程的最小单元。如图2-5所示，将棒料加工成阶梯轴，第二工步车右端外圆分两次走刀。又如螺纹表面的车削加工和磨削加工，也属于多次走刀。

以上所述的工艺过程，也是数控加工工艺过程的基础，但随着数控技术的发展，数控机床的工艺和工序相对传统工艺更加复合化和集中化。例如目前国际上出现的双主轴结构数控车床，把各种工序（如车、铣、钻等）都集中在一台数控车床上来完成，就是非常典型的例子。这也体现出了数控机床工艺过程的独特之处。

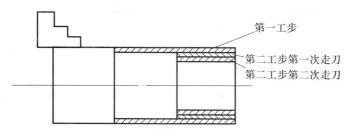

第一工步
第二工步第一次走刀
第二工步第二次走刀

图2-5 棒料车削加工成阶梯轴

如图2-6所示双主轴双刀塔数控车床,仅仅使用夹具一次装夹就可以对工件进行全部加工。可以在一道工序中加工同一工件的两个端面。加工完一个端面后,工件从主轴上转移到副主轴上,再进行另一个端面的加工。

图2-6 双主轴、双刀塔数控车床

又如图2-7所示车铣加工中心,可以对复杂零件进行高精度的六面完整加工。可以自动进行从第1主轴到第2主轴的工件交接,自动进行第2工序的工件背面加工。具有高性能的直线电机以及高精度的车-铣主轴。对于以前需要通过多台机床分工序加工的复杂形状工件,可一次装夹进行全工序的加工。

图2-7 车铣加工中心

2.1.2 数控加工工艺规程

用工艺文件规定的机械加工工艺过程,称为机械加工工艺规程。机械加工工艺规程的详细程度与生产类型有关,不同的生产类型由产品的生产纲领及年产量来区别。

1. 生产纲领

产品的生产纲领就是年产量。生产纲领及生产类型与工艺过程的关系十分密切,生产纲领不同,生产规模也不同,工艺过程的特点也相应而异。

零件的生产纲领通常按下式计算:

$$N = Qn(1 + \alpha + \beta) \tag{2-1}$$

式中　N——零件的生产纲领,件/年;

　　　Q——产品的年产量,台/年;

　　　n——每台产品中该零件的数量,件/台;

　　　α——备品率;

　　　β——废品率。

年生产纲领是设计或修改工艺规程的重要依据,是车间(或工段)设计的基本文件。

2. 生产类型

机械制造业的生产类型一般分为三类即大量生产、成批生产和单件生产。其中,成批生产又可分为大批生产、中批生产和小批生产。显然,产量越大,生产专业化程度应该越高。

从工艺特点上看,单件生产其产品数量少,每年产品的种类、规格较多,是根据订货单位的要求确定的,多数产品只能单个生产,大多数工作地的加工对象是经常改变的,很少重复。成批生产其产品数量较多,每年产品的结构和规格可以预先确定,而且在某一段时间内是比较固定的,生产可以分批进行,大部分工作地的加工对象是周期轮换的。大量生产其产品数量很大,产品的结构和规格比较固定,产品生产可以连续进行,大部分工作地的加工对象是单一不变的。如表2-4所列,生产类型不同,其工艺特点和要求有很大差异。

表2-4　各种生产类型的特点和要求

	单件生产	中批生产	大量生产
加工对象	经常变换	周期性变换	固定不变
机床	通用机床、数控机床	通用机床和专用机床	专用设备和自动生产线
机床布局	机群式	按工艺路线布置成流水生产线	流水线布置
刀具	通用刀具	通用刀具和专用刀具	广泛使用高效率专用刀具
夹具	非必要时不采用专用夹具	广泛使用专用夹具	广泛使用高效率专用夹具
量具	通用量具	通用量具和专用量具	广泛使用高效率专用量具
装夹方法	划线找正装夹	找正或夹具装夹	夹具装夹
加工方法	根据测量进行试切加工	用调整法加工,有时还可组织成组加工	用调整法自动化加工

	单件生产	中批生产	大量生产
装配方法	钳工试配	普遍应用互换性,同时保留某些试配	全部互换,某些精度较高的配合件用配磨、配研、选择装配,不需钳工试配
生产周期	不一定	周期重复	长时间连续生产
生产率	低	中	高
成本	高	中	低
工艺过程	只编制简单的工艺过程	除有详细的工艺过程外,对重要的关键工序需有详细说明的工序操作	详细编制工艺过程和各种工艺文件

3. 机械加工工艺规程的作用

一般说来,大批大量生产类型要求有细致和严密的组织工作,因此要求有比较详细的机械加工工艺规程。单件小批生产由于分工比较粗,因此其机械加工工艺规程可以简单一些。但是,不论生产类型如何,都必须有章可循,即都必须有机械加工工艺规程。

(1)生产的计划、调度,工人的操作、质量检查等都是以机械加工工艺规程为依据,一切生产人员都不得随意违反机械加工工艺规程。

(2)生产准备工作(包括技术准备工作)离不开机械加工工艺规程。在产品投入生产以前,需要做大量的生产准备和技术准备工作,例如,技术关键的分析与研究,刀具、夹具、量具的设计、制造或采购,原材料、毛坯件的制造或采购,设备改装或新设备的购置或订做等。这些工作都必须根据机械加工工艺规程来展开,否则,生产将陷入盲目和混乱。

(3)除单件小批生产以外,在中批或大批大量生产中要新建或扩建车间(或工段),其原始依据也是机械加工工艺规程。根据机械加工工艺规程确定机床的种类和数量,确定机床的布置和动力配置,确定生产面积和工人的数量等。

机械加工工艺规程的修改与补充是一项严肃的工作,它必须经过认真讨论和严格的审批手续。不过,所有的机械加工工艺规程几乎都要经过不断的修改与补充才能得以完善,只有这样才能不断吸取先进经验,保持其合理性。

2.1.3 数控加工工艺的主要内容和设计步骤

1. 数控加工工艺内容的选择

对于某个零件来说,并非全部加工工艺过程都适合在数控机床上完成,而往往只是其中的一部分工艺内容适合数控加工。这就需要对零件图样进行仔细的工艺分析,选择那些最适合、最需要进行数控加工的内容和工序。在考虑选择内容时,应结合本企业设备的实际,立足于解决难题、攻克关键问题和提高生产效率,充分发挥数控加工的优势。

在选择时,一般可按下列顺序考虑。

(1)通用机床无法加工的内容应作为优先选择内容;

(2)通用机床难加工,质量也难以保证的内容应作为重点选择内容;

(3)通用机床加工效率低、工人手工操作劳动强度大的内容,可在数控机床尚存在富裕加工能力时选择。

一般来说,上述这些加工内容采用数控加工后,在产品质量、生产效率与综合效益等方面都会得到明显提高。相比之下,下列一些内容不宜选择采用数控加工。

（1）占机调整时间长。如以毛坯的粗基准定位加工第一个精基准,需用专用工装协调的内容。

（2）加工部位分散,要多次安装、设置原点。这时,采用数控加工很麻烦,效果不明显,可安排通用机床补加工。

（3）按某些特定的制造依据(如样板等)加工的型面轮廓。主要原因是获取数据困难,易于与检验依据发生矛盾,增加了程序编制的难度。

此外,在选择和决定加工内容时,也要考虑生产批量、生产周期、工序间周转情况等。总之,要尽量做到合理,达到多、快、好、省的目的。要防止把数控机床降格为通用机床使用。

2. 数控加工的步骤和内容

数控加工的步骤如图 2-8 所示,具体内容如下:

（1）阅读装配图和零件图。了解产品用途、性能和工作条件,熟悉零件在产品中的地位和作用。

（2）工艺审查。审查图纸上的尺寸、视图和技术要求是否完整、正确、统一;找出主要技术要求和分析关键的技术问题;审查零件的结构工艺性。

（3）拟定机械加工工艺路线。包括选择定位基准、确定加工方法、安排加工工序以及安排热处理、检验和其他工序等。

（4）确定满足各工序要求的工艺装备(包括机床、夹具、刀具和量具等),对需要改装或重新设计的专用工艺装备应提出具体设计任务书。

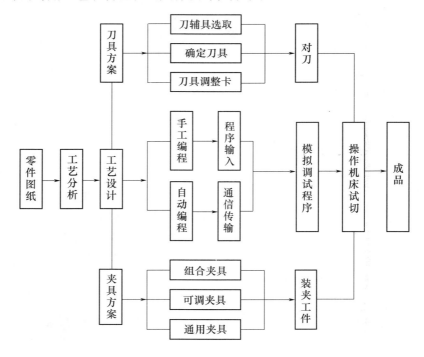

图 2-8　数控机床加工过程框图

（5）确定各工序的加工余量,计算工序尺寸和公差。

（6）确定切削用量。

（7）填写工艺文件。

2.2　数控加工工艺分析

2.2.1　分析零件图

在选择并决定数控加工零件及其加工内容后。应对零件的数控加工工艺性进行全面、认真、仔细的分析。主要内容包括产品的零件图样分析、结构工艺性分析和零件安装方式的选择等内容。

首先应熟悉零件在产品中的作用、位置、装配关系和工作条件,搞清楚各项技术要求对零件装配质量和使用性能的影响,找出主要的和关键的技术要求,然后对零件图样进行分析。

1. 尺寸标注方法分析

在数控加工零件图上,尺寸标注方法应适应数控加工的特点,应以同一基准标注尺寸或直接给出坐标尺寸。这种标注方法既便于编程,又有利于设计基准、工艺基准、测量基准和编程原点的统一。由于零件设计人员一般在尺寸标注中较多地考虑装配等使用方面特性,而不得不采用如图 2 – 9(a)所示的局部分散的标注方法,这样就给工序安排和数控加工带来诸多不便。由于数控加工精度和重复定位精度都很高,不会因产生较大的积累误差而破坏零件的使用特征,因此,可将局部的分散标注法改为同一基准标注法或直接给出坐标尺寸的标注法,如图 2 – 9(b)所示。

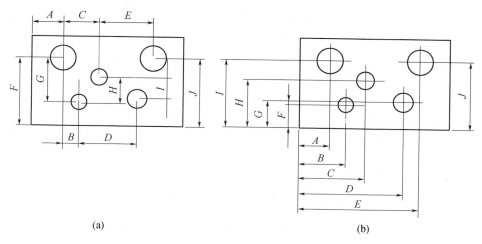

(a)　　　　　　　　　　　　　　(b)

图 2 – 9　零件尺寸标注分析

2. 零件图的完整性与正确性分析

构成零件轮廓的几何元素(点、线、面)的条件(如相切、相交、垂直和平行等)是数控编程的重要依据。手工编程时,要依据这些条件计算每一个节点的坐标;自动编程时,则要根据这些条件才能对构成零件的所有几何元素进行定义,无论哪一条件不明确,编程都无法进行。因此,在分析零件图样时,务必要分析几何元素给定条件是否充分,发现问题及时与设计人员协商解决。

3. 零件技术要求

零件的技术要求包括下列几个方面:加工表面的尺寸精度;主要加工表面的形状精度;主要加工表面之间的相互位置精度;加工表面的粗糙度以及表面质量方面的其他要求;热处理要求;其他要求(如动平衡、未注圆角或倒角、去毛刺、毛坯要求等)。只有在分析这些要求的基础上,才能正确合理地选择加工方法、装夹方式、刀具及切削用量等。

4. 零件材料分析

即分析所提供的毛坯材质本身的机械性能和热处理状态,毛坯的铸造品质和被加工部位的材料硬度,是否有白口、夹砂、疏松等。判断其加工的难易程度,为选择刀具材料和切削用量提供依据。所选的零件材料应经济合理,切削性能好,满足使用性能的要求。在满足零件功能的前提下,应选用廉价、切削性能好的材料。

2.2.2 零件的结构工艺性分析

零件的结构工艺性是指在满足使用性能的前提下,是否能以较高的生产率和最低的成本方便地加工出来的特性。

对零件的结构工艺性进行详细的分析,主要考虑如下几方面:

1. 有利于达到所要求的加工质量

(1)合理确定零件的加工精度与表面质量;

(2)保证位置精度的可能性 。

为保证零件的位置精度,最好使零件能在一次安装中加工出所有相关表面,这样就能依靠机床本身的精度来达到所要求的位置精度。如图 2 - 10(a)所示的结构,不能保证 $\phi 80$mm 与内孔 $\phi 60$mm 的同轴度。如改成图 2 - 10 (b)所示的结构,就能在一次安装中加工出外圆与内孔,保证二者的同轴度。

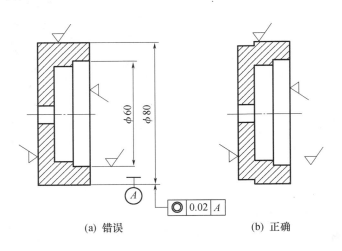

(a) 错误　　　　　　　　(b) 正确

图 2 - 10　有利于保证位置精度的工艺结构

2. 有利于减少加工劳动量

（1）尽量减少不必要的加工面积。减少加工面积不仅可减少机械加工的劳动量，而且还可以减少刀具的损耗，提高装配质量。图 2-11（b）中的轴承座减少了底面的加工面积，降低了修配的工作量，保证配合面的接触。图 2-12（b）中既减少了精加工的面积，又避免了深孔加工。

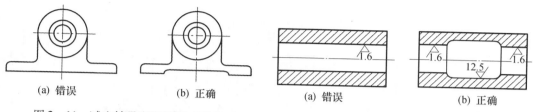

| (a) 错误　　　　　(b) 正确 | (a) 错误　　　　　(b) 正确 |

图 2-11　减少轴承座底面加工面积　　　图 2-12　避免深孔加工的方法

（2）尽量避免或简化内表面的加工。因为外表面的加工要比内表面加工方便经济，又便于测量。因此，在零件设计时应力求避免在零件内腔进行加工。如图 2-13 所示箱体，将图（a）的结构改成图（b）所示的结构，这样不仅加工方便而且还有利于装配。再如图 2-14 所示，将图（a）中件 2 上的内沟槽 *a* 加工，改成图（b）中件 1 的外沟槽加工，这样加工与测量就都很方便。

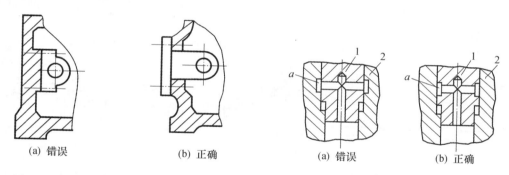

(a) 错误　　　　　(b) 正确　　　　　(a) 错误　　　　　(b) 正确

图 2-13　将内表面转化为外表面加工图　　　图 2-14　将内沟槽转化为外沟槽加工

3. 有利于提高劳动生产率

（1）零件的有关尺寸应力求一致，并能用标准刀具加工。如图 2-15（b）中改为退刀槽尺寸一致，则减少了刀具的种类，节省了换刀时间。如图 2-16（b）采用凸台高度等高，则减少了加工过程中刀具的调整。如图 2-17（b）的结构，能采用标准钻头钻孔，从而方便了加工。

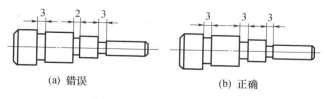

(a) 错误　　　　　　　　(b) 正确

图 2-15　退刀槽尺寸一致

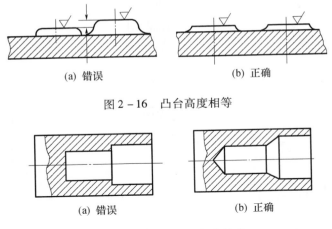

(a) 错误　　　　　　　　　　(b) 正确

图 2-16　凸台高度相等

(a) 错误　　　　　　　　　　(b) 正确

图 2-17　便于采用标准钻头

（2）减少零件的安装次数。零件的加工表面应尽量分布在同一方向,互相平行或互相垂直的表面上;次要表面应尽可能与主要表面分布在同一方向上,以便在加工主要表面时,同时将次要表面也加工出来;孔端的加工表面应为圆形凸台或沉孔,以便在加工孔时同时将凸台或沉孔全锪出来。如:图 2-18(b)中的钻孔方向应一致;图 2-19(b)中键槽的方位应一致。

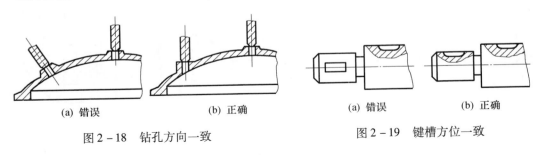

(a) 错误　　　　　　(b) 正确　　　　　　(a) 错误　　　　　(b) 正确

图 2-18　钻孔方向一致　　　　　　图 2-19　键槽方位一致

（3）零件的结构应便于加工。如图 2-20(b)、图 2-21(b)所示,设有退刀槽、越程槽,减少了刀具(砂轮)的磨损。图 2-22(b)的结构,便于引进刀具,从而保证了加工的可能性。

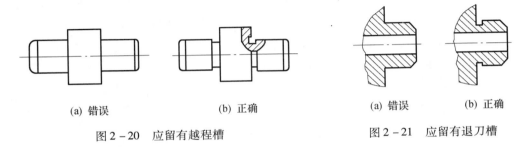

(a) 错误　　　　　　(b) 正确　　　　　　(a) 错误　　　　　(b) 正确

图 2-20　应留有越程槽　　　　　　图 2-21　应留有退刀槽

（4）避免在斜面上钻孔和钻头单刃切削，如图 2 – 23 所示。

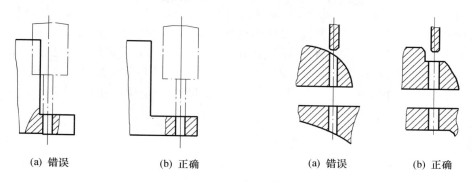

（a）错误　　　（b）正确　　　　　　　　（a）错误　　　（b）正确

图 2 – 22　钻头应能接近加工表面　　　图 2 – 23　避免在斜面上钻孔和钻头单刃切削

（5）便于多刀或多件加工，如图 2 – 24 所示。

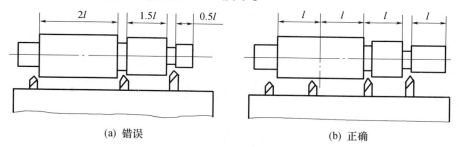

（a）错误　　　　　　　　　　　　　　（b）正确

图 2 – 24　便于多刀加工

2.3　数控加工工艺路线的制订

2.3.1　选择定位基准

正确选择定位基准是设计工艺过程的一项重要内容。在制订工艺规程时，定位基准选择的正确与否，对能否保证零件的尺寸精度和相互位置精度要求，以及对零件各表面间的加工顺序安排都有很大影响，当用夹具安装工件时，定位基准的选择还会影响到夹具结构的复杂程度。因此，定位基准的选择是一个很重要的工艺问题。

选择定位基准时，是从保证工件加工精度要求出发的，因此，定位基准的选择应先选择精基准，再选择粗基准。

1. 精基准的选择原则

选择精基准时，主要应考虑保证加工精度和工件安装方便可靠。其选择原则如下：

（1）基准重合原则。

即选用设计基准作为定位基准，以避免定位基准与设计基准不重合而引起的基准不重合误差。

图 2 – 25（a）所示的零件，设计尺寸为 a 和 c，设顶面 B 和底面 A 已加工好（即尺寸 a

已经保证),现在用调整法铣削一批零件的 C 面。为保证设计尺寸 c,以 A 面定位,则定位基准 A 与设计基准 B 不重合,见图 2-25(b)。由于铣刀是相对于夹具定位面(或机床工作台面)调整的,对于一批零件来说,刀具调整好后位置不再变动。加工后尺寸 c 的大小除受本工序加工误差(Δ_j)的影响外,还与上道工序的加工误差(T_a)有关。这一误差是由于所选的定位基准与设计基准不重合而产生的,这种定位误差称为基准不重合误差。它的大小等于设计(工序)基准与定位基准之间的联系尺寸 a(定位尺寸)的公差 T_a。

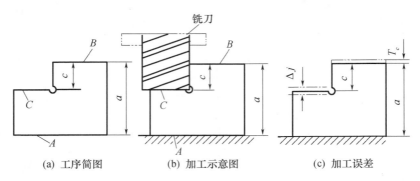

(a) 工序简图　　　　　(b) 加工示意图　　　　　(c) 加工误差

图 2-25　基准不重合误差示例图

从图 2-25 (c)中可看出,欲加工尺寸 c 的误差包括 Δ_j 和 T_a,为了保证尺寸 c 的精度,应使

$$\Delta_j + T_a \leqslant T_c \qquad\qquad (2-2)$$

显然,采用基准不重合的定位方案,必须控制该工序的加工误差和基准不重合误差的总和不超过尺寸 c 公差 T_c。这样既缩小了本道工序的加工允差,又对前面工序提出了较高的要求,使加工成本提高,当然是应当避免的。所以,在选择定位基准时,应当尽量使定位基准与设计基准相重合。

如图 2-26 所示,以 B 面定位加工 C 面,使得基准重合,此时尺寸 a 的误差对加工尺寸 c 无影响,本工序的加工误差只需满足 $\Delta_j \leqslant T_c$ 即可。

显然,这种基准重合的情况能使本工序允许出现的误差加大,使加工更容易达到精度要求,经济性更好。但是,这样往往会使夹具结构复杂,增加操作的困难。而为了保证加工精度,有时不得不采取这种方案。

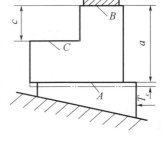

图 2-26　基准重合安装示意图

(2)基准统一原则。

应采用同一组基准定位加工零件上尽可能多的表面,这就是基准统一原则。这样做可以简化工艺规程的制订工作,减少夹具设计、制造工作量和成本,缩短生产准备周期;由于减少了基准转换,便于保证各加工表面的相互位置精度。例如加工轴类零件时,采用两中心孔定位加工各外圆表面,就符合基准统一原则。箱体零件采用一面两孔定位,齿轮的齿坯和齿形加工多采用齿轮的内孔及一端面为定位基准,均属于基准统一原则。

24

（3）自为基准原则。某些要求加工余量小而均匀的精加工工序,选择加工表面本身作为定位基准,称为自为基准原则。如图2-27所示,磨削车床导轨面,用可调支承床身零件,在导轨磨床上,用百分表找正导轨面相对机床运动方向的正确位置,然后加工导轨面以保证其余量均匀,满足对导轨面的质量要求。还有浮动镗刀镗孔、珩磨孔、拉孔、无心磨外圆等也都是自为基准的实例。

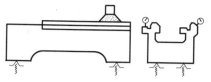

图2-27　自为基准实例

（4）互为基准原则。

当对工件上两个相互位置精度要求很高的表面进行加工时,需要用两个表面互相作为基准,反复进行加工,以保证位置精度要求。例如要保证精密齿轮的齿圈跳动精度,在齿面淬硬后,先以齿面定位磨内孔,再以内孔定位磨齿面,从而保证位置精度。再如车床主轴的前锥孔与主轴支承轴颈间有严格的同轴度要求,加工时就是先以轴颈外圆为定位基准加工锥孔,再以锥孔为定位基准加工外圆,如此反复多次,最终达到加工要求。这都是互为基准的典型实例。

（5）便于装夹原则。

所选精基准应保证工件安装可靠,夹具设计简单、操作方便。

2. 粗基准选择原则

选择粗基准时,主要要求保证各加工面有足够的余量,使加工面与不加工面间的位置符合图样要求,并特别注意要尽快获得精基面。具体选择时应考虑下列原则:

（1）选择重要表面为粗基准,如图2-28所示。

（2）选择不加工表面为粗基准,如图2-29所示。

（3）选择加工余量最小的表面为粗基准。

（4）选择较为平整光洁、加工面积较大的表面为粗基准。

（5）粗基准在同一尺寸方向上只能使用一次。

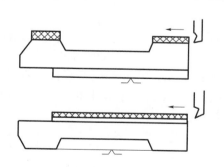

图2-28　床身加工的粗基准选择图

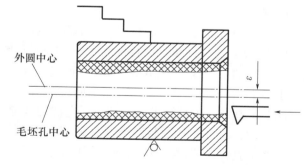

图2-29　粗基准选择的实例

3. 定位基准选择示例

例2-1　图2-30所示为车床进刀轴架零件,若已知其工艺过程如下。

（1）划线;

（2）粗精刨底面和凸台;

（3）粗精镗$\phi32H7$孔;

（4）钻、扩、铰 $\phi16H9$ 孔。

试选择各工序的定位基准并确定各限制几个自由度。

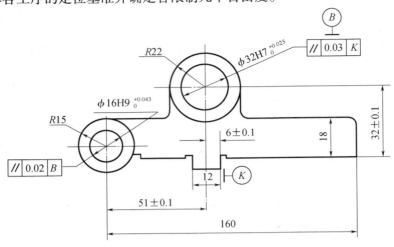

图 2－30　车床进刀轴架

解：第一道工序划线。当毛坯误差较大时，采用划线的方法能同时兼顾到几个不加工面对加工面的位置要求。选择不加工面 $R22$mm 外圆和 $R15$mm 外圆为粗基准，同时兼顾不加工的上平面与底面距离 18mm 的要求，划出底面和凸台的加工线。

第二道工序按划线找正，刨底面和凸台。

第三道工序粗精镗 $\phi32H7$ 孔。加工要求为尺寸 32 ± 0.1mm、6 ± 0.1mm 及凸台侧面 K 的平行度 0.03mm。根据基准重合的原则选择底面和凸台为定位基准，底面限制三个自由度，凸台限制两个自由度，无基准不重合误差。

第四道工序钻、扩、铰 $\phi16H9$ 孔。除孔本身的精度要求外，本工序应保证的位置要求为尺寸 4 ± 0.1mm、51 ± 0.1mm 及两孔的平行度要求 0.02mm。根据精基准选择原则，可以有三种不同的方案：

（1）底面限制三个自由度，K 面限制两个自由度。此方案加工两孔采用了基准统一原则，夹具比较简单。设计尺寸 4 ± 0.1mm 基准重合；尺寸 51 ± 0.1mm 的工序基准是孔 $\phi32H7$ 的中心线，而定位基准是 K 面，定位尺寸为 6 ± 0.1mm，存在基准不重合误差，其大小等于 0.2mm；两孔平行度 0.02mm 也有基准不重合误差，其大小等于 0.03mm。可见，此方案基准不重合误差已经超过了允许的范围，不可行。

（2）$\phi32H7$ 孔限制四个自由度，底面限制一个自由度。此方案对尺寸 4 ± 0.1mm 有基准不重合误差，且定位销细长，刚性较差，所以也不好。

（3）底面限制三个自由度，$\phi32H7$ 孔限制两个自由度。此方案可将工件套在一个长的菱形销上来实现，对于三个设计要求均为基准重合，只有 $\phi32H7$ 孔对于底面的平行度误差将会影响两孔在垂直平面内的平行度，应当在镗 $\phi32H7$ 孔时加以限制。

综上所述，第三方案基准基本上重合，夹具结构也不太复杂，装夹方便，故应采用。

2.3.2　选择加工方法

机械零件的结构形状是多种多样的，但它们都是由平面、外圆柱面、内圆柱面或曲面、成形面等基本表面组成的。每一种表面都有多种加工方法,具体选择时应根据零件的加工精度、表面粗糙度、材料、结构形状、尺寸及生产类型等因素,选用相应的加工方法和加工方案。

1. 外圆表面加工方法的选择

外圆表面的主要加工方法是车削和磨削。当表面粗糙度要求较高时,还要经光整加工。外圆表面的加工方案如表2-5所列。

表2-5 外圆表面加工方法

序号	加工方案	经济精度级	表面粗糙度 Ra 值/μm	适用范围
1	粗车	IT11以下	50~12.5	适用于淬火钢以外的各种金属
2	粗车—半精车	IT8~10	6.3~3.2	
3	粗车—半精车—精车	IT7~8	1.6~0.8	
4	粗车—半精车—精车—滚压(或抛光)	IT7~8	0.2~0.025	
5	粗车—半精车—磨削	IT7~8	0.8~0.4	主要用于淬火钢,也可用于未淬火钢,但不宜加工有色金属
6	粗车—半精车—粗磨—精磨	IT6~7	0.4~0.1	
7	粗车—半精车—粗磨—精磨—超精加工(或轮式超精磨)	IT5	0.1~R_z0.1	
8	粗车—半精车—精车—金刚石车	IT6~7	0.4~0.025	主要用于要求较高的有色金属加工
9	粗车—半精车—粗磨—精磨—超精磨或镜面磨	IT5以上	0.025~R_z0.05	极高精度的外圆加工
10	粗车—半精车—粗磨—精磨—研磨	IT5以上	0.1~R_z0.05	

2. 内孔表面加工方法的选择

(1) 内孔表面加工方法选择原则。在数控机床上内孔表面加工方法主要有钻孔、扩孔、铰孔、镗孔和拉孔、磨孔和光整加工。表2-6是常用的孔加工方案,应根据被加工孔的加工要求、尺寸、具体生产条件、批量的大小及毛坯上有无预制孔等情况合理选用。

表2-6 内孔表面加工方法

序号	加工方案	经济精度级	表面粗糙度 Ra 值/μm	适用范围
1	钻	IT11~12	12.5	加工未淬火钢及铸铁的实心毛坯,也可用于加工有色金属(但表面粗糙度稍大,孔径小于15~20mm)
2	钻—铰	IT9	3.2~1.6	
3	钻—铰—精铰	IT7~8	1.6~0.8	
4	钻—扩	IT10~11	12.5~6.3	同上,但孔径大于15~20mm
5	钻—扩—铰	IT8~9	3.2~1.6	
6	钻—扩—粗铰—精铰	IT7	1.6~0.8	
7	钻—扩—机铰—手铰	IT6~7	0.4~0.1	

序号	加工方案	经济精度级	表面粗糙度 Ra 值/μm	适用范围
8	钻—扩—拉	IT7~9	1.6~0.1	大批大量生产（精度由拉刀的精度而定）
9	粗镗（或扩孔）	IT11~12	12.5~6.3	除淬火钢外各种材料，毛坯有铸出孔或锻出孔
10	粗镗（粗扩）—半精镗（精扩）	IT8~9	3.2~1.6	
11	粗镗（扩）—半精镗（精扩）—精镗（铰）	IT7~8	1.6~0.8	
12	粗镗（扩）—半精镗（精扩）—精镗—浮动镗刀精镗	IT6~7	0.8~0.4	
13	粗镗（扩）—半精镗—磨孔	IT7~8	0.8~0.2	主要用于淬火钢也可用于未淬火钢，但不宜用于有色金属
14	粗镗（扩）—半精镗—粗磨—精磨	IT6~7	0.2~0.1	
15	粗镗—半精镗—精镗—金钢镗	IT6~7	0.4~0.05	主要用于精度要求高的有色金属加工
16	钻—（扩）—粗铰—精铰—珩磨；钻—（扩）—拉—珩磨；粗镗—半精镗—精镗—珩磨	IT6~7	0.2~0.025	精度要求很高的孔
17	以研磨代替上述方案中的珩磨	IT6 级以上		

（2）内孔表面加工方法选择实例。如图 2-31 所示零件，要加工内孔 φ40H7、阶梯孔 φ13 和 φ22 等三种不同规格和精度要求的孔，零件材料为 HT200。

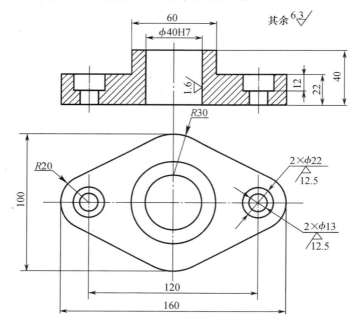

图 2-31　典型零件孔加工方法选择

$\phi40$ 内孔的尺寸公差为 H7,表面粗糙度要求较高,为 $Ra1.6$mm,根据表 4 – 6 所示孔加工方案,可选择钻孔—粗镗(或扩孔)—半精镗—精镗方案。

阶梯孔 $\phi13$ 和 $\phi22$ 没有尺寸公差要求,可按自由尺寸公差 IT11 ~ IT12 处理,表面粗糙度要求不高,为 $Ra12.5$mm,因而可选择钻孔 – 锪孔方案。

3. 平面加工方法的选择

平面的主要加工方法有铣削、刨削、车削、磨削和拉削等,精度要求高的平面还需要经研磨或刮削加工。常见平面加工方法如表 2 – 7 所列。

表 2 – 7　平面加工方法

序号	加工方案	经济精度级	表面粗糙度 Ra 值/μm	适用范围
1	粗车—半精车	IT9	6.3 ~ 3.2	
2	粗车—半精车—精车	IT7 ~ IT8	1.6 ~ 0.8	端面
3	粗车—半精车—磨削	IT8 ~ IT9	0.8 ~ 0.2	
4	粗刨(或粗铣)—精刨(或精铣)	IT8 ~ IT9	6.3 ~ 1.6	一般不淬硬平面(端铣表面粗糙度较小)
5	粗刨(或粗铣)—精刨(或精铣)—刮研	IT6 ~ IT7	0.8 ~ 0.1	精度要求较高的不淬硬平面;批量较大时宜采用宽刃精刨方案
6	以宽刃刨削代替上述方案刮研	IT7	0.8 ~ 0.2	
7	粗刨(或粗铣)—精刨(或精铣)—磨削	IT7	0.8 ~ 0.2	精度要求高的淬硬平面或不淬硬平面
8	粗刨(或粗铣)—精刨(或精铣)—粗磨—精磨	IT6 ~ IT7	0.4 ~ 0.02	
9	粗铣—拉	IT7 ~ IT9	0.8 ~ 0.2	大量生产,较小的平面(精度视拉刀精度而定)
10	粗铣—精铣—磨削—研磨	IT6 级以上	0.1 ~ $R_z0.05$	高精度平面

(1)最终工序为刮研的加工方案多用于单件小批量生产中配合表面要求高且非淬硬平面的加工。当批量较大时,可用宽刀细刨代替刮研,宽刀细刨特别适用于加工像导轨面这样的狭长的平面,能显著提高生产效率。

(2)磨削适用于直线度及表面粗糙度要求较高的淬硬工件和薄片工件、未淬硬钢件上面积较大的平面的精加工,但不宜加工塑性较大的有色金属。

(3)车削主要用于回转零件端面的加工,以保证端面与回转轴线的垂直度要求。

(4)拉削平面适用于大批量生产中的加工质量要求较高且面积较小的平面。

(5)最终工序为研磨的方案适用于精度高、表面粗糙度要求高的小型零件的精密平面,如量规等精密量具的表面。

4. 平面轮廓和曲面轮廓加工方法的选择。

(1)平面轮廓常用的加工方法有数控铣、线切割及磨削等。对如图 2 – 32(a)所示的内平面轮廓,当曲率半径较小时,可采用数控线切割方法加工。若选择铣削的方法,因铣刀直径受最小曲率半径的限制,直径太小,刚性不足,会产生较大的加工误差。对图 2 – 32(b)所示的外平面轮廓,可采用数控铣削方法加工,常用粗铣 – 精铣方案,也可采用数控线切割的方法加工。对精度及表面粗糙度要求较高的轮廓表面,在数控铣加工之后,再进行数控磨削加工。数控铣削加工适用于除淬火钢以外的各种金属,数控线切割加工可用于各种金属,数控磨削加工适用于除有色金属以外的各种金属。

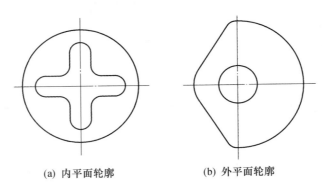

(a) 内平面轮廓   (b) 外平面轮廓

图 2-32　平面轮廓类零件

(2) 立体曲面加工方法主要是数控铣削,多用球头铣刀,以"行切法"加工,如图 2-33 所示。根据曲面形状、刀具形状以及精度要求等通常采用二轴半联动或三轴半联动。对精度和表面粗糙度要求高的曲面,当用三轴联动的"行切法"加工不能满足要求时,可用模具铣刀,选择四坐标或五坐标联动加工。

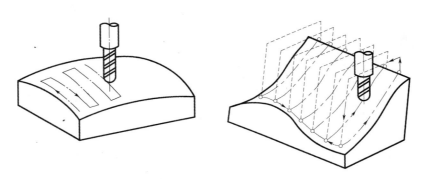

图 2-33　曲面的行切法加工

表面加工的方法选择,除了考虑加工质量、零件的结构形状和尺寸、零件的材料和硬度以及生产类型外,还要考虑加工的经济性。

各种表面加工方法所能达到的精度和表面粗糙度都有一个相当大的范围。当精度达到一定程度后,要继续提高精度,成本会急剧上升。例如外圆车削,将精度从 IT7 级提高到 IT6 级,此时需要价格较高的金刚石车刀,很小的背吃刀量和进给量,增加了刀具费用,延长了加工时间,大大增加了加工成本。对于同一表面加工,采用的加工方法不同,加工成本也不一样。例如,公差为 IT7 级、表面粗糙度 Ra 为 $0.4\mu m$ 的外圆表面,采用精车就不如采用磨削经济。

任何一种加工方法获得的精度只在一定范围内才是经济的,这种一定范围内的加工精度即为该加工方法的经济精度。它是指在正常加工条件下(采用符合质量标准的设备、工艺装备和标准等级的工人,不延长加工时间)所能达到的加工精度,相应的表面粗糙度称为经济粗糙度。在选择加工方法时,应根据工件的精度要求选择与经济精度相适应的加工方法。常用加工方法的经济度及表面粗糙度,可查阅有关工艺手册。

2.3.3 划分加工阶段

当零件的精度要求比较高时,若将加工面从毛坯面开始到最终的精加工或精密加工都集中在一个工序中连续完成,则难以保证零件的精度要求或浪费人力、物力资源。其原因如下:

(1)粗加工时,切削层厚,切削热量大,无法消除因热变形带来的加工误差,也无法消除因粗加工留在工件表层的残余应力产生的加工误差。

(2)后续加工容易把已加工好的加工面划伤。

(3)不利于及时发现毛坯的缺陷。若在加工最后一个表面时才发现毛坯有缺陷,则前面的加工就白白浪费了。

(4)不利于合理地使用设备。把精密机床用于粗加工,使精密机床会过早地丧失精度。

因此,通常可将高精零件的工艺过程划分为几个加工阶段。根据精度要求的不同,可以划分为:

(1)粗加工阶段。在粗加工阶段,主要是去除各加工表面的余量,并作出精基准,因此这一阶段关键问题是提高生产率。

(2)半精加工阶段。在半精加工阶段减小粗加工中留下的误差,使加工面达到一定的精度,为精加工做好准备。

(3)精加工阶段。在精加工阶段,应确保尺寸、形状和位置精度达到或基本达到图纸规定的精度要求以及表面粗糙度要求。

(4)精密、超精密加工、光整加工阶段。对那些精度要求很高的零件,在工艺过程的最后安排珩磨或研磨、粳米磨、超精加工、金刚石车、金刚镗或其他特种加工方法加工,以达到零件最终的精度要求。

零件在上述各加工阶段中加工,可以保证有充足的时间消除热变形和消除加工产生的残余应力,使后续加工精度提高。另外,在粗加工阶段发现毛坯有缺陷时,就不必进行下一加工阶段的加工,避免浪费。此外还可以合理地使用设备,合理地安排人力资源,这对保证产品质量,提高工艺水平都是十分重要的。

2.3.4 划分加工工序

1. 工序划分的原则

工序的划分可以采用两种不同原则,即工序集中原则和工序分散原则。

(1)工序集中原则。工序集中原则是指每道工序包括尽可能多的加工内容,从而使工序的总数减少。采用工序集中原则的优点:有利于采用高效的专用设备和数控机床,提高生产效率;减少工序数目,缩短工艺路线,简化生产计划和生产组织工作;减少机床数量、操作工人数和占地面积;减少工件装夹次数,不仅保证了各加工表面间的相互位置精度,而且减少了夹具数量和装夹工件的辅助时间。但专用设备和工艺装备投资大、调整维修比较麻烦、生产准备周期较长,不利于转产。

（2）工序分散原则。工序分散就是将工件的加工分散在较多的工序内进行,每道工序的加工内容很少。采用工序分散原则的优点:加工设备和工艺装备结构简单,调整和维修方便,操作简单,转产容易;有利于选择合理的切削用量,减少机动时间。但工艺路线较长,所需设备及工人人数多,占地面积大。

2. 工序划分方法

工序划分主要考虑生产纲领、所用设备及零件本身的结构和技术要求等。大批量生产时,若使用多轴、多刀的高效加工中心,可按工序集中原则组织生产;若在由组合机床组成的自动线上加工,工序一般按分散原则划分。随着现代数控技术的发展,特别是加工中心的应用,工艺路线的安排更多地趋向于工序集中。单件小批生产时,通常采用工序集中原则。成批生产时,可按工序集中原则划分,也可按工序分散原则划分,应视具体情况而定。对于结构尺寸和重量都很大的重型零件,应采用工序集中原则,以减少装夹次数和运输量。对于刚性差、精度高的零件,应按工序分散原则划分工序。

在数控铣床上加工的零件,一般按工序集中原则划分工序,划分方法如下。

（1）按所用刀具划分。以同一把刀具完成的那一部分工艺过程为一道工序,这种方法适用于工件的待加工表面较多,机床连续工作时间过长,加工程序的编制和检查难度较大等情况。加工中心常用这种方法划分。

（2）按安装次数划分。以一次安装完成的那一部分工艺过程为一道工序。这种方法适用于工件的加工内容不多的工件,加工完成后就能达到待检状态。

（3）按粗、精加工划分。即精加工中完成的那一部分工艺过程为一道工序,粗加工中完成的那一部分工艺过程为一道工序。这种划分方法适用于加工后变形较大,需粗、精加工分开的零件,如毛坯为铸件、焊接件或锻件。

（4）按加工部位划分。即以完成相同型面的那一部分工艺过程为一道工序,对于加工表面多而复杂的零件,可按其结构特点(如内形、外形、曲面和平面等)划分成多道工序。

2.3.5 确定加工顺序

1. 切削加工顺序的安排

（1）先粗后精。先安排粗加工,中间安排半精加工,最后安排精加工和光整加工。

（2）先主后次。先安排零件的装配基面和工作表面等主要表面的加工,后安排如键槽、紧固用的光孔和螺纹孔等次要表面的加工。由于次要表面加工工作量小,又常与主要表面有位置精度要求,所以一般放在主要表面的半精加工之后,精加工之前进行。

（3）先面后孔。对于箱体、支架、连杆、底座等零件,先加工用作定位的平面和孔的端面,然后再加工孔。这样可使工件定位夹紧稳定可靠,利于保证孔与平面的位置精度,减小刀具的磨损,同时也给孔加工带来方便。

（4）基面先行。用作精基准的表面,要首先加工出来。所以,第一道工序一般是进行定位面的粗加工和半精加工(有时包括精加工),然后再以精基面定位加工其他表面。例如,轴类零件顶尖孔的加工。

2. 热处理工序的安排

热处理可以提高材料的力学性能,改善金属的切削性能以及消除残余应力。在制订工艺路线时,应根据零件的技术要求和材料的性质,合理地安排热处理工序。

(1)退火与正火。退火或正火的目的是为了消除组织的不均匀,细化晶粒,改善金属的加工性能。对高碳钢零件用退火降低其硬度,对低碳钢零件用正火提高其硬度,以获得适中的较好的可切削性,同时能消除毛坯制造中的应力。退火与正火一般安排在机械加工之前进行。

(2)时效处理。以消除内应力、减少工件变形为目的。为了消除残余应力,在工艺过程中需安排时效处理。对于一般铸件,常在精加工前或粗加工后安排一次时效处理;对于要求较高的零件,在半精加工后尚需再安排一次时效处理;对于一些刚性较差、精度要求特别高的重要零件(如精密丝杠、主轴等),常常在每个加工阶段之间都安排一次时效处理。

(3)调质。对零件淬火后再高温回火,能消除内应力、改善加工性能并能获得较好的综合力学性能。一般安排在粗加工之后进行。对一些性能要求不高的零件,调质也常作为最终热处理。

(4)淬火、渗碳淬火和渗氮。它们的主要目的是提高零件的硬度和耐磨性,常安排在精加工(磨削)之前进行,其中渗氮由于热处理温度较低,零件变形很小,也可以安排在精加工之后。

3. 辅助工序的安排

检验工序是主要的辅助工序,除每道工序由操作者自行检验外,在粗加工之后,精加工之前,零件转换车间时,以及重要工序之后和全部加工完毕、进库之前,一般都要安排检验工序。

除检验外,其他辅助工序有表面强化和去毛刺、倒棱、清洗、防锈等。正确地安排辅助工序是十分重要的。如果安排不当或遗漏,将会给后续工序和装配带来困难,甚至影响产品的质量,所以必须给予重视。

2.4 数控加工工序设计

2.4.1 机床的选择

对于机床而言,每一类机床都有不同的型式,其工艺范围、技术规格、加工精度、生产率及自动化程度都有不同的形式,其工艺范围,技术规格,加工精度,生产率及自动化程度都各不相同。为了正确地为每一道工序选择机床,除了充分了解机床的性能外,尚需考虑以下几点。

(1)机床的类型应与工序划分的原则相适应。数控机床或通用机床适用于工序集中的单件小批生产;对大批大量生产,则应选择高效自动化机床和多刀、多轴机床。若工序按分散原则划分,则应选择结构简单的专用机床。

(2)机床的主要规格尺寸应与工件的外形尺寸和加工表面的有关尺寸相适应。即小工件用小规格的机床加工,大工件用大规格的机床加工。

（3）机床的精度与工序要求的加工精度相适应。粗加工工序,应选用精度低的机床;精度要求高的精加工工序,应选用精度高的机床。但机床精度不能过低,也不能过高。机床精度过低,不能保证加工精度;机床精度过高,会增加零件制造成本。应根据零件加工精度要求合理选择机床。

2.4.2　工件的定位与夹紧

工件的定位基准与夹紧方案的确定,应遵循前面所述有关定位基准的选择原则与工件夹紧的基本要求。此外,还应该注意下列三点:

（1）力求设计基准、工艺基准与编程原点统一,以减少基准不重合误差和数控编程中的计算工作量。

（2）设法减少装夹次数,尽可能做到在一次定位装夹中,能加工出工件上全部或大部分待加工表面,以减少装夹误差,提高加工表面之间的相互位置精度,充分发挥数控机床的效率。

（3）避免采用占机人工调整方案,以免占机时间太多,影响加工效率。

2.4.3　夹具的选择

数控加工的特点对夹具提出了两个基本要求:一是保证夹具的坐标方向与机床的坐标方向相对固定;二是要能协调零件与机床坐标系的尺寸。除此之外,重点考虑以下几点:

（1）单件小批量生产时,优先选用组合夹具、可调夹具和其他通用夹具,以缩短生产准备时间和节省生产费用。

（2）在成批生产时,才考虑采用专用夹具,并力求结构简单。

（3）零件的装卸要快速、方便、可靠,以缩短机床的停顿时间,减少辅助时间。

（4）为满足数控加工精度,要求夹具定位、夹紧精度高。

（5）夹具上各零部件应不妨碍机床对零件各表面的加工,即夹具要敞开,其定位、夹紧元件不能影响加工中的走刀(如产生碰撞等)。

（6）为提高数控加工的效率,批量较大的零件加工可采用气动或液压夹具、多工位夹具。

2.4.4　刀具的选择

与传统加工方法相比,数控加工对刀具的要求,尤其在刚性和耐用度方面更为严格。应根据机床的加工能力、工件材料的性能、加工工序、切削用量以及其他相关因素正确选用刀具及刀柄。刀具选择总的原则:既要求精度高、强度大、刚性好、耐用度高,又要求尺寸稳定,安装调整方便。在满足加工要求的前提下,尽量选择较短的刀柄,以提高刀具的刚性。

金属切削刀具材料主要有五类:高速钢、硬质合金、陶瓷、立方氮化硼(CBN)、聚晶金刚石。

（1）根据数控加工对刀具的要求,选择刀具材料的一般原则是尽可能选用硬质合金刀具。只要加工情况允许选用硬质合金刀具,就不用高速钢刀具。

（2）陶瓷刀具不仅用于加工各种铸铁和不同钢料,也适用于加工有色金属和非金属材料。使用陶瓷刀片,无论什么情况都要用负前角,为了不易崩刃,必要时可将刃口倒钝。陶瓷刀具在下列情况下使用效果欠佳:短零件的加工;冲击大的断续切削和重切削;铍、镁、铝和钛等的单质材料及其合金的加工(易产生亲合力,导致切削刃剥落或崩刃)。

（3）金刚石和立方氮化硼都属于超硬刀具材料,它们可用于加工任何硬度的工件材料,具有很高的切削性能,加工精度高,表面粗糙度值小。一般可用切削液。

聚晶金刚石刀片一般仅用于加工有色金属和非金属材料。

立方氮化硼刀片一般适用加工硬度 >450HBS 的冷硬铸铁、合金结构钢、工具钢、高速钢、轴承钢以及硬度≥350HBS 的镍基合金、钴基合金和高钴粉末冶金零件。

（4）从刀具的结构应用方面,数控加工应尽可能采用镶块式机夹可转位刀片以减少刀具磨损后的更换和预调时间。

（5）选用涂层刀具以提高耐磨性和耐用度。

2.4.5　确定走刀路线和工步顺序

走刀路线是刀具在整个加工工序中相对于工件的运动轨迹,它不但包括了工步的内容,而且也反映出工步的顺序。走刀路线是编写程序的依据之一。因此,在确定走刀路线时最好画一张工序简图,将已经拟定出的走刀路线画上去(包括进、退刀路线),这样可为编程带来不少方便。

工步顺序是指同一道工序中,各个表面加工的先后次序。它对零件的加工质量、加工效率和数控加工中的走刀路线有直接影响,应根据零件的结构特点和工序的加工要求等合理安排。工步的划分与安排一般可随走刀路线来进行,在确定走刀路线时,主要遵循以下原则:

1. 保证零件的加工精度和表面粗糙度

例如在铣床上进行加工时,因刀具的运动轨迹和方向不同,可能是顺铣或逆铣,其不同的加工路线所得到的零件表面的质量就不同。究竟采用哪种铣削方式,应视零件的加工要求、工件材料的特点以及机床刀具等具体条件综合考虑,确定原则与普通机械加工相同。数控机床一般采用滚珠丝杠传动,其运动间隙很小,并且顺铣优点多于逆铣,所以应尽可能采用顺铣。在精铣内外轮廓时,为了改善表面粗糙度,应采用顺铣的走刀路线加工方案。

对于铝镁合金、钛合金和耐热合金等材料,建议也采用顺铣加工,这对于降低表面粗糙度值和提高刀具耐用度都有利。但如果零件毛坯为黑色金属锻件或铸件,表皮硬而且余量较大,这时采用逆铣较为有利。

加工位置精度要求较高的孔系时,应特别注意安排孔的加工顺序。若安排不当,就可能将坐标轴的反向间隙带入,直接影响位置精度。镗削图 2 - 34(a)所示零件上六个尺寸相同的孔,有两种走刀路线。按图 2 - 34 (b)所示路线加工时,由于 5、6 孔与 1、2、3、4 孔定位方向相反,X 向反向间隙会使定位误差增加,从而影响 5、6 孔与其他孔的位置精度。按图 2 - 34 (c)所示路线加工时,加工完 4 孔后往上多移动一段距离至 P 点,然后折回来在 5、6 孔处进行定位加工,从而,使各孔的加工进给方向一致,避免反向间隙的引入,提高了 5、6 孔与其他孔的位置精度。

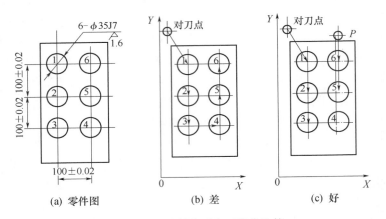

(a) 零件图　　　　(b) 差　　　　(c) 好

图 2 - 34　镗削孔系走刀路线比较

刀具的进退刀路线要尽量避免在轮廓处停刀或垂直切入切出工件,以免留下刀痕。

2. 使走刀路线最短,减少刀具空行程时间,提高加工效率。

图 2 - 35 所示为正确选择钻孔加工路线的例子。按照一般习惯,总是先加工均布于同一圆周上的一圈孔后,再加工另一圈孔,如图 2 - 35(a)所示,这不是最好的走刀路线。对点位控制的数控机床而言,要求定位精度高,定位过程尽可能快。若按图 2 - 35(b)所示的进给路线加工,可使各孔间距的总和最小,空程最短,从而节省定位时间。

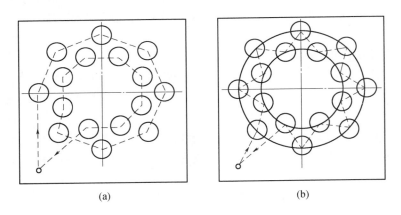

(a)　　　　　　　　　　(b)

图 2 - 35　最短加工路线选择

3. 最终轮廓一次走刀完成

图 2 - 36(a)所示为采用行切法加工内轮廓。加工时不留死角,在减少每次进给重叠量的情况下,走刀路线较短,但两次走刀的起点和终点间留有残余高度,影响表面粗糙度。图 2 - 36(b)是采用环切法加工,表面粗糙度较小,但刀位计算略为复杂,走刀路线也较行切法长。采用图 2 - 36(c)所示的走刀路线,先用行切法加工,最后再沿轮廓切削一周,使轮廓表面光整。三种方案中,(a)方案最差,(c)方案最佳。

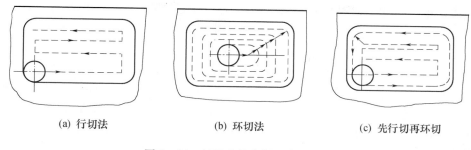

(a) 行切法　　　　　　(b) 环切法　　　　　　(c) 先行切再环切

图 2-36　封闭内轮廓加工走刀路线

2.4.6　加工余量与工序尺寸及公差的确定

1. 加工余量的概念

加工余量是指加工过程中所切去的金属层厚度。余量有总加工余量和工序余量之分。由毛坯转变为零件的过程中,在某加工表面上切除金属层的总厚度,称为该表面的总加工余量(亦称毛坯余量)。一般情况下,总加工余量并非一次切除,而是分在各工序中逐渐切除,故每道工序所切除的金属层厚度称为该工序加工余量(简称工序余量)。图 2-37表示工序余量与工序尺寸的关系。

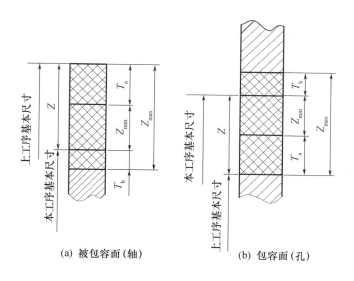

(a) 被包容面(轴)　　　　　　(b) 包容面(孔)

图 2-37　工序余量与工序尺寸及其公差的关系

2. 工序余量的影响因素

余量太大,会造成材料及工时浪费,增加机床、刀具及动力消耗;余量太小则无法消除前一道工序留下的各种误差、表面缺陷和本工序的装夹误差。因此,应根据影响余量大小的因素合理地确定加工余量。影响加工余量的因素如下:

（1）前工序形成的表面粗糙度和缺陷层深度(Ra 和 D_a)等。

（2）前工序形成的形状误差和位置误差(Δ_x 和 Δ_w)。

以上影响因素中的误差及缺陷,有时会重叠在一起,如图2-38所示,图中的 Δ_x 为平面度误差、Δ_w 为平行度误差,但为了保证加工质量,可对各项进行简单叠加,以便彻底切除。

上述各项误差和缺陷都是前工序形成的,为能将其全部切除,还要考虑本工序的装夹误差 ε_b 的影响。如图2-39所示,由于三爪自定心卡盘定心不准,使工件轴线偏离主轴旋转轴线 e 值,造成加工余量不均匀,为确保将前工序的各项误差和缺陷全部切除,直径上的余量应增加 $2e$。装夹误差 ε_b 的数量,可在求出定位误差、夹紧误差和夹具的对定误差后求得。

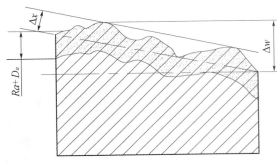

图2-38 影响最小加工余量的因素　　图2-39 装夹误差对加工余量的影响

综上所述,影响工序加工余量的因素可归纳为下列几点:
(1)前工序的工序尺寸公差(T_a)。
(2)前工序形成的表面粗糙度和表面缺陷层深度($Ra + D_a$)。
(3)前工序形成的形状误差和位置误差(Δx、Δw)。
(4)本工序的装夹误差(ε_b)。

3. 确定加工余量的方法

确定加工余量的方法有以下三种:
(1)查表修正法。该方法是以工厂实践和工艺试验而累积的有关加工余量的资料数据为基础,并结合实际情况进行适当修正来确定加工余量的方法。
(2)经验估计法。此法是根据实践经验确定加工余量。
(3)分析计算法。是根据加工余量计算公式和一定的试验资料,通过计算确定加工余量的一种方法。

在确定加工余量时,总加工余量和工序加工余量要分别确定。总加工余量的大小与选择的毛坯制造精度有关。用查表法确定工序加工余量时,粗加工工序的加工余量不应查表确定,而是用总加工余量减去各工序余量求得,同时要对求得的粗加工工序余量进行分析,如果过小,要增加总加工余量;过大,应适当减少总加工余量,以免造成浪费。

4. 工序尺寸与公差的确定

基准重合时,工序尺寸与公差的确定过程如下:
(1)确定各加工工序的加工余量;
(2)从终加工工序开始,即从设计尺寸开始,到第一道加工工序,逐次加上每道加工工序余量,可分别得到各工序基本尺寸(包括毛坯尺寸);

（3）除终加工工序以外,其他各加工工序按各自所采用的加工方法的加工精度确定工序尺寸公差(终加工工序的公差按设计要求确定);

（4）填写工序尺寸,并按"入体原则"标注工序尺寸公差。

2.4.7 切削参数的选择与优化

1. 切削用量的选择原则

切削用量包括主轴转速(切削速度)、背吃刀量、进给量。制订切削用量就是要确定具体切削工序的背吃刀量、进给量、切削速度及刀具耐用度,综合考虑生产率、加工质量和加工成本。

所谓"合理的"切削用量是指充分利用刀具的切削性能和机床性能(功率、扭矩),在保证质量的前提下,获得高生产率、低加工成本的切削用量。

切削用量三要素对切削加工生产率、刀具耐用度和加工质量都有很大的影响:

1）对切削加工生产率的影响

按切削工时 t_m,计算的生产率为 $p = 1/t_m$

$$t_m = \frac{l_w \Delta}{n_w a_p f} = \frac{\pi d_w l_w \Delta}{10^3 a_p f} \qquad (2-3)$$

于是

$$p = \frac{10^3 v a_p f}{\pi d_w l_w \Delta} = A_0 v a_p f \qquad (2-4)$$

由式(2-4)可知,生产率与切削用量三要素成线性正比关系。

2）对刀具耐用度的影响

以 YT5 硬质合金车刀切削抗拉强度为 0.637GPa 的碳钢为例,$(f > 0.70\text{mm}/\text{r})$ 切削用量与刀具耐用度的关系为 $T = \dfrac{C_T}{v^5 f^{2.25} a_p^{0.75}}$

由式可知,切削用量三要素任一项增大,都使刀具耐用度下降。对刀具耐用度影响最大的是切削速度,其次是进给量,影响最小的是背吃刀量。

因此,取刀具耐用度最大化,切削用量的选择,应首先采用最大的背吃刀量,再选用大的进给量,然后根据确定的刀具耐用度选择切削速度。

3）对加工质量的影响

切削用量三要素中,a_p 增大,切削力 F_z 成比例增大,使工艺系统弹性变形增大,并可能引起振动,因而会降低加工精度和增大表面粗糙度。进给量 f 增大,切削力也将增大,而且表面粗糙度会显著增大。切削速度增大时,切屑变形和切削力有所减小,表面粗糙度也有所减小。因此,在精加工和半精加工时,常常采用较小的背吃刀量和进给量。为了避免或减小积屑瘤和鳞刺,提高表面质量,硬质合金车刀常采用较高的切削速度(一般 80 ~ 100m/min 以上),高速钢车刀则采用较低的切削速度(如宽刃精车刀 3 ~ 8m/min)

2. 切削用量三要素的确定

1）背吃刀量的选择

背吃刀量根据加工余量确定。切削加工一般分为粗加工、半精加工和精加工。粗加工（表面粗糙度为 $Ra50 \sim 12.5\mu m$ ）时，一次走刀应尽可能切除全部余量，在中等功率机床上，背吃刀量可达 $8 \sim 10mm$ 。半精加工（表面粗糙度为 $Ra6.3 \sim 3.2\mu m$ ）时，背吃刀量取为 $0.5 \sim 2mm$ 。精加工（表面粗糙度为 $Ra1.6 \sim 0.8\mu m$ ）时，背吃刀量取为 $0.1 \sim 0.4mm$ 。

在下列情况下，粗车可能要分几次走刀：

（1）加工余量太大时，一次走刀会使切削力太大，会产生机床功率不足或刀具强度不够；

（2）工艺系统刚性不足，或加工余量极不均匀，以致引起很大振动时，如加工细长轴和薄壁工件；

（3）断续切削，刀具会受到很大冲击而造成打刀时。

在上述情况下，如需分两次走刀，也应将第一次走刀的背吃刀量尽量取大些，第二次走刀的背吃刀量尽量取小些，以保证精加工刀具有高的刀具耐用度，高的加工精度及较小的加工表面粗糙度。第二次走刀（精走刀）的背吃刀量可取加工余量的 $1/3 \sim 1/4$ 左右。

用硬质合金刀具、陶瓷刀、金刚石和立方氮化硼刀具精细车削和镗孔时，切削用量可取为 $a_p = 0.05 \sim 0.2mm$ ，$f = 0.01 \sim 0.1mm/r$ ，$v = 240 \sim 900m/min$ ；这时表面粗糙度可达 $Ra0.32 \sim 0.1\mu m$ ，精度达到或高于 IT5（孔到 IT6），可代替磨削加工。

2）进给量的选择

粗加工时，对工件表面质量没有太高要求，这时切削力往往很大，合理的进给量应是工艺系统所能承受的最大进给量，受到下列因素的限制：机床进给机构的强度、车刀刀杆的强度和刚度，硬质合金或陶瓷刀片的强度和工件的装夹刚度等。根据加工材料、车刀刀杆尺寸、工件直径及已确定的背吃刀量来选择进给量。

在半精加工和精加工时，则按粗糙度要求，根据工件材料、刀尖圆弧半径、切削速度，按相关表格来选择进给量。当刀尖圆弧半径增大，切削速度提高时，可以选择较大的进给量。

按经验确定的粗车进给量在一些特殊情况下，有时还需对所选定的进给量进行相应校验：

（1）刀杆的强度校验；

（2）刀杆刚度校验；

（3）刀片强度校验；

（4）工件装夹刚度（加工精度）校验；

（5）机床进给机构强度校验。

3）切削速度的确定

根据已经选定的背吃刀量、进给量及刀具耐用度，就可按下述公式计算切削速度和机床转速。

$$v = \frac{C_v}{T^m a_p^{\sqrt{x_v}} f^{\sqrt{y_v}}} k_v \qquad (2-5)$$

加工其他工件材料，和用其他车削方法加工时的系数及指数，见切削用量手册。其中 k_v 为切削速度的修正系数。

$$k_v = k_{Mv} k_{sv} k_{tv} k_{kv} k_{\kappa_r v} k_{\kappa'_r v} k_{r_\varepsilon v} k_{Bv} \qquad (2-6)$$

式中：k_{Mv}、k_{sv}、k_{tv}、k_{kv}、$k_{\kappa,v}$、$k_{\kappa',v}$、$k_{r_\varepsilon v}$、k_{Bv}分别表示工件材料、毛坯表面状态、刀具材料、加工方式、车刀主偏角κ、车刀副偏角κ'、刀尖圆弧半径r_ε及刀杆尺寸对切削速度的修正系数，其值可参见有关表格。

在实际生产中：

（1）粗车时，背吃刀量和进给量均较大，选择较低的切削速度；精加工时背吃刀量和进给量均较小，选择较高的切削速度。

（2）加工材料的强度及硬度较高时，应选较低的切削速度；反之则选较高的切削速度。材料的加工性越差，例如加工奥氏体不锈钢、钛合金和高温合金时，则切削速度也选得越低。易切碳钢的切削速度则较同硬度的普通碳钢为高；加工灰铸铁的切削速度较中碳钢为低；而加工铝合金和铜合金的切削速度则较加工钢的高得多。

（3）刀具材料的切削性能愈好时，切削速度也选得愈高。表中硬质合金刀具的切削速度比高速钢刀具要高好几倍，而涂层硬质合金的切削速度又比未涂层的刀片有明显提高。陶瓷、金刚石和立方氮化硼刀具的切削速度又比硬质合金刀具高得多。

此外，在选择切削速度时还应考虑以下几点：

（1）精加工时，应尽量避免积屑瘤和鳞刺产生的区域；

（2）断续切削时，为减小冲击和热应力，宜适当降低切削速度；

（3）在易发生振动的情况下，切削速度应避开自激振动的临界速度；

（4）加工大件、细长件和薄壁工件时，应选用较低的切削速度；

（5）加工带外皮的工件时，应适当降低切削速度。

切削速度确定之后，机床转速为

$$n = 1000v/\pi d_w \tag{2-7}$$

式中　d_w——工件未加工前的直径。

4）机床功率校验

切削功率p_m可按下式计算

$$p_m = F_Z \times v \times 10^{-3} \tag{2-8}$$

式中　p_m——切削功率（kW）；

　　　F_z——切削力（N）；

　　　v——切削速度（m/s）。

机床有效功率为

$$p_E = p_E \times \eta_m \tag{2-9}$$

式中　p_E——机床电动机功率。

如$p_m < p'_E$，则选择的切削用量可在指定的机床上使用。如果$p_m \ll p'_E$，则机床功率没有得到充分利用，这时可以规定较低的刀具耐用度（如采用机夹可转位刀片的合理耐用度可选为15~30min），或采用切削性能更好的刀具材料，以提高切削速度的办法使切削功率增大，以期充分利用机床功率，最终达到提高生产率的目的。

如$p_m > p'_E$，则选择的切削用量不能在指定的机床上采用。这时要么调换功率较大的机床，要么根据所限定的机床功率降低切削用量（主要是降低切削速度）。但这时虽然机床功率得到充分利用，刀具的切削性能却未能充分发挥。

3．切削用量优化的概念

1）关于最佳切削速度

（1）$v-T$关系中的极值。

由于$vT^m=C_0$，即切削速度增大时，刀具耐用度下降。而这一条件只在较窄的速度和一定的进给量范围内才能成立。如在从低速到高速较宽速度范围内进行试验，或者切削耐热合金等难加工材料时，所得的$v-T$关系就不是单调的函数关系，而是在某一速度范围内刀具耐用度有最大值（图2-40）。

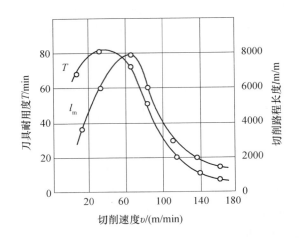

图2-40　切削速度与刀具耐用度和切削路程长度的关系

工件材料：$37Cr12Ni8Mn8MoVNb$

切削用量：$a_p=1mm$，$f=0.21mm$，$VB=0.3mm$

（2）切削速度v与切削路程l_m的关系。

图2-40中同时也绘出了$v-l_m$关系曲线。由图可以看出，在某一切削速度时，l_m也有最大值。而且l_m最大值与T最大值对应的v是不相同的。从生产率和经济性的观点，根据切削路程选择切削用量似比根据耐用度选择更为合理，在达到同样磨钝标准时，如果切削路程最长，也就是切削每单位长度工件的刀具磨损量最小，即相对磨损最小。实验证明，用相对磨损最小的观点建立的试验数据是符合刀具尺寸耐用度为最高的要求的。尺寸耐用度高则加工精度也高。尺寸耐用度可认为是根据加工精度要求和刀具径向磨损量来确定的耐用度。

（3）最佳切削温度下的最佳切削速度。

大量切削试验证明，对给定的刀具材料和工件材料，用不同切削用量加工时，都可以得到一个切削温度，在这个切削温度下，刀具磨损强度最低。尺寸耐用度最高。这一切削温度有人称之为最佳切削温度。例如，用YTl5加工40Cr钢时，在切削厚度为$0.037\sim0.5mm$内变化时，此温度均为730℃左右。最佳切削温度时的切削速度则称为最佳切削速度。

（4）各切削速度之间的关系。

图2-41表示出了切削速度对刀具耐用度、切削路程长度、刀具相对磨损、加工成本

C 及生产率的影响曲线。最高刀具耐用度的切削速度 v_T、最佳切削速度 v_o、经济切削速度 v_c、及最高生产率切削速度 v_p 之间存在下列关系：$v_T < v_o < v_c < v_p$。

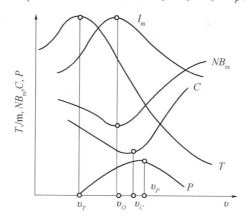

图 2-41　切削速度对刀具耐用度、切削路程长度、
刀具相对磨损、加工成本及生产率的影响示意图

① 切削时用最大刀具耐用度的切削速度 v_T 工作是不合理的。因为这时的生产率 p 和对应刀具尺寸耐用度的切削路程长度 l_m 都很低，而加工成本 C 和刀具磨损强度 NB_{rs} 则较高。

② 在用最佳切削速度 v_o 工作时，刀具磨损强度 NB_{rs} 达最低值，刀具消耗少，切削路程最长，加工精度最高。因此这个速度是比较合理的。但这时的加工成本不是最低，也不是最高。

③ 在以经济切削速度 v_c 工作时，加工成本最低，切削路程也较长。但磨损强度稍有增加，加工精度有所下降。这一切削速度也算是比较合理的。

④ 如进一步将切削速度提高到最高生产率切削速度 v_p 时，虽然生产率可达到最高，但却导致刀具磨损的加剧和加工成本的显著提高。

由此可见，从生产率、加工经济性和加工精度综合考虑，根据最高耐用度和最大生产率选择切削用量就不如根据最大切削路程和加工经济性来选择。

对于一般加工材料，最佳切削速度 v_o 与经济切削速度 v_c 很相近，二者通常位于机床同一档速度范围；对于难加工材料二者是重合的。因此，采用最佳切削速度 v_o 可同时获得较好的经济效果。

2）切削用量的优化

要进行切削用量的优化选择，首先要确定优化目标，在该优化目标与切削用量之间建立起目标函数，并根据工艺系统和加工条件的限制建立起各约束方程，然后联立来解目标函数方程和诸约束方程，即可得出所需的最优解。

（1）目标函数。

切削加工中常用的优化目标：① 最低的单件成本；②最高的生产率（最短的单件加工时间）；③最大的单件利润。

在以上三者中，从提高经济效益的观点出发，比较合理的指标应该是最大利润指标。但是，追求最大利润必须有充足、可靠的市场信息，在现阶段还未能完全实现以最大利润为目标的切削用量的优化选取，而最高生产率在某些情况下也并不一定是人们所追求的，因此常用最低单件成本为优化目标。

在切削用量三要素中，背吃刀量 a_p 主要取决于加工余量，没有多少选择余地，一般都已事先选定，而不参与优化。因此切削用量的优化主要是指切削速度 v 及进给量 f 的优化组合。

单件成本与切削速度、进给量之间的关系可如下建立：

由式（2-3）得 $t_m = \dfrac{\pi d_w l_w \Delta}{10^3 v f a_p} = \dfrac{C_1}{vf}$

由于 $T = \dfrac{C_T}{v^x f^y a_p^z} = \dfrac{C_2}{v^x f^y}$

将以上两式代入式 $\begin{cases} fT^{m_1} = C_1 \\ a_p T^{m_2} = C_2 \end{cases}$ 得

$$C = \frac{B_1}{vf} + B_2 v^{x-1} f^{y-1} + B_3 \qquad (2-10)$$

上式中：C_1、C_2、B_1、B_2、B_3 均为常数。

为求成本最低时得切削速度和进给量，可将成本 C 分别对 v 和 f 求偏导数并令其等于零，即

$$\frac{\partial C}{\partial v} = 0 \;\text{和}\; \frac{\partial C}{\partial f} = 0 \qquad (2-11)$$

但是，同时满足式（2-11）的最佳切削条件是不存在的。可行的方法是在已加工表面粗糙度、机床功率等允许的范围内尽量选用大的进给量，再根据这个进给量确定成本最低的最佳切削速度。

（2）约束条件。

生产中由于受各种条件的限制，切削速度 v 和进给量 f 的数值是不可能任意选取的。例如，最大进给量会受到加工表面粗糙度的限制，还会受到工件刚度、刀具强度及刚度的限制；切削速度会受到刀具耐用度的限制等。这些约束条件可能包括：

① 机床方面。如机床功率、切削速度和进给量的范围、走刀机构强度等。

② 工件方面。如工件刚度、尺寸和形状精度、加工表面粗糙度等。

③ 刀具方面。如刀具强度及刚度、刀具最大磨损、刀具耐用度等。

④ 切削条件方面。如最小背吃刀量、积屑瘤、磨钝标准、断屑等。

根据以上约束条件，可建立一系列的约束条件不等式。所获得的目标函数及约束方程若是线性的，可以用线性规划进行求解。若是非线性的，则首先对每个函数取对数，使其线性化，然后求解。运用计算机，根据线性规划原理，可以很快获得切削速度和进给量的最优解。

2.5 数控加工工艺文件

填写数控加工专用技术文件是数控加工工艺设计的内容之一。这些技术文件既是数控加工的依据、产品验收的依据，也是操作者遵守、执行的规程。同时还为产品零件重复生产积累了必要的工艺资料，完成了技术储备。技术文件是对数控加工的具体说明，目的

是让操作者更明确加工程序的内容、装夹方式、各个加工部位所选用的刀具及其他问题。

数控加工技术文件主要有数控编程任务书、工件安装和原点设定卡片、数控加工工序卡片、数控加工走刀路线图、数控刀具卡片等。以下提供了常用文件格式,文件格式可根据企业实际情况自行设计。

1. 数控编程任务书

它阐明了工艺人员对数控加工工序的技术要求和工序说明以及数控加工前应保证的加工余量。它是编程人员和工艺人员协调工作和编制数控程序的重要依据之一,详见表 2-8。

表 2-8　数控编程任务书

工艺处	数控编程任务书		产品零件图号		任务书编号	
			零件名称			
			使用数控设备		共　页第　页	
主要工序说明及技术要求:						
			编程收到日期	月　日	经手人	
编制	审核	编程	审核		批准	

2. 数控加工工件安装和加工原点设定卡片(简称装夹图和零件设定卡)

它应表示出数控加工原点、定位方法和夹紧方法,并应注明加工原点设定位置和坐标方向,使用的夹具名称和编号等,详见表 2-9。

表 2-9　工件安装和原点设定卡片

零件图号	J30102-4	数控加工工件安装和零点设定卡片		工序号	
零件名称	行星架			装夹次数	

				3	梯形槽螺栓	
				2	压板	
				1	镗铣夹具板	GS53-61
编制(日期)	审核(日期)	批准(日期)	第　页			
			共　页	序号	夹具名称	夹具图号

45

3. 数控加工工序卡片

数控加工工序卡与普通加工工序卡有许多相似之处,所不同的是:工序草图中应注明编程原点与对刀点,要进行简要编程说明(如:所用机床型号、程序介质、程序编号、刀具半径补偿、镜向对称加工方式等)及切削参数(即程序编入的主轴转速、进给速度、最大背吃刀量或宽度等)的选择,详见表2－10。

表 2 － 10　数控加工工序卡片

单位	数控加工工序卡片		产品名称或代号		零件名称		零件图号	
工序简图			车间		使用设备			
			工艺序号		程序编号			
			夹具名称		夹具编号			
工步号	工步作业内容		加工面	刀具号	刀补量	主轴转速	进给速度	背吃刀量	备注
编制		审核		批准		年月日	共页	第页	

4. 数控加工走刀路线图

在数控加工中,常常要注意并防止刀具在运动过程中与夹具或工件发生意外碰撞,为此必须设法告诉操作者关于编程中的刀具运动路线(如:从哪里下刀、在哪里抬刀、哪里是斜下刀等)。为简化走刀路线图,一般可采用统一约定的符号来表示。不同的机床可以采用不同的图例与格式,表2－11为一种常用格式。

表 2 － 11　数控加工走刀路线图

数控加工走刀路线图			零件图号	NC01	工序号		工步号		程序号	O100
机床型号	XK5032	程序段号	N10 ~ N170	加工内容		铣轮廓周边			共 1 页	第页

符号	⊙	⊗	◑	○—→	—→	←⊣	○--●	⇄
含义	抬刀	下刀	编程原点	起刀点	走刀方向	走刀线相交	爬斜坡	铰孔	行切

46

5. 数控刀具卡片

数控加工时要求刀具十分严格,一般要在机外对刀仪上预先调整刀具直径和长度。刀具卡反映刀具编号、刀具结构、尾柄规格、组合件名称代号、刀片型号和材料等。它是组装刀具和调整刀具的依据,详见表2-12。

表2-12 数控刀具卡片

零件图号	J30102-4	数控刀具卡片				使用设备	
刀具名称	镗刀					TC-30	
刀具编号	T13006	换刀方式	自动	程序编号			
刀具组成	序号	编号	刀具名称	规格	数量	备注	
	1	T013960	拉钉		1		
	2	390、140-50 50 027	刀柄		1		
	3	391、01-50 50 100	接杆	$\phi 50 \times 100$	1		
	4	391、68-03650 085	镗刀杆		1		
	5	R416.3-122053 25	镗刀组件	$\phi 41-\phi 53$	1		
	6	TCMM110208-52	刀片		1		
	7				2	GC435	

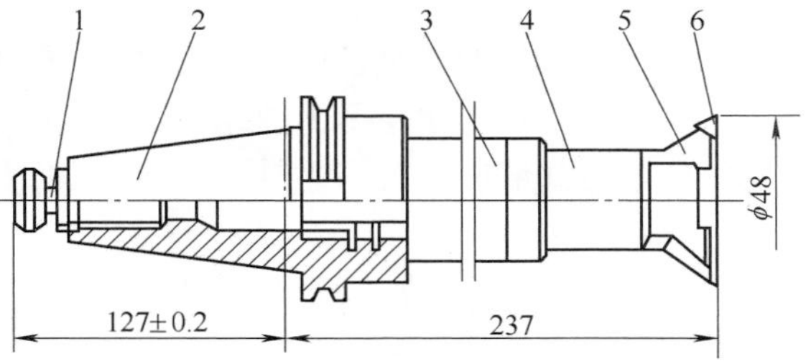

备注							
编制		审校		批准		共 页	第 页

不同的机床或不同的加工目的可能会需要不同形式的数控加工专用技术文件。在工作中,可根据具体情况设计文件格式。

第3章 数控刀具及使用

3.1 数控刀具的种类及特点

3.1.1 数控刀具的种类

除数控磨床和数控电加工机床之外,其他的数控机床加工时通常都采用数控刀具,数控刀具主要是指数控车床、数控铣床、加工中心等机床上所使用的刀具。数控刀具按不同的分类方式可分为以下几类。

1. 从结构上分类

（1）整体式。由整块材料制成,使用时可根据不同用途将切削部分修磨成所需要形状。

（2）镶嵌式。它分为焊接式和机夹式。机夹式又根据刀体结构的不同,可分为不转位和可转位两种。

（3）减振式。当刀具的工作臂长度与直径比大于4时,为了减少刀具的振动,提高加工精度,所采用的一种特殊结构的刀具,主要用于镗孔。

（4）内冷式。刀具的切削冷却液通过机床主轴或刀盘传递到刀体内部,由喷孔喷射到切削刃部位。

（5）特殊形式。包括强力夹紧、可逆攻丝、复合刀具等。

目前数控刀具主要采用机夹可转位刀具。

2. 从刀具的材料上分类

（1）高速钢刀具；

（2）硬质合金刀具；

（3）陶瓷刀具；

（4）立方氮化硼刀具；

（5）聚晶金刚石刀具。

目前数控机床用得最普遍的是硬质合金刀具。

3. 从切削工艺上分类

（1）车削刀具。有外圆车刀、端面车刀和成型车刀等。

（2）钻削刀具。有普通麻花钻、可转位浅孔钻、扩孔钻等。

（3）镗削刀具。有单刃镗刀、双刃镗刀、多刃组合镗刀等。

（4）铣削刀具。分面铣刀、立铣刀、键槽铣刀、模具铣刀、成型铣刀等刀具。

4. 数控刀具的广义含义

随着数控机床结构、功能的发展,现在数控机床所使用的刀具,已不是普通机床所采用的那样"一机一刀"的模式,而是多种不同类型的刀具同时在数控机床的主轴上(或刀盘上)轮换使用,可以达到自动换刀的目的。因此对"数控刀具"的含义应理解为"数控工具系统"。由于数控设备特别是加工中心加工内容的多样性,使其配备的刀具和装夹工具种类也很多,并且要求刀具更换迅速。因此,刀辅具的标准化和系列化十分重要。把通用性较强的刀具和配套装夹工具系列化、标准化,就成为通常所说的工具系统。采用工具系统进行加工,虽然工具成本高些,但它能可靠地保证加工质量,最大限度地提高加工质量和生产率,使加工中心的效能得到充分的发挥。

3.1.2 数控刀具的特点

为了使数控机床真正发挥效率,能够达到加工精度高、加工效率高、加工工序集中及零件装夹次数少等要求,数控机床上所用的刀具在性能上应具有以下特点。

1. 很高的切削效率

由于数控机床价格昂贵,则希望提高加工效率。随着机床向高速、高刚度和大功率发展,目前车床和车削中心的主轴转速都在8000r/min以上,加工中心的主轴转速一般都在15000~20000r/min,还有40000r/min和60000r/min的。预测硬质合金刀具的切削速度将由200~300m/min提高到500~600m/min,陶瓷刀具的切削速度将提高到800~1000m/min。因此,现代刀具必须具有能够承受高速切削和强力切削的性能。一些发达工业国家在数控机床上使用涂层硬质合金刀具、超硬刀具和陶瓷刀具所占的比例不断增加。据报道,在美国数控机床上陶瓷刀具应用的比例已达20%,涂层硬质合金刀具已达40%。现在辅助工时因自动化而大大减少,刀具切削效率的提高,将使产量提高并明显降低成本。因此,在数控加工中应尽量使用优质高效刀具。

2. 很高的精度和重复定位精度

现在高精密加工中心,加工精度可以达到3~5μm,因此刀具的精度、刚度和重复定位精度必须与这样高的加工精度相适应。另外,刀具的刀柄与快换夹头间或与机床锥孔间的连接部分有高的制造、定位精度。所加工的零件日益复杂和精密,这就要求刀具必须具备较高的形状精度。国外研制的用于数控车床不需要预调的精化刀具,其刀尖的位置精度要求很高(图3-1)。对数控机床上所用的整体式刀具也提出了较高的精度要求,有些立铣刀其径向尺寸精度高达5μm,以满足精密零件的加工需要。

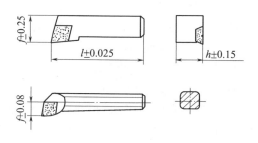

图3-1 精化刀具

3. 很高的可靠性和耐用度

为了保证产品质量,在数控机床上对刀具实行强迫换刀制,或由数控系统对刀具寿命进行管理,所以,刀具工作的可靠性已上升为选择刀具的关键指标。为满足数控加工及对难加工材料加工的要求,刀具材料应具有高的切削性能和刀具耐用度。不但其切削性能要好,而且一定要性能稳定,同一批刀具在切削性能和刀具寿命方面不得有较大差异,以免在无人看管的情况下,因刀具先期磨损和破损造成加工工件的大量报废甚至损坏机床。

4. 实现刀具尺寸的预调和快速换刀

刀具结构应能预调尺寸,以能达到很高的重复定位精度。如果数控机床采用人工换刀,则使用快换夹头。对于有刀库的加工中心,则实现自动换刀。

5. 具备一个比较完善的工具系统

模块式工具系统能更好地适应多品种零件的生产,且有利于工具的生产、使用和管理,能有效地减少使用厂的工具储备。配备完善、先进的工具系统是用好数控机床的重要一环。

6. 建立刀具管理系统

在加工中心和柔性制造系统出现后,刀具管理相当复杂。刀具数量大,不仅要对全部刀具进行自动识别、记忆其规格尺寸、存放位置、已切削时间和剩余切削时间等,还需要管理刀具的更换、运送,刀具的刃磨和尺寸预调等。

7. 建立刀具在线监控及尺寸补偿系统

系统用以解决刀具损坏时能及时判断、识别并补偿,防止工件出现废品和意外事故。

3.2 数控刀具的材料

3.2.1 数控刀具材料的性能

切削时,刀具切削部分不仅要承受很大的切削力,而且要承受切削变形和摩擦所产生的高温。要使刀具能在这样的条件下工作而不致很快地变钝或损坏,保持其切削能力,就必须使刀具材料具有以下性能。

(1)较高的硬度。刀具材料的硬度必须高于被加工材料的硬度,以便在高温状态下依然可以保持其锋利。通常常温状态下刀具材料的硬度都在60HRC以上。

(2)较好的耐磨性。在通常情况下,刀具材料硬度越高,耐磨性也越好。刀具材料组织中碳化物越多,颗粒越细,则分布越均匀,其耐磨性也越高。

(3)足够的强度和韧性。刀具切削部分的材料在切削时要承受很大的切削力和冲击力。因此,刀具材料必须要有足够的强度和韧性。在工艺上一般用刀具材料的抗弯强度表示刀片的强度大小;用冲击韧性表示刀片韧性的大小。刀片韧性的大小反映出刀具材料抗脆性断裂和抗崩刃的能力。

(4)良好的耐热性和导热性。耐热性表示刀片在高温状态下保持其切削性能的能力。耐热性越好,刀具材料在高温时抗塑性变形的能力、抗磨损的能力也越强。另外,刀片材料的导热性也是表示刀具使用性能的一个方面。导热性越好,切削时产生的热量越容易传导出去,从而降低切削部分的温度,减轻刀具磨损,刀具抗变形的能力也越强。

(5)良好的加工工艺性。刀片的加工工艺性主要反映在其成型和刃磨的能力上,包括锻压、焊接、切削加工、热处理、可磨性等。

(6)抗黏结性。防止工件与刀具材料分子间在高温高压作用下互相吸附产生黏结。

（7）化学稳定性。指刀具材料在高温下，不易与周围介质发生化学反应。

（8）经济性。价格便宜，易于加工和运输。

3.2.2 各种数控刀具材料

现今所采用的刀具材料，大体上可分为五大类：高速钢（High Speed Steel）、硬质合金（Cemented Carbide）、陶瓷（Ceramics）、立方氮化硼（Cubic Boron Nitride，CBN）、聚晶金刚石（Polymerize Crystal Diamond，PCD）。

1. 高速钢（High Speed Steel）

目前国内外应用比较普遍的高速钢刀具材料以 WMo 系、WMoAl 系、WMoCo 系为主，其中 WMoAl 是我国所特有的品种。高速钢的主要特征有：合金元素含量多且结晶颗粒比其他工具钢细，淬火温度极高（1200℃）而淬透性极好，可使刀具整体的硬度一致。回火时有明显的二次硬化现象，甚至比淬火硬度更高且耐回火软化性较高，在 600℃ 仍能保持较高的硬度，较之其他工具钢耐磨性好，且比硬质合金韧性高，但压延性较差，热加工困难，耐热冲击较弱。因此高速钢刀具仍是数控机床刀具的选择对象之一。

2. 硬质合金（Cemented Carbide）

硬质合金是将钨钴类（WC）、钨钛钴类（WC－TiC）、钨钛钽（铌）钴类（WC－TiC－TaC）等硬质碳化物以 Co 为结合剂烧结而成的物质，其主体为 WC－Co 系，在铸铁、非铁金属和非金属的切削中大显身手。1929 年—1931 年前后，TiC 以及 TaC 等添加的复合碳化物系硬质合金在铁系金属的切削之中显示出极好的性能，于是硬质合金得到了很大程度的普及。

按 ISO 标准主要以硬质合金的硬度、抗弯强度等指标为依据，硬质合金刀片材料大致分为 K、P、M 三大类。

又分别在 K、P、M 三种代号之后附加 01、05、10、20、30、40、50 等数字更进一步细分。一般来讲，数字越小者，硬度越高但韧性越低；而数字越大则韧性越高但硬度越低。表 3－1 中显示了硬质合金刀具的成分及其物理性能。

表 3－1 硬质合金刀具的成分及其物理性能

ISO 分类		成分（/%）			密度/（g/cm³）	硬度 HV30/10MPa	抗弯强度/MPa	抗压强度/MPa	弹性模量/GPa	热膨胀系数（×10⁻⁶·℃）	热导率 W/(m·K)
		WC	WC＋TaC	Co							
P 类	P10	63	28	9	10.7	1600	1300	4600	530	6.5	29.3
	P20	76	14	10	11.9	1500	1500	1800	540	6	33.49
	P30	82	8	10	13.1	1450	1750	5000	560	5.5	58.62
	P40	75	12	13	12.7	1400	1950	4900	560	5.5	58.62
	P50	68	15	17	12.5	1300	2200	4000	520	—	—
M 类	M10	84	10	6	13.1	1700	1350	5000	580	5.5	50.24
	M20	82	10	8	13.4	1550	1600	5000	570	5.5	62.8
	M30	81	10	9	14.4	1450	1800	4800	—	—	—
	M40	79	6	15	13.6	1300	2100	4400	540	—	—

ISO 分类		成分(/%)			密度/ (g/cm³)	硬度 HV30/ 10MPa	抗弯 强度 /MPa	抗压 强度 /MPa	弹性 模量 /GPa	热膨胀 系数 (×10⁻⁶·℃)	热导率 W/(m·K)
		WC	WC + TaC	Co							
K 类	K01	92	4	4	15.0	1800	1200	—	—	—	—
	K10	92	2	6	14.8	1650	1500	5700	630	5	79.55
	K20	92	2	6	14.8	1550	1700	5000	620	5	79.55
	K30	89	2	9	14.4	1400	1900	4700	580	—	71.18
	K40	88	—	12	14.3	1300	2100	4500	570	5.5	58.82
注:表内数据为平均值											

（1）K 类。国家标准 YG 类,成分为 WC + Co,适于加工短切屑的黑色金属、有色金属及非金属材料。主要成分为碳化钨和(3~10)% 钴,有时还含有少量的碳化钽等添加剂。

（2）P 类。国家标准 YT 类,成分为 WC + TiC,适于加工长切屑的黑色金属。主要成分为碳化钛、碳化钨和钴(或镍),有时加入碳化钽等添加剂。

（3）M 类。国家标准 YW 类,成分为 WC + TiC + TaC,适于加工长切屑或短切屑的黑色金属和有色金属。成分和性能介于 K 类和 P 类之间,可用来加工钢和铸铁。

以上为一般切削工具所用硬质合金的大致分类。此外,还有超微粒子硬质合金,可以认为从属于 K 类。但因其烧结性能上要求结合剂 Co 的含量较高,故高温性能较差,大多只适用于钻、铰等低速切削工具。

表 3 - 2 显示了常用硬质合金牌号的应用场合。

表 3 - 2　常用硬质合金的应用(ISO 牌号)

类别	牌号	加工材料	使用条件
P	P₀₁	钢,铸钢	精车,精镗。高切削速度,小切屑截面,高尺寸精度和表面质量,工作时无振动
	P₁₀	钢,铸钢	车削,仿形车,切螺纹及铣削。高切削速度,小或中等切屑截面
	P₂₀	钢,铸钢 长切屑可锻铸铁	车削,仿形车,铣削。中等切削速度,中等截面和小切屑截面的刨削
	P₃₀	钢,铸钢 长切屑可锻铸铁	车削,铣削,刨削。中等或低切削速度,中等或大切屑截面可在不利条件下加工
	P₄₀	钢 有砂眼和缩孔的铸钢	车削,刨削,插削。低切削速度,在不利条件下用大切屑截面和大的切削角度加工,用于自动机床
	P₅₀	钢 有砂眼和缩孔的中等或低抗拉强度的铸钢	用于要求高韧性硬质合金的工序:车削、刨削、插削、低切削速度,大切屑截面,在不利条件下可用大切削角度,用于自动机床

类别	牌号	加工材料	使用条件
M	M$_{10}$	钢,铸钢,锰钢 灰铸铁,合金铸铁	车削,中等或高切削速度,小或中等切屑截面
	M$_{20}$	钢,铸钢,奥氏体钢和锰钢,灰铸铁	车削,铣削,中等切削速度,中等切屑截面
	M$_{30}$	钢,铸钢,奥氏体钢 灰铸铁 高温合金	车削,铣削,刨削,中等切削速度,中等或大切屑截面
	M$_{40}$	软钢,低强度钢 有色金属和轻合金	车削,切断,特别适于自动机床
K	K$_{01}$	高硬度灰铸铁,肖氏硬度35以上的冷硬铸铁,高硅铝合金,淬硬钢,高耐磨塑料,硬纸板,陶瓷	车削,精车,镗削,铣削,刮削
	K$_{10}$	HB$_{220}$以上的灰铸铁,短切屑可锻铸铁,淬硬钢,硅铝合金,铜合金,塑料,玻璃,硬橡胶,硬纸板,瓷器,石头	车削,铣削,钻孔,镗削,拉削,刮削
	K$_{20}$	HB$_{220}$的灰铸铁,有色金属:铜,黄铜,铝	车削,铣削,刨削,镗削,拉削,要求高韧性硬质合金的组合
	K$_{30}$	低硬度灰铸铁,低强度钢,压缩木材	车削,铣削,刨削,插削,在不利条件下加工并允许用大切削角度
	K$_{40}$	软木或硬木 有色金属	车削,铣削,刨削,插削,在不利条件下加工并允许用大切削角度

涂层硬质合金刀片是在韧性较好的工具表面涂上一层耐磨损、耐溶着、耐反应的物质,使刀具在切削中同时具有既硬而又不易破损的性能(英文名称为 Coated tool)。涂层的方法分为两大类:一类为物理涂层(PVD),是在550℃以下将金属和气体离子化后喷涂在工具表面;另一类为化学涂层(CVD),是将各种化合物通过化学反应沉积在工具上形成表面膜,反应温度一般都在1000~1100℃左右。

常见的涂层材料有 TiC、TiN、TiCN、AL$_2$O$_3$、TiAlO$_x$等陶瓷材料。由于这此陶瓷材料都具有耐磨损(硬度高)、耐化学反应(化学稳定性好)等性能,所以就硬质合金的分类来看,既具备K类的功能,也能满足P类和M类的加工要求。也就是说,尽管涂层硬质合金刀具基体是P、M、K中的某一种类,而涂层之后其所能覆盖的种类就相当广了,既可以属于K类,也可以属于P类和M类。故在实际加工中对涂层刀具的选取不应拘泥于P(YT)、M(YW)、K(YG)等划分,而是应该根据实际加工对象、条件以及各种涂层刀具的性能进行选取。

从使用的角度来看,希望涂层的厚度越厚越好。但涂层厚度一旦过厚,则易引起剥离而使涂层工具丧失本来的功效。一般情况下,用于连续高速切削的涂层厚度为5~15μm,多为CVD法制造。在冲击较强的切削中,特别要求涂膜有较高的附着强度以及涂层对工具的韧性不产生太大的影响,涂层的厚度大多控制在2~3μm左右,且多为PVD涂层。

涂层刀具的使用范围相当广,从非金属、铝合金到铸铁、钢以及高强度钢、高硬度钢和耐热合金、钛合金等难加工材料的切削均可使用,且普遍较硬质合金的性能要好。

3. 陶瓷(Ceramics)

陶瓷是含有金属氧化物或氮化物的无机非金属材料。从20世纪30年代就开始研究以陶瓷作为切削工具。陶瓷刀具基本上由两大类组成:一类为纯氧化铝类(白色陶瓷);另一类为Tic添加类(黑色陶瓷);还有在Al_2O_3中添加SiCW(晶须)、ZrO_2(青色陶瓷)来增加韧性的,以及以Si_3N_4为主体的陶瓷刀具。

陶瓷材料具有高硬度(刀片硬度可达78HRC以上),高温强度好(能耐1200~1450℃高温)的特性,化学稳定性亦很好,故能达到较高的切削速度。但抗弯强度低,怕冲击,易崩刃。对此,热等静压技术的普及对改善结晶的均匀细密性、提高陶瓷的各向性能均衡乃至提高韧性起到了很大的作用,作为切削工具用的陶瓷抗弯强度已经提高到900MPa以上。

一般来说,陶瓷刀具相对硬质合金和高速钢来说仍是极脆的材料,因此多用于高速连续切削,例如铸铁的高速加工。另外,陶瓷的热传导率相对硬质合金来说非常低,是现有工具材料中最低的一种,故在切削加工中加工热容易被积蓄,且对于热冲击的变化较难承受。所以,加工中陶瓷刀具很容易因热裂纹产生崩刃等损伤,且切削温度亦较高。陶瓷刀具因其材质的化学稳定性好、硬度高,在耐热合金等难加工材料的加工中有广泛的应用。

金属陶瓷是为解决陶瓷刀具的脆性大而出现的,其成分以TiC(陶瓷)为基体,Ni、Mo(金属)为结合剂,故取名为金属陶瓷。金属陶瓷刀具最大优点是与被加工材料的亲和性极低,故不易产生粘刀和积屑瘤现象,使加工表面非常光洁平整,在一般刀具材料中可谓精加工用的佼佼者。但由于韧性差而限制了它的使用范围。通过添加WC、TaC、TiN、TaN等异种碳化物,使其抗弯强度达到了硬质合金的水平,因而得到广泛的运用。日本黛杰(DIJET)公司新近推出通用性更为优良的CX系列金属陶瓷,以适应各种切削状态的加工要求。

4. 立方氮化硼(CBN)

立方氮化硼是靠超高压、高温技术人工合成的新型高硬度刀具材料,其结构与金刚石相似,此工具由美国GE公司研制开发,它的硬度略逊于金刚石,可达7300~9000HV,但热稳定性远高于金刚石,可耐1300~1450℃高温,并且与铁族元素亲和力小,不易产生"积屑瘤",是迄今为止能够加工铁系金属最硬的一种刀具材料。它的出现使无法进行正常切削加工的淬火钢、耐热钢的高速切削变成可能。硬度60~65HRC、70HRC的淬硬钢等高硬度材料均可采用CBN刀具来进行切削。所以,在很多场合都以CBN刀具进行切削来取代迄今为止只能采用磨削来加工的工序,使加工效率得到了极大的提高。

切削加工普通灰铸铁时,一般来说线速度300m/min以下采用涂层硬质合金,300~500m/min以内采用陶瓷,500m/min以上用CBN刀具材料。而且最近的研究表明,用CBN切削普通灰铸铁,当速度超过800m/min时,刀具寿命随着切削速度的增加反而更长。其原因一般认为在切削过程中,刃口表面会形成Si_3N_4、Al_2O_3等保护膜替代刀刃的磨损。因此,可以说CBN将是超高速加工的首选刀具材料。

5. 聚晶金刚石(PCD)

1975 年,美国 GE 公司开发了用人造金刚石颗粒,通过添加 Co、硬质合金、NiCr、Si - SiC 以及陶瓷结合剂在高温(1200℃以上)、高压下烧结成形的 PCD 刀具,得到了广泛的使用。

金刚石刀具与铁系金属有极强的亲和力,切削中刀具中的碳元素极易发生扩散而导致磨损,因此一般不适宜加工黑色金属。但与其他材料的亲和力很低,切削中不易产生粘刀现象,切削刃口可以磨得非常锋利,所以主要用于高效地加工有色金属和非金属材料,能得到高精度、高光亮的加工面,特别是 PCD 刀具消除了金刚石的性能异向性,使其在高精加工领域中得到了普及。金刚石在大气中温度超过 600℃时将被碳化而失去其本来面目,故金刚石刀具不宜用于可能会产生高温的切削中。

从总体上分析,上述五大类刀具材料的硬度、耐磨性,以金刚石最高,递次降低到高速钢。而材料的韧性则是高速钢最高,金刚石最低。图 3 - 2 中显示了目前实用的各种刀具材料根据硬度和韧性排列的大致位置。涂层刀具材料具有较好的实用性能,也是将来能使硬度和韧性并存的手段之一。在数控机床中,采用最广泛的是硬质合金类,因为这类材料目前从经济性、适应性、多样性、工艺性等各方面,综合效果都优于陶瓷、立方氮化硼、聚晶金刚石。

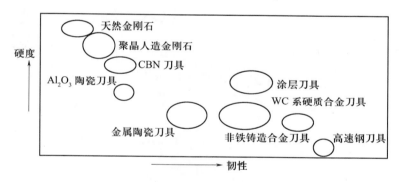

图 3 - 2　刀具材料的硬度与韧性的关系

3.3　数控工具系统

3.3.1　数控工具系统

目前数控机床采用的工具系统有车削类工具系统、镗铣类工具系统。

1. 车削类工具系统

随着车削中心的产生和各种全功能数控车床数量的增加,人们对数控车床和车削中心所使用的刀具提出了更高的要求,形成了一个具有特色的车削类刀具系统。目前,已出现了几种车削类工具系统,它们具有换刀速度快,刀具的重复定位精度高,连接刚度高等特点,提高了机床的加工能力和加工效率。被广泛采用的一种整体式车削工具系统是 CZG 车削工具系统,它与机床的连接接口的具体尺寸及规格可参考相关资料。图 3 - 3 即为车削加工中心用的模块化快换刀具结构,它由刀具头部、连接部分和刀体组成。这种刀体还可装车钻镗攻丝检测头等多种工具。

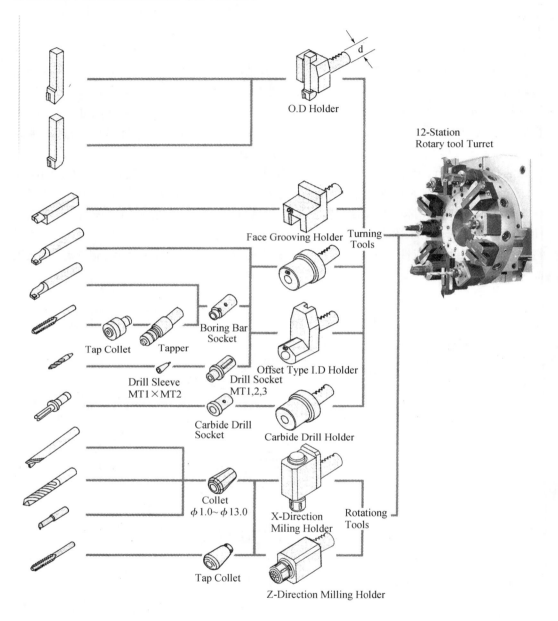

图 3 - 3　车削加工用模块化快换刀具系统图

2. 镗铣类工具系统

镗铣类工具系统一般由与机床主轴连接的锥柄、延伸部分的连杆和工作部分的刀具组成。它们经组合后可以完成钻孔、扩孔、铰孔、镗孔、攻螺纹等加工工艺。镗铣类工具系统分为整体式结构和模块式结构两大类。图 3 - 4 所示是 TSG82 工具系统。

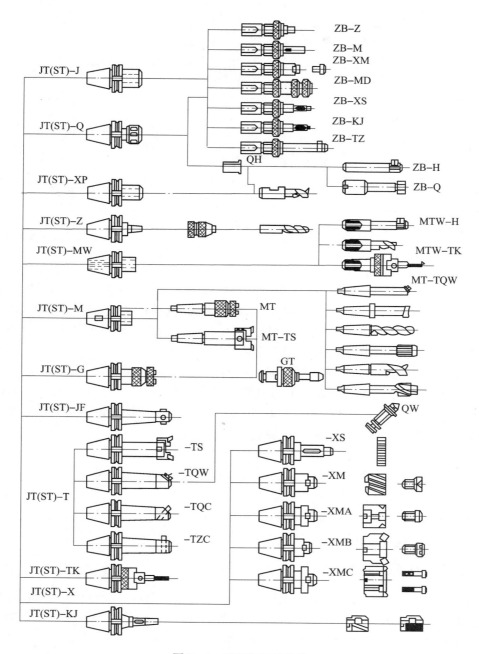

图 3 - 4　TSG82 工具系统

1）整体式结构

我国 TSG82 工具系统就属于整体式结构的工具系统。它的特点是将锥柄和接杆连成一体，不同品种和规格的工作部分都必须带有与机床相连的柄部。其优点是结构简单、使用方便、可靠、更换迅速等。缺点是锥柄的品种和数量较多，选用时一定要按图示进行配置。表 3 - 3 是 TSG82 工具系统的代码和意义。

表 3 – 3 TSG82 工具系统的代码和意义

代码	代码的意义	代码	代码的意义	代码	代码的意义
J	装接长刀杆用锥柄	KJ	用于装扩、铰刀	TF	浮动镗刀
Q	弹簧夹头	BS	倍速夹头	TK	可调镗刀
KH	7:24 锥柄快换夹头	H	倒锪端面刀	X	用于装铣削刀具
Z(J)	用于装钻夹头(莫氏锥度注 J)	T	镗孔刀具	XS	装三面刃铣刀
MW	装无扁尾莫氏锥柄刀具	TZ	直角镗刀	XM	装面铣刀
M	装有扁尾莫氏锥柄刀具	TQW	倾斜式微调镗刀	XDZ	装直角端铣刀
G	攻螺纹夹头	TQC	倾斜式粗镗刀	XD	装端铣刀
C	切内槽工具	TZC	直角形粗镗刀		
规格	用数字表示工具的规格,其含义随工具不同而异。有些工具该数字为轮廓尺寸 D–L;有些工具该数字表示应用范围。还有表示其他参数值的,如锥度号等				

2)模块式结构

模块式结构把工具的柄部和工作部分分开,制成系统化的主柄模块、中间模块和工具模块,每类模块中又分为若干小类和规格,然后用不同规格的中间模块组装成不同用途、不同规格的模块式刀具,这样就方便了制造、使用和保管,减少了工具的规格、品种和数量的储备,对加工中心较多的企业有很高的实用价值。

目前,模块式工具系统已成为数控加工刀具发展的方向。国外有许多应用比较成熟和广泛的模块化工具系统。例如瑞士的山特维克(SANDVIK)公司有比较完善的模块式工具系统,在我国的许多企业得到了很好的应用。国内的 TGM10 和 TGM21 工具系统就属于这一类。图 3 – 5 所示为 TGM 工具系统的示意图。

发展模块式工具的主要优点是:

(1)减少换刀时间和刀具的安装次数,缩短生产周期,提高生产效率。

(2)促使工具向标准化和系列化发展。

(3)便于提高工具的生产管理及柔性加工的水平。

(4)扩大工具的利用率,充分发挥工具的性能,减少用户工具的储备量。

3.3.2 刀柄的分类及选择

刀柄是机床主轴和刀具之间的连接工具,是数控机床工具系统的重要组成部分之一,是加工中心必备的辅具。它除了能够准确地安装各种刀具外,还应满足在机床主轴上的自动松开和拉紧定位、刀库中的存储和识别以及机械手的夹持和搬运等需要。刀柄分为整体式和模块式两类,如图 3 – 6 所示。整体式刀柄针对不同的刀具配备,其品种、规格繁多,给生产、管理带来不便;模块式刀柄克服了上述缺点,但对连接精度、刚性、强度都有很高的要求。刀柄的选用要和机床的主轴孔相对应,并且已经标准化和系列化。

加工中心上一般采用 7:24 圆锥刀柄,如图 3 – 7 所示。这类刀柄不能自锁,换刀比较方便,与直柄相比具有较高的定心精度和刚度。其锥柄部分和机械抓拿部分均有相应的国际和国家标准。GB10944《自动换刀机床用 7:24 圆锥工具柄部 40、45 和 50 号圆锥

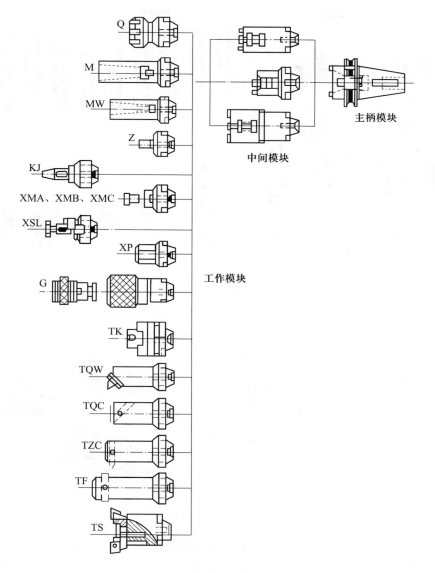

图 3-5 TGM 工具系统

柄》和 GB10945《自动换刀机床用7：24 圆锥工具柄部 40、45 和 50 号圆锥柄用拉钉》对此作了规定。这两个国家标准与国际标准 ISO7388/1 和 ISO7388/2 等效。选用时,具体尺寸可以查阅有关国家标准。

图 3-8 是一些常见刀柄及其用途。

（1）ER 弹簧夹头刀柄,如图 3-8(a)所示,它采用 ER 型卡簧,夹紧力不大,适用于夹持直径在 φ16mm 以下的铣刀。ER 型卡簧如图 3-8(b)所示。

（2）强力夹头刀柄,其外形与 ER 弹簧夹头刀柄相似,但采用 KM 型卡簧,可以提供较大夹紧力,适用于夹持 φ16mm 以上直径的铣刀进行强力铣削。KM 型卡簧如图 3-8(c)所示。

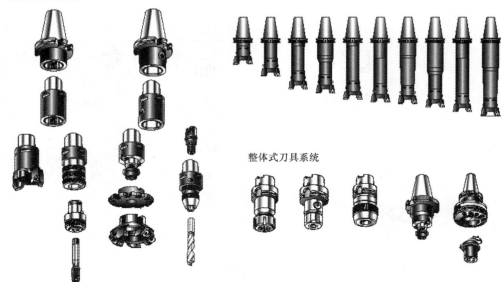

模块式刀具系统

整体式刀具系统

图 3 - 6   刀柄结构组成

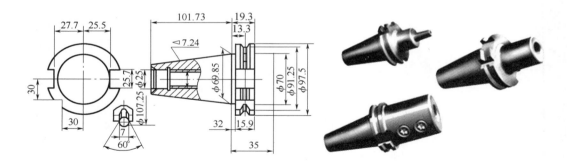

图 3 - 7   自动换刀机床用 7∶24 圆锥工具柄部(JT)

（3）莫氏锥度刀柄，如图 3 - 8(d)所示，它适用于莫氏锥度刀杆的钻头、铣刀等。

（4）侧固式刀柄，如图 3 - 8(e)所示，它采用侧向夹紧，适用于切削力大的加工，但一种尺寸的刀具需对应配备一种刀柄，规格较多。

（5）面铣刀刀柄，如图 3 - 8(f)所示，与面铣刀刀盘配套使用。

（6）钻夹头刀柄，如图 3 - 8(g)所示，它有整体式和分离式两种，用于装夹直径在 $\phi13mm$ 以下的中心钻、直柄麻花钻等。

（7）丝锥钻夹头刀柄，如图 3 - 8(h)所示，适用于自动攻丝时装夹丝锥，一般具有切削力限制功能。

（8）镗刀刀柄，如图 3 - 8(i)所示，适用于各种尺寸孔的镗削加工，有单刃、双刃及重切削等类型，在孔加工刀具中占有较大的比重，是孔精加工的主要手段，其性能要求也很高。

（9）增速刀柄，如图 3 - 8(j)所示，当加工所需的转速超过了机床主轴的最高转速时，可以采用这种刀柄将刀具转速增大 4 ~ 5 倍，扩大机床的加工范围。

(a) ER弹簧夹头刀柄　　(b) ER卡簧　　(c) KM卡簧

(d) 莫氏锥度刀柄　　(e) 侧固式刀柄　　(f) 面铣刀刀柄

(g) 钻夹头刀柄　　(h) 丝锥钻夹头　　(i) 镗刀刀柄

(j) 增速刀柄　　(k) 中心冷却刀柄

图3-8　各类刀柄

（10）中心冷却刀柄，如图3-8(k)所示，为了改善切削液的冷却效果，特别是在孔加工时，采用这种刀柄可以将切削液从刀具中心喷入到切削区域，极大地提高了冷却效果，并有利于排屑。使用这种刀柄，要求机床具有相应的功能。

3.4　数控刀具的选择

数控机床与普通机床相比较对刀具提出了更高的要求，不仅要精度高、刚性好、装夹调整方便，而且要求切削性能强、耐用度高。因此，数控加工中刀具的选择是非常重要的内容。刀具选择合理与否不仅影响机床的加工效率，而且还直接影响加工质量。

3.4.1　选择数控刀具应考虑的因素

选择刀片或刀具应考虑的因素是多方面的，归纳起来应该考虑的要素有以下几点：
（1）被加工工件常用的工件材料有有色金属（铜、铝、钛及其合金）、黑色金属（碳钢、低合金钢、工具钢、不锈钢、耐热钢等）、复合材料、塑料类等。

（2）被加工件材料性能，包括硬度、韧性、组织状态等。

（3）切削工艺的类别有车、钻、铣、镗，粗加工、精加工、超精加工，内孔，外圆，切削流动状态，刀具变位时间间隔等。

（4）被加工工件的几何形状（影响到连续切削或间断切削、刀具的切入或退出角度）、零件精度（尺寸公差、形位公差、表面粗糙度）和加工余量等因素。

（5）要求刀片（刀具）能承受的切削用量（切削深度、进给量、切削速度）。

（6）生产现场的条件（操作间断时间、振动电力波动或突然中断）。

（7）被加工工件的生产批量，影响到刀片（刀具）的经济寿命。

3.4.2 数控车削刀具的选择

目前在数控机床上采用的刀具，从材料方面主要采用硬质合金，从结构方面主要是镶嵌式机夹可转位刀片的刀具。选用机夹可转位刀片，首先要了解各类型的机夹可转位刀片的代码。可转位刀片用于车、铣、钻、镗等不同的加工方式，其代码的具体内容也略有不同。车削系统的刀具主要是刀片的选取，本节先介绍可转位刀片，然后介绍车削加工中刀片的选择方法，其他切削加工的刀片也可参考。

1. 可转位刀片代码

按国际标准 ISO1832—1985，可转位刀片的代码是由 10 位字符串组成的，以车刀可转位刀片 CNMG120408 □RPF 为例介绍，其排列如下：

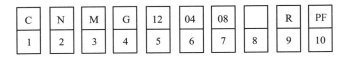

式中 1 为刀片形状的代码（图 3－9），如代码 C 表示刀尖角为 80°；

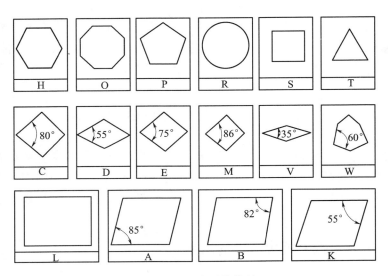

图 3－9　刀片形状代码

62

式中 2 为主切削刃后角的代码(图 3 - 10),如代码 N 表示后角为 0°;

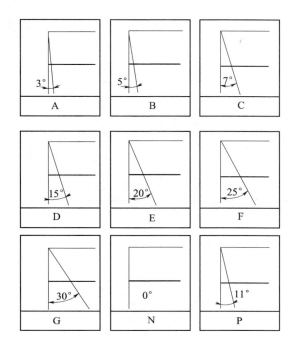

图 3 - 10　主切削刃后角代码

式中 3 为刀片尺寸公差的代码(表 3 - 4),如代码 M 表示刀片厚度公差为 ±0.130;

表 3 - 4　刀片尺寸公差代码表

级别符号	公差/mm			公差/英寸		
	m	s	d	m	s	d
A	±0.005	±0.025	±0.025	±0.0002	±0.001	±0.0010
F	±0.005	±0.025	±0.013	±0.0002	±0.001	±0.0005
C	±0.013	±0.025	±0.025	±0.0005	±0.001	±0.0010
H	±0.013	±0.025	±0.013	±0.0005	±0.001	±0.0005
E	±0.025	±0.025	±0.025	±0.0010	±0.001	±0.0010
G	±0.025	±0.013	±0.025	±0.0010	±0.005	±0.0010
J	±0.005	±0.025	±0.05 ±0.13	±0.0002	±0.001	±0.002 ±0.005
K	±0.013	±0.025	±0.05 ±0.13	±0.0005	±0.001	±0.002 ±0.005
L	±0.025	±0.025	±0.05 ±0.13	±0.0010	±0.001	±0.002 ±0.005

级别符号	公差/mm			公差/英寸		
	m	s	d	m	s	d
M	±0.08 ±0.18	±0.013	±0.05 ±0.13	±0.003 ±0.007	±0.005	±0.002 ±0.005
N	±0.08 ±0.18	±0.025	±0.05 ±0.13	±0.003 ±0.007	±0.001	±0.002 ±0.005
U	±0.013 ±0.38	±0.013	±0.08 ±0.25	±0.005 ±0.015	±0.005	±0.003 ±0.010
注:表中s为刀片厚度,d为刀片内切圆直径,m为刀片尺寸参数(图3-11)						

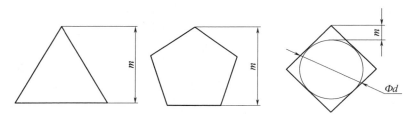

图3-11　刀片尺寸参数

式中4为刀片断屑及夹固形式的代码(图3-12),如代码G表示双面断屑槽,夹固形式为通孔;

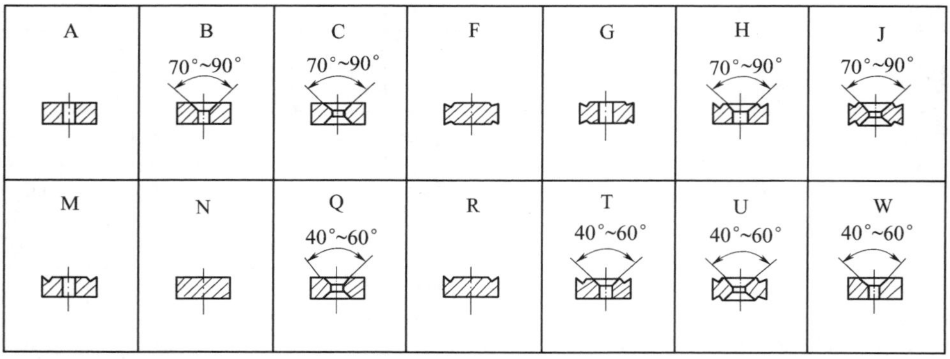

A	B	C	F	G	H	J
	70°~90°	70°~90°			70°~90°	70°~90°
M	N	Q	R	T	U	W
		40°~60°		40°~60°	40°~60°	40°~60°

图3-12　刀片断屑及夹固形式代码

式中5为切削刃长度表示方法(图3-13),如代码12表示切削刃长度为12mm;

式中6为刀片厚度的代码(图3-14),如代码04表示刀片厚度为4.76mm;

式中7为修光刃的代码(图3-15),如代码08表示刀尖圆弧半径为0.8mm;

式中8为表示特殊需要的代码;

式中9为进给方向的代码,如代码R表示右进刀,代码L表示左进刀,代码N表示中间进刀;

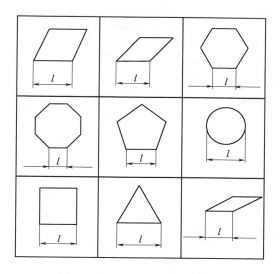

图 3-13 切削刃长度表示方法

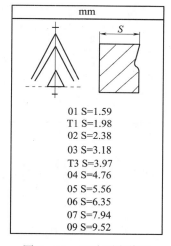

图 3-14 刀片厚度代码

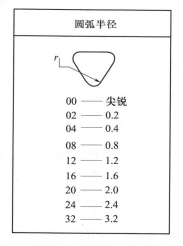

图 3-15 修光刃代码

式中 10 为断屑槽型的代码(表 3-5)。

表 3-5 刀片断屑槽选用推荐表

断屑槽型	工 件 材 料				
	长屑材料	不锈钢	短屑材料	耐热材料	软材料
	ABCDE	ABCDE	BCDE	ABCD	ABCD
PF	543--	543--	21--	43--	21--
PMF	353--	353--	21--	54--	-33-
PM	-253-	1552-	22--	2552	-232
PMR	-144-	-134-	4554	-221	----
PR	-1455	-1343	1122	--22	-33-

65

断屑槽型	工件材料				
	长屑材料	不锈钢	短屑材料	耐热材料	软材料
	ABCDE	ABCDE	BCDE	ABCD	ABCD
HF	54---	54---	3---	43--	21--
HM	-54--	354--	21--	343-	344-
HR	1451-	2641-	441-	1231	2342
31	--145	--133	4444	--11	----
53	54---	54---	3---	43--	21--
TCGR	54---	54---	3---	43--	21--
PMR	1442-	2442-	322-	1322	2342
PGR	1442-	2442-	322-	1322	2342
NUN	-1343	-----	4554	----	----
NGN	-1343	-----	4554	----	----
PUN	-1443	-3553	4431	-355	-222
PGN	-1443	-3553	4431	-355	-222
11	-431-	-452-	321-	-431	-421
12	-342-	-243-	-353	-253	-242
RCMT	13442	13432	3332	-222	2232
RCMX	-1343	-2322	3433	-222	-111
RNMG	-1242	-221-	233-	-231	----

注:表中断屑槽型为株洲硬质合金厂可转位刀片的断屑槽代码

2. 可转位刀片型号的选用

可转位刀片型号的选用分为四个步骤:选择刀片夹固系统,选择刀片型号,选择刀片刀尖圆弧和选择刀片材料牌号。

1) 选择刀片夹固系统

根据切削加工要求选择合适的刀片夹固方式(表 3 - 6),刀片夹固系统的结构如图 3 - 16 所示,刀片夹固系统的使用性能分成 1 级 ~5 级,其中 5 级是最佳选择。

表 3 - 6 刀片夹固系统选用推荐表

夹固方式	杠杆式 楔钩式 螺销上压式	压孔式	压板上压式	仿形上压式
外圆粗车 外圆精车	5 4	2 5	2 4	4 4
内圆粗车 内圆精车	5 4	2 5	2 5	4 4
切屑流向	5	5	3	3

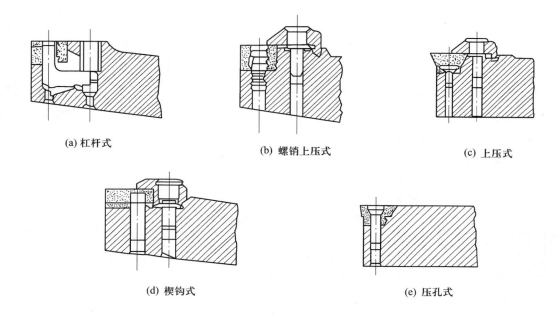

(a) 杠杆式   (b) 螺销上压式   (c) 上压式

(d) 楔钩式   (e) 压孔式

图 3 – 16　刀片夹固系统

2）选择可转位刀片型号

选择可转位刀片型号时要考虑多方面的因素，根据加工零件的形状选择刀片形状代码；根据切削加工的材料选择主切削刃后角代码；根据零件的加工精度选择刀片尺寸公差代码；根据加工要求选择刀片断屑及夹固形式代码；根据选用的切削用量选择刀片切削刃长度代码；此外还要选择刀片断屑槽型；通过理论公式计算刀片切削刃长度。

（1）选择刀片断屑槽型。如表 3 – 7 所列，根据切削用量把加工要求分为超精加工、精加工、半精加工、粗加工、重力切削五个等级，分别用代码 A、B、C、D、E 表示。又根据工件材料的切削性能选用合适的刀片断屑槽型（表 3 – 5），刀片断屑槽型的使用性能分成 1 级 ~5 级，其中 5 是最佳选择。

表 3 – 7　切削用量选用参考表

代码	加工要求	进给量 $f/(\mathrm{mm/r})$	切削深度 $a_{\mathrm{p}}/\mathrm{mm}$
A	超精加工	0.05 ~0.15	0.25 ~2.0
B	精加工	0.1 ~0.3	0.5 ~2.0
C	半精加工	0.2 ~0.5	2.0 ~4.0
D	粗加工	0.4 ~1.0	4.0 ~10.0
E	重力切削	>1.0	6.0 ~20.0

（2）切削刃长度计算。通过刀具主偏角 κ 和切削深度 a 计算刀片有效切削刃长度 L（图 3 –17），并推算刀刃的实际长度，然后根据刀刃的实际长度选用合适的切削刃长度代码。

刀片有效切削刃长度 L 计算公式:

$$L = \frac{a}{\sin\kappa}$$

$$L_{\max} = (0.25 \sim 0.5)L$$

$$L_{\max} = 0.4d$$

式中　d——圆形刀片直径(mm);

　　　L——刀片切削刃长度(mm)。

3)选择刀片刀尖圆弧

在粗加工时按刀尖圆弧半径选择刀具最大进给量
(表3-8),或通过经验公式计算刀具进给量;精加工时,
按工件表面粗糙度要求计算精加工进给量。

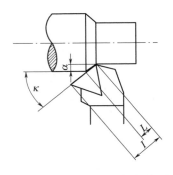

图 3-17　κ、a 和 L 之间的关系

表 3-8　选用最大进给量参考表

刀尖圆弧半径/mm	0.4	0.8	1.2	1.6	2.4
最大进给量/(mm/r)	0.25 ~ 0.35	0.4 ~ 0.7	0.5 ~ 1.0	0.7 ~ 1.3	1.0 ~ 1.8

(1)粗加工。粗加工进给量经验计算公式:

$$f_{粗} = 0.5R$$

式中　R——刀尖圆弧半径(mm);

　　　$f_{粗}$——粗加工进给量(mm)。

(2)精加工。根据表面粗糙度理论公式推算精加工进给量 f 公式:

$$R_t = \frac{f^2}{8r_\varepsilon}$$

式中　R_t——轮廓深度(μm);

　　　f——进给量(mm/r);

　　　r_ε——刀尖圆弧半径(mm)。

4)选择刀片材料牌号

车刀刀片的材料主要有高速钢、硬质合金、涂层硬质合金、陶瓷、立方氮化硼和金刚石
等。其中应用最多的是硬质合金和涂层硬质合金刀片。选择刀具材料,主要依据被加工
工件的材料、被加工表面的精度要求、切削载荷的大小以及切削过程有无冲击和振动等。
具体使用时可查阅有关刀具手册,根据车削工件的材料及其硬度、选用的切削用量来选择
可转位刀片材料的牌号。

3.4.3　数控铣削刀具的选择

1. 铣刀类型的选择

铣刀类型应与被加工工件尺寸与表面形状相适应。各种数控铣刀的形状如图3-18
所示。选用数控铣刀时应注意以下几点:

(1)铣削平面时,应采用可转位式硬质合金刀片铣刀。一般采用两次走刀,一次粗
铣、一次精铣。当连续切削时,粗铣刀直径要小些以减小切削扭矩,精铣刀直径要大一些,
最好能包容待加工表面的整个宽度。加工余量大且加工表面又不均匀时,刀具直径要选

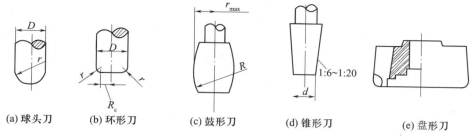

| (a) 球头刀 | (b) 环形刀 | (c) 鼓形刀 | (d) 锥形刀 | (e) 盘形刀 |

图 3 - 18　各种数控铣刀的形状

得小一些,否则,当粗加工时会因接刀刀痕过深而影响加工质量。

（2）高速钢立铣刀多用于加工凸台和凹槽,最好不要用于加工毛坯面,因为毛坯面有硬化层和夹砂现象,会加速刀具的磨损。

（3）加工余量较小,并且要求表面粗糙度较低时,应采用立方氮化硼(CBN)刀片端铣刀或陶瓷刀片端铣刀。

（4）镶硬质合金立铣刀可用于加上凹槽、窗口面、凸台面和毛坯表面。镶硬质合金的立铣刀可以进行强力切削,铣削毛坯表面和用于孔的粗加工。

（5）加工精度要求较高的凹槽时,可采用直径比槽宽小一些的立铣刀,先铣槽的中间部分,然后利用刀具的半径补偿功能铣削槽的两边,直到达到精度要求为止。

（6）在数控铣床上钻孔一般不采用钻模,钻孔深度为直径的 5 倍左右的深孔加工容易折断钻头,可采用固定循环程序,多次自动进退,以利于冷却和排屑。钻孔之前最好先用中心钻钻一个中心孔或采用一个刚性好的短钻头锪窝引正。锪窝除了可以解决毛坯表面钻孔引正问题,还可以代替孔口倒角。

（7）曲面加工常采用球头铣刀,但加工曲面较平坦部位以球头顶端刃切削时,切削条件较差,因而应采用环形刀。

（8）在单件或小批量生产中,为取代多坐标联动机床,常采用鼓形刀或锥形刀来加工飞机上一些变斜角零件,加镶齿盘铣刀适用于在五坐标联动的数控机床上加工一些球面,其效率比用球头铣刀高近十倍,并可获得好的加工精度。

（9）加工空间曲面、模具型腔或凸模成形表面等多选用模具铣刀;加工封闭的键槽选择键槽铣刀。

2. 铣刀参数的选择

数控铣床上使用最多的是可转位面铣刀和立铣刀,故以下主要介绍面铣刀和立铣刀参数的选择。

1）面铣刀主要参数的选择

标准可转位面铣刀直径为 $\phi16mm \sim \phi630mm$。粗铣时切削力大,故铣刀直径要小些,可减小切削扭矩。精铣时,铣刀直径要大些,尽量包容工件整个加工宽度,以提高加工精度和效率,并减小相邻两次进给之间的接刀痕迹。

根据工件材料、刀具材料及加工性质的不同来确定面铣刀几何参数。由于铣削时有冲击,故前角数值一般比车刀略小,尤其是硬质合金面铣刀,前角要更小些。铣削强度和硬度高的材料可选用负前角。前角的具体数值可参考表 3 - 9。铣刀的磨损主要发生在后刀面上,因此适当加大后角,可减少铣刀磨损。常取 $\alpha_o = 5° \sim 12°$,工件材料软取大值,工件材料硬取小值;粗齿铣刀取小值,细齿铣刀取大值。铣削时冲击力大,为了保护刀尖,硬质合金面铣刀的刃倾角常取 $\lambda_s = -5° \sim -15°$。只有在铣削强度低的材料时,取 $\lambda_s = -5°$。主偏角 κ_r 在 $45° \sim 90°$ 范围内选取,铣削铸铁常用 $45°$,铣削一般钢材常用 $75°$,铣削带凸肩的平面或薄壁零件时要用 $90°$。

表 3-9　面铣刀前角的选择

工件材料 刀具材料	钢	铸铁	黄铜、青铜	铝合金
高速钢	$10° \sim 20°$	$5° \sim 15°$	$10°$	$25° \sim 30°$
硬质合金	$-15° \sim 15°$	$-5° \sim 5°$	$4° \sim 6°$	$15°$

2)立铣刀主要参数的选择

根据工件材料和铣刀直径选取前、后角都为正值,其具体数值可参考表 3-10。为了使端面切削刃有足够的强度,在端面切削刃前刀面上一般磨有棱边,其宽度为 $0.4 \sim 1.2mm$,前角为 $6°$。

表 3-10　立铣刀前角、后角的选择

工件材料	前角/(°)	铣刀直径/mm	后角/(°)
钢	$10 \sim 20$	< 10	25
铸铁	$10 \sim 15$	$10 \sim 20$	20
铸铁	$10 \sim 15$	> 20	16

按以下推荐的经验数据选取立铣刀的有关尺寸参数(图 3-19)。

(1)刀具半径 r 应小于零件内轮廓面的最小曲率半径 ρ,一般取 $r = (0.8 \sim 0.9)\rho$。

(2)零件的加工高度 $H \leqslant \left(\dfrac{1}{4} \sim \dfrac{1}{6}\right)r$,以保证刀具有足够的刚度。

(3)对不通孔(深槽),选取 $l = H + (5 \sim 10)mm$(l 为刀具切削部分长度,H 为零件高度)。

(4)加工外形及通槽时,选取 $l = H + r + (5 \sim 10)mm$($r_\varepsilon$ 为端刃底圆角半径)。

(5)加工肋时,刀具直径为 $D = (5 \sim 10)b$(b 为肋的厚度)。

(6)粗加工内轮廓面时,铣刀最大直径 D_{max} 可按下式计算,如图 3-20 所示。

$$D_{max} = \frac{2\left[\delta \sin(\Phi/2) - \delta_1\right]}{1 - \sin(\Phi/2)} + D$$

式中　D——轮廓的最小凹圆角直径;

　　　δ——圆角邻边夹角等分线上的精加工余量;

　　　δ_1——精加工余量;

　　　Φ——圆角两邻边的最小夹角。

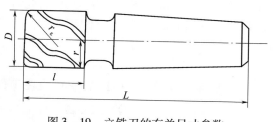

图3-19 立铣刀的有关尺寸参数

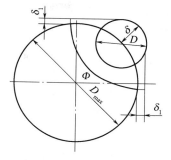

图3-20 铣刀最大直径

3.5 数控机床的对刀

数控加工中的对刀与普通机床或专用机床中的对刀有所不同,普通机床或专用机床中的对刀只是找正刀具与加工面间的位置关系,而数控加工中的对刀本质是建立工件坐标系,确定工件坐标系在机床坐标系中的位置,使刀具运动的轨迹有一个参考依据。对刀问题处理得好坏直接影响到加工精度、程序编制的难易程度以及加工操作的方便性等。

3.5.1 数控加工中与对刀有关的概念

1. 刀位点

刀位点一般是刀具上的一点,代表刀具的基准点,也是对刀时的注视点。尖形车刀刀位点为假想刀尖点,刀尖带圆弧时刀位点为圆弧中心;钻头刀位点为钻尖;平底立铣刀刀位点为端面中心;球头铣刀刀位点为球心。数控系统控制刀具的运动轨迹,准确说是控制刀位点的运动轨迹。手工编程时,程序中所给出的各点(节点)坐标值就是指刀位点的坐标值;自动编程时程序输出的坐标值就是刀位点在每一有序位置的坐标数据,刀具轨迹就是由一系列有序的刀位点的位置点和连接这些位置点的直线(直线插补)或圆弧(圆弧插补)组成的。

2. 起刀点

起刀点是刀具相对零件运动的起点,即零件加工程序开始时刀位点的起始位置,而且往往还是程序运行的终点。有时也指一段循环程序的起点。

3. 对刀点与对刀

对刀点是用来确定刀具与工件的相对位置关系的点,是确定工件坐标系与机床坐标系的关系的点。对刀就是将刀具的刀位点置于对刀点上,以便建立工件坐标系。

以数控车床对刀为例,当采用"G92 Xα Zβ"指令建立工件坐标系时,对刀点就是程序开始时,刀位点在工件坐标系内的起点(此时对刀点与起刀点重合),其对刀过程就是在程序开始前,将刀位点置于 G92 Xα Zβ 指令要求的工件坐标系内的 Xα Zβ 坐标位置上,也就是说,工件坐标系原点是根据起刀点的位置来确定的,由刀具的当前位置来决定;当采用 G54 ~ G59 指令建立工件坐标系时,对刀点就是工件坐标系原点,其对刀过程就是确定出刀位点与工件坐标系原点重合时机床坐标系的坐标值,并将此值输入到 CNC 系统的零点偏置寄存器对应位置中,从而确定工件坐标系在机床坐标系内的位置。以此方式建立工件坐标系与刀具的当前位置无关,若采用绝对坐标编程,程序开始运行时,刀具的起始位置不一定非得在某一固定位置,工件坐标系原点并不是根据起刀点来确定的,此时对刀点与起刀点可不重合,因此对刀点与起刀点是两个不同的概念,尽管在编程中它们常常选在同一点,但有时对刀点是不能作为起刀点的。

4. 对刀基准(点)

对刀时为确定对刀点的位置所依据的基准,该基准可以是点、线或面,它可设在工件上(如定位基准或测量基准)或夹具上(如夹具定位元件的起始基准)或机床上。图3-21(图中单位为mm)所示为工件坐标系原点 O、刀位点、起刀点、对刀点和对刀基准点之间的关系与区别。该件采用 G92 X100 Z150(直径编程)建立工件坐标系,通过试切工件右端面、外圆确定对刀点位置。试切时一方面保证 OO_1 间 Z 向距离为100,同时测量外圆直径,另一方面根据测出的外圆直径,以 O_1 为基准将刀尖沿 Z 正方向移50,X 正

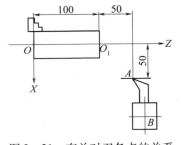

图3-21 有关对刀各点的关系

方向半径移50,使刀位点与对刀点重合并位于起刀点上。所以,O_1 为对刀基准点;O 为工件坐标系原点;A 为对刀点,也是起刀点和此时的刀位点。工件采用夹具定位装夹时一般以定位元件的起始基准为基准对刀,因此定位元件的起始基准为对刀基准。也可以将工件坐标系原点(如 G54～G59 指令时)直接设为对刀基准(点)。

3.5.2 对刀的基本原则

在数控加工中,刀具刀位点的运动轨迹自始至终需要精确控制,并且是在机床坐标系下进行的,但编程尺寸却按人为定义的工件坐标系确定。如何确定工件坐标系与机床坐标系之间的位置关系,需通过对刀来完成,也就是确定刀具刀位点在工件坐标系中的起始位置,这个位置又称为对刀点,它是数控加工时刀具相对运动的起点,也是程序的起点。编制程序时,要正确选择对刀点,对刀点的选择一般要求符合如下原则:

(1)应使编制程序的运算最为简单,避免出现尺寸链计算误差;

(2)对刀点应选在容易找正,加工中便于检查的位置上;

(3)尽量使对刀点与工件的尺寸基准重合;

(4)引起的加工误差最小。

对于(1)、(2),如在相对坐标下编程,对刀点应选在零件中心孔上或垂直平面的交线上。在绝对坐标下,应选在机床坐标系的原点或距原点为确定值的点上。对于(3)、(4),对刀点应选在零件的设计基准或工艺基准上,如以孔定位的零件,选用孔的中心作为对刀点。

3.5.3 对刀方法

对刀的基本方法有手动对刀、机外对刀仪对刀、ATC 对刀和自动对刀等。

1. 手动对刀

根据所用的位置检测分为相对式和绝对式两种。

相对式对刀可采用三种方法:①用钢板尺直接测量,这种方法简便但不精确;②手动移动刀具,直到刀尖与定位块的工作面对齐为止,并将坐标显示值清零,再回到起始位,读取坐标值,这种方法对刀的准确度取决于刀尖与定位块工作面对齐的精确度;③将工件工作面光一刀,测量出工件尺寸,再间接计算出对刀尺寸,这种方法已包括让刀修正,所以最为准确。

在绝对式手动对刀中,先定义基准刀,再用直接或间接的方法测量出被测刀具刀尖与基准刀尖的距离,即为该刀具的刀补量。总之,手动对刀通过试切工件来实现,采用"试切—测量—调整(补偿)的对刀模式,占用机床时间较多,但方法简单,成本低,适合经济型数控机床。

2. 机外对刀仪对刀

把刀预先在机床外面校对好,使之装上机床就能使用,可节省对刀时间。机外对刀须用机外对刀仪。图 3 – 22 是一种比较典型的车床用机外对刀仪,它由导轨、刻度尺、光源、投影放大镜、微型读数器、刀具台安装座和底座等组成。这种对刀仪可通用于各种数控车床。

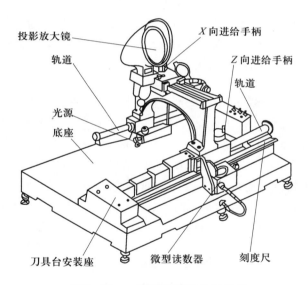

图 3 – 22　一种车床用机外对刀仪

机外对刀的本质是测量出刀具假想刀尖点到刀台上某一基准点(相当于基准刀的刀位点)之间 X 及 Z 方向的距离,这也称为刀具 X 及 Z 向的长度,即刀具的长度补偿值。

机外对刀时必须连刀夹一起校对,所以刀具必须通过刀夹再安装在刀架上。某把刀具固紧在某刀夹上,尔后一起不管安装到哪个刀位上,对刀得到的刀具长度应该是一样的。针对某台具体的数控车床(主要是具体的刀架及其相应的刀夹)还应制作相应的对刀刀具台,并将其安装在刀具台安装座上。这个对刀刀具台与刀夹的连接结构和尺寸应该同机床刀台每个刀位的结构和尺寸完全相同,甚至制造精度也要求与机床刀台该部位一样。

机外对刀的顺序是这样的:将刀具随同刀夹一起紧固在对刀刀具台上,摇动 X 向和 Z 向进给手柄,使移动部件载着投影放大镜沿着两个方向移动,直到假想刀尖点与放大镜中的十字线交点重合为止。对称刀(如螺纹刀)的假想刀尖点在刀尖实体上,它在放大镜中的正确投影见图3-23(b)。不少假想刀尖点不在刀具(尖)实体上,所以,所谓它与十字线交点重合,实际是刀尖圆弧与从十字线交点出发的某两条放射线相切,如端面外径刀和端面内径刀在放大镜中的正确投影(图3-23(a)和图3-23(c))。此时,通过 X 向和 Z 向的微型读数器分别读出的 X 向和 Z 向刻度值,就是这把刀的对刀长度。如果这把刀具马上使用,那么将它连同刀夹一起移装到机床某刀位上之后,把对刀长度输到相应的刀补号或程序中即可。

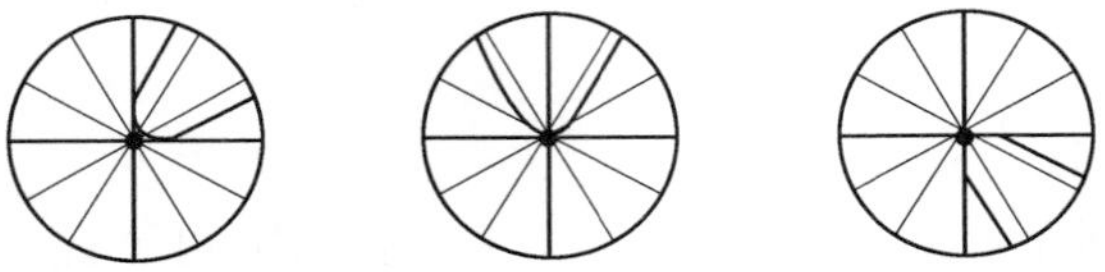

(a) 端面外径刀尖　　(b) 对称刀尖　　(c) 端面内径刀尖

图3-23　刀尖在放大镜中的对刀投影

使用机外对刀仪对刀的最大优点是对刀过程不占用机床的时间,从而可提高数控车床的利用率;缺点是刀具必须连同刀夹一起进行。如果采用机外对刀仪对刀,那么刀具和刀夹都应准备双份:一份在机床上用,另一份在下面对刀。采用对刀仪对刀,成本高,结构复杂,换刀难,但占用机床的时间小,精度高。

3. ATC 对刀

如上所述,在机外对刀场合,用投影放大镜(对刀镜)能较精确地校订刀具的位置,但装卸带着刀夹的刀具比较费力,因此又有 ATC 对刀。它是在机床上利用对刀显微镜自动计算出车刀长度的一种对刀方法。对刀镜实际是一架低倍显微镜(一般放大10倍左右),不过对刀镜内有如图3-23所示的6条30°等分线,有的还有坐标尺对刀时,用手动方式将刀尖移到对刀镜的视野内,再用手动脉冲发生器微移刀架使假想刀尖点如图3-23所示的那样与对刀镜内的中心点重合,数控系统便能自动算出刀位点相对机床原点的距离,并存入相应的刀补号区域。该对刀方法装卸对刀镜以及对刀过程还是用手动操作和目视,故会产生一定的对刀误差。

4. 自动对刀

使用对刀镜作机外对刀或机内对刀,由于整个过程基本上还是手工操作,所以仍没有跳出手工对刀的范畴。自动对刀是利用 CNC 装置通过刀尖检测系统实现的,刀尖以设定的速度向接触式传感器接近,当刀尖与传感器接触并发出信号,数控系统立即记下该瞬间的坐标值,并自动修正刀具补偿值,可实现不停顿加工,对刀效率高、误差小,适合高档机床。

第4章 数控机床上工件的装夹

4.1 工件的装夹方式

在进行机械加工前,必须把工件放在机床上,使它和刀具之间具有相对正确的位置,这个过程称为工件的定位。当工件定位后,由于在加工中受到切削力、重力等的作用,还应采取一定的机构用外力将工件夹紧,使工件在加工过程中保持定位位置不变,这一过程称为夹紧。工件从定位到夹紧的整个过程称为工件的装夹。

在各种不同的机床上加工零件时,随着批量的不同,加工精度要求的不同,工件大小的不同,工件的装夹方法也不同。

4.1.1 直接找正装夹

此法是用划针盘上的划针或百分表,以目测法直接在机床上找正工件位置的装夹方法。一边校验,一边找正,工件在机床上应有的位置是通过一系列的尝试而获得的。

如图4-1所示,用四爪单动卡盘安装工件,要保证本工序加工后的 B 面与已加工过的 A 面的同轴度要求,先用百分表按外圆 A 进行找正,夹紧后车削外圆 B,从而保证 B 面与 A 面的同轴度要求。

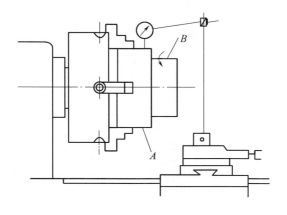

图4-1 直接找正法

直接找正装夹法比较费时,且定位精度的高低主要取决于所用工具或仪表的精度,以及工人的技术水平,定位精度不易保证,生产率较低,所以一般只用于单件、小批量生产中。

4.1.2 划线找正装夹

此法是在毛坯上先划出中心线、对称线及各待加工表面的加工线,然后按照划好的线找正工件在机床上的位置。对于形状复杂的工件,常常需要经过几次划线。由于划线既费时,又需要技术水平高的划线工,划线找正的定位精度也不高,所以划线找正装夹只用在批量不大、形状复杂笨重的工件,或毛坯的尺寸公差很大、无法采用夹具装夹的工件。

4.1.3 采用夹具装夹

夹具是机床的一种附加装置,它在机床上与刀具间正确的相对位置在工件未装夹前已预先调整好,所以在加工一批工件时,工件只需按定位原理在夹具中准确定位,不必再逐个找正定位,就能保证加工的技术要求。但由于夹具的设计、制造和维修需要一定的投资,所以只有在成批和大量生产中,才能取得比较好的效益。对于单件小批生产,若采用直接安装法难以保证加工精度,或非常费工时,也可以考虑采用专用夹具安装。

4.2 工件的定位

4.2.1 六点定位原理

如图 4-2 所示,一个尚未定位的工件,其空间位置是不确定的,均有六个自由度,即沿 x、y、z 三个直角坐标轴方向的移动自由度 $\vec{x}$、$\vec{y}$、$\vec{z}$ 和绕这三个坐标轴的转动自由度 $\hat{x}$、$\hat{y}$、$\hat{z}$。因此,要完全确定工件的位置,就需要按一定的要求布置六个支承点(即定位元件)来限制工件的六个自由度,其中每一个支承点限制相应的一个自由度,这就是工件定位的"六点定位原理"。

如图 4-3 所示的长方体工件,欲使其完全定位,可以设置六个固定点,工件的三个面分别与这些点保持接触,在其底面设置三个不共线的点 1、2、3(构成一个面),限制工件的三个自由度:$\hat{z}$、$\hat{x}$、$\hat{y}$;侧面设置两个点 4、5(成一条线),限制了 $\vec{y}$、$\hat{z}$ 两个自由度;端面设置一个点 6,限制 $\vec{x}$ 自由度。于是工件的六个自由度便都被限制了。

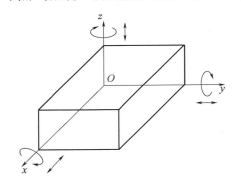

图 4-2   工件的六个自由度

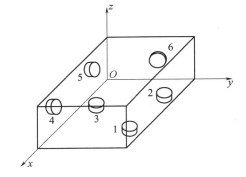

图 4-3   长方体工件的定位

4.2.2 六点定位原理的应用

1. 完全定位

工件的六个自由度全部被限制的定位,称为完全定位。当工件在 x、y、z 三个坐标方向上均有尺寸要求或位置精度要求时,一般采用这种定位方式。

例如在图 4-4 所示的工件上铣槽,槽宽 20 ± 0.05 mm 取决于铣刀的尺寸;为了保证槽底面与 A 面的平行度和尺寸 $60_{-0.2}^{0}$ mm 两项加工要求,必须限制 $\vec{z}$、$\hat{x}$、$\hat{y}$ 三个自由度;为了保证槽侧面与 B 面的平行度和尺寸 30 ± 0.1 mm 两项加工要求,必须限制 $\vec{x}$、$\hat{z}$ 两个自由度;由于所铣的槽不是通槽,在长度方向上,槽的端部距离工件右端面的尺寸是 50mm,所以必须限制 $\vec{y}$ 自由度。为此,应对工件采用完全定位的方式,选 A 面、B 面和右端面作定位基准。

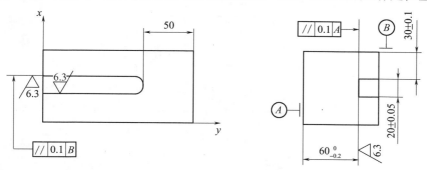

图 4-4　完全定位示例分析

2. 不完全定位

根据工件的加工要求,并不需要限制工件的全部自由度,这样的定位,称为不完全定位。

图 4-5 为在车床上加工通孔,根据加工要求,不需要限制 $\vec{x}$ 和 $\hat{x}$ 两个自由度,故用三爪卡盘夹持限制其余四个自由度,就能实现四点定位。图 4-6 为平板工件磨平面,工件只有厚度和平行度要求,故只需限制 $\vec{z}$、$\hat{x}$、$\hat{y}$ 三个自由度,在磨床上采用电磁工作台即可实现三点定位。

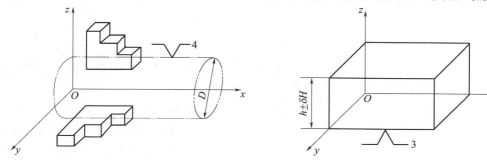

图 4-5　在车床上加工通孔　　　　　　图 4-6　磨平面

3. 欠定位

根据工件的加工要求,应该限制的自由度没有完全被限制的定位,称为欠定位。欠定位无法保证加工要求,所以是绝不允许的。

如图 4-7 所示,工件在支承 1 和两个圆柱销 2 上定位,按此定位方式,$\vec{x}$ 自由度没被限制,属欠定位。工件在 x 方向上的位置不确定,如图中的双点划线位置和虚线位置,因此钻出孔的位置也不确定,无法保证尺寸 A 的精度。只有在 x 方向设置一个止推销后,工件在 x 方向才能取得确定的位置。

4. 过定位

夹具上的两个或两个以上的定位元件,重复限制工件的同一个或几个自由度的现象,称

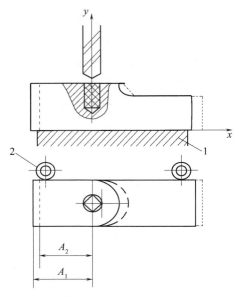

图 4-7 欠定位示例

为过定位。如图 4-8 所示两种过定位的例子,图(a)为孔与端面联合定位情况,由于大端面限制 $\vec{y}$、$\hat{x}$、$\hat{z}$ 三个自由度,长销限制 $\vec{x}$、$\vec{z}$ 和 $\hat{x}$、$\hat{z}$ 四个自由度,可见 $\hat{x}$、$\hat{z}$ 被两个定位元件重复限制,出现过定位。图(b)为平面与两个短圆柱销联合定位情况,平面限制 $\vec{z}$、$\hat{x}$、$\hat{y}$ 三个自由度,两个短圆柱销分别限制 $\vec{x}$、$\vec{y}$ 和 $\vec{y}$、$\vec{z}$ 共四个自由度,则 $\vec{y}$ 自由度被重复限制,出现过定位。

过定位可能导致下列后果:

(1)工件无法安装;

(2)造成工件或定位元件变形。

由于过定位往往会带来不良后果,一般确定定位方案时,应尽量避免。消除或减小过定位所引起的干涉,一般有两种方法:

(1)改变定位元件的结构,使定位元件重复限制自由度的部分不起定位作用。例如将图 4-8(b)右边的圆柱销改为削边销;对图 4-8(a)的改进措施如图 4-9 所示,其中图(a)是在工件与大端面之间加球面垫圈;图(b)将大端面改为小端面,从而避免过定位。

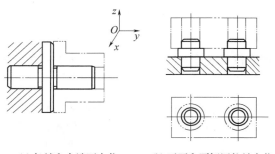

(a)长销和大端面定位　(b)平面和两短圆柱销定位

图 4-8　过定位示例

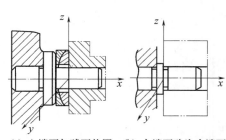

(a)大端面加球面垫圈　(b)大端面改为小端面

图 4-9　消除过定位的措施

78

（2）合理应用过定位,提高工件定位基准之间以及定位元件的工作表面之间的位置精度。

图4-10所示滚齿夹具,是可以使用过定位这种定位方式的典型实例,其前提是齿坯加工时工艺上已保证了作为定位基准用的内孔和端面具有很高的垂直度,而且夹具上的定位芯轴和支承凸台之间也保证了很高的垂直度。此时,不必刻意消除被重复限制的 $\hat{x}$、$\hat{y}$ 自由度,利用过定位装夹工件,还提高了齿坯在加工中的刚性和稳定性,有利于保证加工精度,反而可以获得良好的效果。

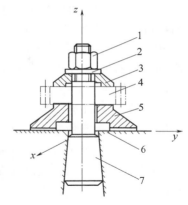

图4-10　滚齿夹具
1—压紧螺母;2—垫圈;3—压板;
4—工件;5—支承凸台;
6—工作台;7—芯轴。

4.2.3　定位与夹紧的关系

定位与夹紧的任务是不同的,两者不能互相取代。若认为工件被夹紧后,其位置不能动了,所以自由度都已限制了,这种理解是错误的。如图4-7所示,工件在平面支承1和两个长圆柱销2上定位,工件放在实线和虚线位置都可以夹紧,但是工件在 x 方向的位置不能确定,钻出的孔其位置也不确定(出现尺寸 A_1 和 A_2)。只有在 x 方向设置一个挡销时,才能保证钻出的孔在 x 方向获得确定的位置。另一方面,若认为在挡销的反方向仍然有移动的可能性,因此位置不确定,这种理解也是错误的。定位时,必须使工件的定位基准紧贴在夹具定位元件上,否则不称其为定位,而夹紧则使工件不离开定位元件。

因此,在应用"六点定位原理"分析工件的定位时,应注意以下几点:

（1）定位支承点限制工件自由度的作用,应理解为定位支承点与工件定位基准面始终保持紧贴接触。若二者脱离,则意味着失去定位作用。

（2）一个定位支承点仅限制一个自由度,一个工件仅有六个自由度,所设置的定位支承点数目,原则上不应超过六个。

（3）分析定位支承点的定位作用时,不考虑力的影响。工件的某一自由度被限制,并非指工件在受到使其脱离定位支承点的外力时,不能运动。欲使其在外力作用下不能运动,是夹紧的任务;反之,工件在外力作用下不能运动,即被夹紧,也并非是说工件的所有自由度都被限制了。所以,定位和夹紧是两个概念,绝不能混淆。

4.3　定位基准的选择

4.3.1　基准及其分类

基准,就是零件上用来确定其他点、线、面的位置所依据的点、线、面。根据基准功用不同,分为设计基准和工艺基准两大类。

1. 设计基准

设计基准是在零件设计图纸上所采用的基准,它是标注设计尺寸的起点。如图4-11(a)所示的零件,平面2、3的设计基准是平面1,平面5、6的设计基准是平面4,

79

孔 7 的设计基准是平面 1 和平面 4,而孔 8 的设计基准是孔 7 的中心和平面 4。在零件图上不仅标注的尺寸有设计基准,而且标注的位置精度同样具有设计基准,如图 4-11(b)所示的钻套零件,轴心线 $O-O$ 是各外圆和内孔的设计基准,也是两项跳动误差的设计基准,端面 A 是端面 B、C 的设计基准。

2. 工艺基准

工艺基准是在工艺过程中所使用的基准。工艺过程是一个复杂的过程,按用途不同,工艺基准又可分为定位基准、工序基准、测量基准和装配基准。

工艺基准是在加工、测量和装配时所使用的,必须是实在的。然而作为基准的点、线、面有时在工件上并不一定实际存在(如孔和轴的中心线,两平面的对称中心面等),在定位时往往通过具体的表面来体现,用以体现基准的表面称为基面。如图 4-11(b)所示钻套的中心线是通过内孔表面来体现的,内孔表面就是基面。

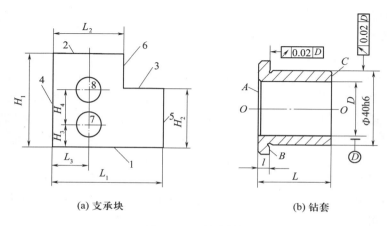

(a) 支承块   (b) 钻套

图 4-11 基准分析

(1) 定位基准。在加工中用作定位的基准,称为定位基准。它是工件上与夹具定位元件直接接触的点、线或面。如图 4-11(a)所示零件,加工平面 3 和 6 时是通过平面 1 和 4 放在夹具上定位的,所以平面 1 和 4 是加工平面 3 和 6 的定位基准;如图 4-11(b)所示的钻套,用内孔装在芯轴上磨削 $\Phi40h6$ 外圆表面时,内孔表面是定位基面,孔的中心线就是定位基准。

(2) 工序基准。在工序图上,用来标定本工序被加工面尺寸、位置和形状所采用的基准,称为工序基准。它是某一工序所要达到加工尺寸(即工序尺寸)的起点。如图 4-11(a)所示零件,加工平面 3 时按尺寸 H_2 进行加工,则平面 1 即为工序基准,加工尺寸 H_2 叫做工序尺寸。工序基准应当尽量与设计基准相重合,当考虑定位或试切测量方便时也可以与定位基准或测量基准相重合。

(3) 测量基准。零件测量时所采用的基准,称为测量基准。如图 4-11(b)所示,钻套以内孔套在芯轴上测量外圆的径向圆跳动,则内孔表面是测量基面,孔的中心线就是外圆的测量基准;用卡尺测量尺寸 l 和 L,表面 A 是表面 B、C 的测量基准。

(4) 装配基准。装配时用以确定零件在机器中位置的基准,称为装配基准。如图 4-11(b)所示的钻套,$\Phi40h6$ 外圆及端面 B 即为装配基准。

图 4 – 12 为上述各种基准之间的相互关系。

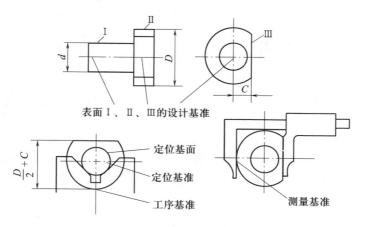

图 4 – 12　各种基准之间的相互关系

4.3.2　定位基准的选择

定位基准又分为粗基准和精基准。在机加工的第一道工序中,用作定位的表面只能用毛坯上未加工过的表面作为定位基准,称为粗基准;在随后的工序中,用已加工过的表面作为定位基准,则称为精基准。有时为方便装夹或易于实现基准统一,在工件上专门制出一种定位基准,称为辅助基准。

1. 粗基准的选择原则

粗基准的选择要保证用粗基准定位所加工出的精基准具有较高的精度,使后续各加工表面通过精基准定位具有较均匀的加工余量,并与非加工表面保持应有的相对位置精度。一般应遵循以下原则选择。

(1) 相互位置要求原则。若工件必须首先保证加工表面与不加工表面之间的位置要求,则应选不加工表面为粗基准,以达到壁厚均匀,外形对称等要求。若有好几个不加工表面,则粗基准应选取位置精度要求较高者。如图 4 – 13 所示的套筒毛坯,在毛坯铸造时毛坯孔 2 和外圆 1 之间有偏心。以不加工的外圆 1 作为粗基准,不仅可以保证内孔 2 加工后壁厚均匀,而且还可以在一次安装下加工更多的表面。

(2) 加工余量合理分配原则。若工件上每个表面都要加工,则应以余量最小的表面作为粗基准,以保证各加工表面有足够的加工余量。如图 4 – 14 所示的阶梯轴毛坯大小端外圆有 5mm 的偏心,应以余量较小的 $\Phi58mm$ 外圆表面作为粗基准。如果选 $\Phi114mm$

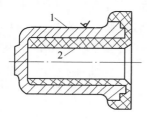

图 4 – 13　套筒粗基准的选择

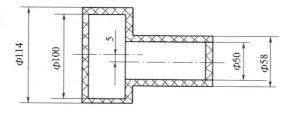

图 4 – 14　阶梯轴粗基准的选择

外圆作为粗基准加工 $\Phi58$mm 外圆,则无法加工出 $\Phi50$mm 外圆。

（3）重要表面原则。选择重要加工面为粗基准,因为重要表面一般都要求加工余量均匀。例如,图 4–15 所示的床身导轨加工,铸造导轨毛坯时,导轨面向下放置,使其表面金相组织细致均匀,因此希望在加工时只切去一层薄而均匀的余量,保留组织细密耐磨的表层,且达到较高的加工精度。如图 4–15(a)所示,先选择导轨面为粗基准加工床身底平面,然后再以床身底平面为精基准加工导轨面,这样床身底平面加工余量可能不均匀,但加工后的床身底面与床身导轨的毛坯表面基本平行,以其为精基准才能保证导轨面加工时被切去的金属层尽可能薄而且均匀。而若以如图 4–15(b)所示的床身底面为粗基准,由于这两个毛坯平面误差很大,将导致导轨面的余量很不均匀甚至余量不够。

（4）不重复使用原则。粗基准为毛面,定位基准位移误差较大。如重复使用,将造成较大的定位误差,不能保证加工要求。如图 4–16 所示的小轴,如果重复使用毛坯面加工表面 A 和 C,则会使加工表面 A 和 C 产生较大的同轴度误差。当然若毛坯制造精度较高,而工件加工精度要求不高,则粗基准也可重复使用。

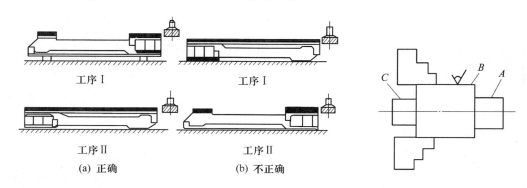

图 4–15　床身导轨面的粗基准选择　　　　图 4–16　基准重复使用的误差

（5）便于工件装夹原则。作为粗基准的表面应尽量平整光滑,没有飞边、冒口、浇口或其他缺陷,以便使工件定位准确,夹紧可靠。

2. 精基准的选择原则

精基准的选择主要应考虑如何减少加工误差,保证加工精度(特别是加工表面的相互位置精度)以及实现工件装夹的方便、可靠与准确。其选择应遵循以下原则。

（1）基准重合原则。选设计基准为定位基准,可以避免由定位基准与设计基准不重合而引起的基准不重合误差。

例如,图 4–17(a)所示零件,欲加工孔 3,其设计基准是面 2,要求保证尺寸 A。若如图 4–17(b)所示,以面 1 为定位基准,在用调整法(先调整好刀具和工件在机床上的相对位置,并在一批零件的加工过程中保持这个位置不变,以保证工件被加工尺寸的方法)加工时,则直接保证的尺寸是 C,这时尺寸 A 是通过控制尺寸 B 和 C 来间接保证的。控制尺寸 B 和 C 就是控制它们的加工误差值。设尺寸 B 和 C 可能的误差值分别为它们的公差值 T_B 和 Tc,则尺寸 A 可能的误差值为

$$A_{\max} - A_{\min} = C_{\max} - B_{\min} - (C_{\min} - B_{\max}) = B_{\max} - B_{\min} + C_{\max} - C_{\min}$$

即
$$T_A = T_B + T_C$$

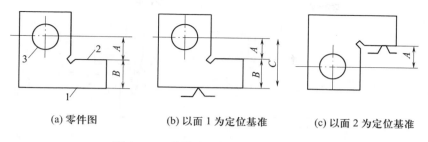

(a) 零件图   (b) 以面 1 为定位基准   (c) 以面 2 为定位基准

图 4 - 17　设计基准与定位基准的关系

由此可以看出,用这种定位方法加工,尺寸 A 的加工误差值是尺寸 B 和 C 误差值之和。尺寸 A 的加工误差中增加了一个从定位基准(面1)到设计基准(面2)之间尺寸 B 的误差,这个误差就是基准不重合误差。由于基准不重合误差的存在,只有提高本道工序尺寸 C 的加工精度,才能保证尺寸 A 的精度;当本道工序 C 的加工精度不能满足要求时,还需提高前道工序尺寸 B 的加工精度,由此增加了加工的难度。

若按图 4 - 17(c)所示用面 2 定位,则符合基准重合原则,可以直接保证尺寸 A 的精度。

应用基准重合原则时,要具体情况具体分析。定位过程中产生的基准不重合误差,是在用夹具装夹、调整法加工一批工件时产生的。若用试切法(通过试切→测量→调整→再试切,反复进行到被加工尺寸达到要求为止的加工方法)加工,设计要求的尺寸一般可直接测量,不存在基准不重合误差问题。在带有自动测量功能的数控机床上加工时,可在工艺中安排坐标系测量检查工步,即每个零件加工前由 CNC 系统自动控制测量头检测设计基准并自动计算,修正坐标值,消除基准不重合误差。因此,可以不必遵循基准重合原则。

(2)基准统一原则。同一零件的多道工序尽可能选择同一个定位基准,称为基准统一原则。这样既可保证各加工表面间的相互位置精度,避免或减少因基准转换而引起的误差,而且简化了夹具的设计与制造工作,降低了成本,缩短了生产准备周期。例如,轴类零件加工,采用两端中心孔作为统一定位基准,加工各阶梯外圆表面,不但能在一次装夹中加工大多数表面,而且可保证各阶梯外圆表面的同轴度要求以及端面与轴心线的垂直度要求。采用同一定位基准必然会带来基准不重合,因此基准重合原则和基准统一原则是有矛盾的,应根据具体情况处理。

(3)自为基准原则。对于某些精度要求很高的表面,在精加工或光整加工工序,为了保证加工精度,要求加工余量小并且均匀,这时常以加工面本身定位,待到夹紧后将定位元件移去,再进行加工,称为自为基准原则。

例如,图 4 - 18 所示的床身导轨面磨削。先把百分表安装在磨头的主轴上,并由机床驱动作运动,人工找正工件的导轨面,然后磨去薄而均匀的一层磨削余量,以满足对床身导轨面的质量要求。采用自为基准原则时,只能提高加工表面本身的尺寸精度、形状精度,而不能提高加工表面的位置精度,加工表面的位置精度应由前道工序保证。此外,珩磨、铰孔及浮动镗孔等都是自为基准的例子。

(4)互为基准原则。为使各加工表面之间具有较高的位置精度,或为使加工表面具有小而均匀的加工余量,可采取两个加工表面互为基准反复加工的方法,称为互为基准反复加工原则。

例如车床要求主轴轴颈与前端锥孔同心,工艺上采用以前后轴颈定位,加工通孔、后锥孔和前锥孔,再以前锥孔和后锥孔(附加定位基准)定位加工前后轴颈。经过几次反复,由

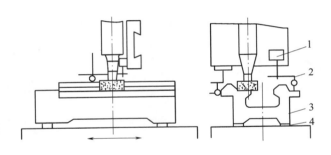

图 4 - 18　床身导轨面自为基准的实例

1—磁力表座；2—百分表；3—床身；4—垫铁。

　　粗加工、半精加工至精加工，最后以前后轴颈定位，加工前锥孔，保证了较高的同轴度。

　　以上论述了定位基准的选择原则,在实际运用中应根据具体情况灵活掌握。

4.4　常见定位元件及定位方式

　　工件的定位是通过工件上的定位基准面和夹具上定位元件工作表面之间的配合或接触实现的,一般应根据工件上定位基准面的形状选择相应的定位元件。定位元件的选择及其制造精度直接影响工件的定位精度和夹具的工作效率,以及制造使用性能等。下面按不同的定位基准面分别介绍其所用定位元件的结构形式(表 4 - 1)。

表 4 - 1　常见定位元件及定位方式

工件定位基准面	定位元件	定位方式简图	定位元件特点	限制的自由度
平面	支承钉		平面组合	1、2、3—$\vec{z}$、$\hat{x}$、$\hat{y}$ 4、5—$\vec{x}$、$\hat{z}$ 6—$\vec{y}$
	支承板		平面组合	1、2—$\vec{z}$、$\hat{x}$、$\hat{y}$ 3—$\vec{x}$、$\hat{z}$
圆孔	定位销		短销	$\vec{x}$、$\vec{y}$
			长销	$\vec{x}$、$\vec{y}$ $\hat{x}$、$\hat{y}$

84

工件定位基准面	定位元件	定位方式简图	定位元件特点	限制的自由度
圆孔 z O x y	菱形销		短菱形销	$\vec{y}$
			长菱形销	$\vec{y}$、$\hat{x}$
	锥销		单锥销	$\vec{x}$、$\vec{y}$、$\vec{z}$
			1—固定锥销 2—活动锥销	$\vec{x}$、$\vec{y}$、$\vec{z}$ $\hat{x}$、$\hat{y}$
外圆柱面 z x y	支承板或支承钉		短支承板或支承钉	$\vec{z}$
			长支承板或两个支承钉	$\vec{z}$、$\hat{x}$
	V形架		窄V形架	$\vec{x}$、$\vec{z}$
			宽V形架	$\vec{x}$、$\vec{z}$ $\hat{x}$、$\hat{z}$

工件定位基准面	定位元件	定位方式简图	定位元件特点	限制的自由度
外圆柱面 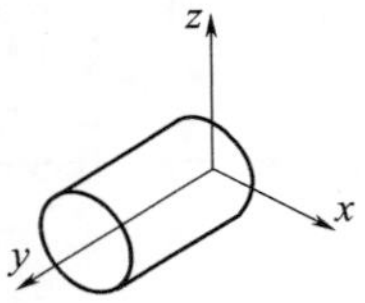	定位套	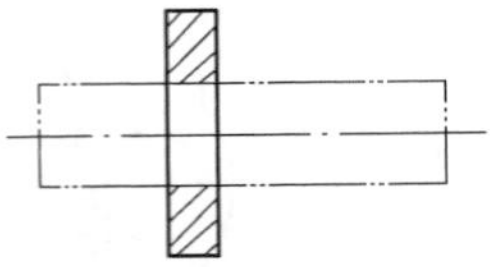	短套	$\vec{x}$、$\vec{z}$
		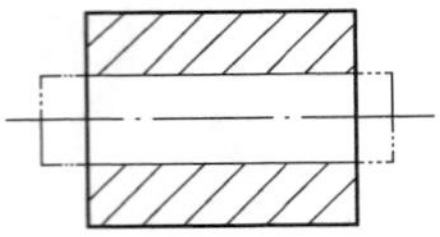	长套	$\vec{x}$、$\vec{z}$ $\hat{x}$、$\hat{z}$
	半圆套	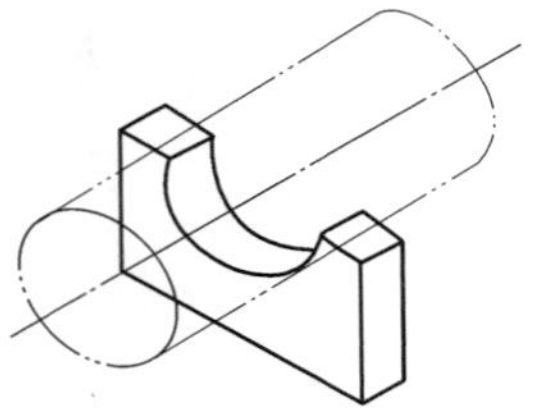	短半圆套	$\vec{x}$、$\vec{z}$
			长半圆套	$\hat{x}$、$\hat{z}$
	锥套	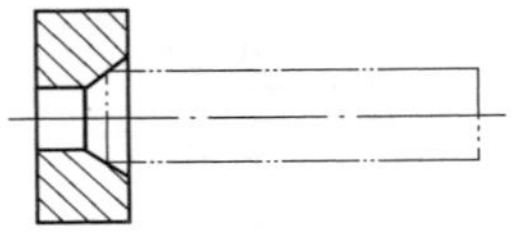	单锥套	$\vec{x}$、$\vec{y}$、$\vec{z}$
		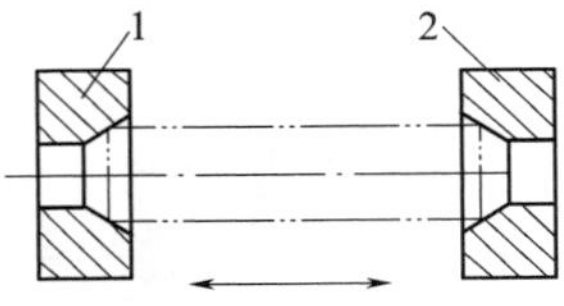	1—固定锥套 2—活动锥套	$\vec{x}$、$\vec{y}$、$\vec{z}$ $\hat{x}$、$\hat{z}$

4.4.1 工件以平面定位

工件以平面作为定位基准面是生产中常见的定位方式之一。常用的定位元件（即支承件）有固定支承、可调支承、浮动支承和辅助支承等。除辅助支承外，其余均对工件起定位作用。

1. 固定支承

固定支承有支承钉和支承板两种形式，如图 4-19 所示，在使用中都不能调整，高度尺寸是固定不动的。为保证各固定支承的定位表面严格共面，装配后需将其工作表面一次磨平。

图 4-19 中，平头支承钉和支承板用于已加工平面的定位；球头支承钉主要用于毛坯面定位；齿纹头支承钉用于侧面定位，以增大摩擦系数，防止工件滑动。简单型支承板的结构简单，制造方便，但孔边切屑不易清除干净，适用于工件侧面和顶面定位。带斜槽支承板便于清除切屑，适用于工件底面定位。

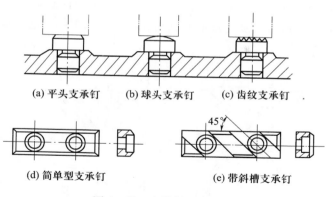

(a) 平头支承钉　　(b) 球头支承钉　　(c) 齿纹支承钉

(d) 简单型支承钉　　　　(e) 带斜槽支承钉

图 4 – 19　支承钉和支承板

2. 可调支承

可调支承用于工件定位过程中支承钉高度需调整的场合,如图 4 – 20 所示。调节时松开锁紧螺母,将调整钉高度尺寸调整好后,用锁紧螺母固定,就相当于固定支承。可调支承大多用于毛坯尺寸、形状变化较大以及粗加工定位,以调整补偿各批毛坯尺寸误差。可调支承在同一批工件加工前调整一次,调整后需要锁紧,其作用与固定支承相同。

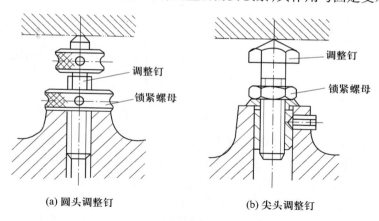

(a) 圆头调整钉　　　　　　　(b) 尖头调整钉

图 4 – 20　可调支承

3. 浮动支承(自位支承)

浮动支承是在工件定位过程中,能随着工件定位基准位置的变化而自动调节的支承。浮动支承常用的有三点式浮动支承和两点式浮动支承(图 4 – 21)。这类支承的特点是:定位基面压下其中一点,其余点便上升,直至各点都与工件接触为止。无论哪种形式的浮动支承,其作用相当于一个固定支承,只限制一个自由度,由于增加了接触点数,可提高工件的装夹刚度和稳定性,但夹具结构稍复杂,适用于工件以毛坯面定位或刚性不足的场合。

4. 辅助支承

辅助支承是指由于工件形状、夹紧力、切削力和工件重力等原因,可能使工件在定位后还产生变形或定位不稳,为了提高工件的装夹刚性和稳定性而增设的支承。辅助支承的工作特点是每安装一个工件,待工件定位夹紧后,就调整一次辅助支承,使其与工件的有关表面接触并锁紧。此支承不限制工件的自由度,也不允许破坏原有定位。但一个工件加工完毕后一定要将所有辅助支承退回到与新装上去的工件保证不接触的位置。

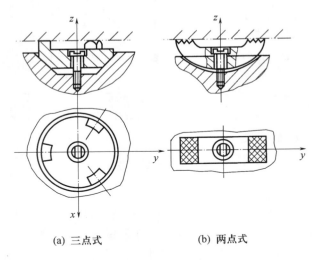

(a) 三点式　　　　　　　　　(b) 两点式

图 4 – 21　浮动支承

4.4.2　工件以圆孔定位

工件以圆孔定位时,其定位孔与定位元件之间处于配合状态,常用的定位元件有定位销、定位芯轴、圆锥销。一般为孔与端面定位组合使用。

1. 定位销

定位销分为短销和长销(表 4 – 1)。短销只能限制两个移动自由度,而长销除限制两个移动自由度外,还可限制两个转动自由度,主要用于零件上的中小孔定位,一般直径不超过 50mm。定位销的结构已标准化,图 4 – 22 为常用的标准化的定位销结构。图(a)、图(b)、图(c)是最简单的定位销,用于不经常需要更换的情况下。大批大量生产时,为了便于定位销的更换,可采用图(d)带衬套可换式定位销。当定位销直径为 3 ~ 10mm,为避免在使用中折断,或热处理时淬裂,通常把根部倒成圆角 R,这时夹具体上应设有沉孔,使定位销沉入孔内而不影响定位。为便于工件装入,定位销的头部有 15°倒角。

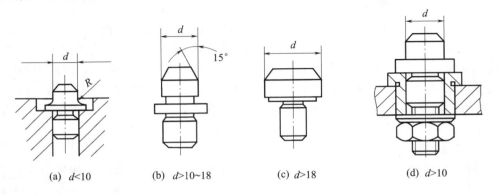

(a) $d<10$　　　(b) $d>10~18$　　　(c) $d>18$　　　(d) $d>10$

图 4 – 22　常用标准化的定位销

88

2. 定位芯轴

定位芯轴主要用于套筒类和空心盘类工件的车、铣、磨及齿轮加工的定位。图 4-23 为常用刚性定位芯轴的结构形式。图 4-23(a)为间隙配合芯轴,间隙配合拆卸工件方便,但定心精度不高。图 4-23(b)是过盈配合芯轴,由引导部分 1、工作部分 2 和传动部分 3 组成。这种芯轴制造简单,定心准确,不用另设夹紧装置,但装卸工件不便,易损伤工件定位孔,多用于定心精度要求高的精加工。图 4-23(c)是花键芯轴,用于加工以花键孔定位的工件。图 4-23(d)是圆锥芯轴(小锥度芯轴),工件在锥度芯轴上定位,并靠工件定位圆孔与芯轴限位圆锥面的弹性变形夹紧工件。l_k 为使孔与芯轴配合的弹性变形长度。这种定位方式的定心精度高,但工件的轴向位移误差较大,适用于工件定位孔精度不低于 IT7 的精车和磨削加工,不能加工端面。

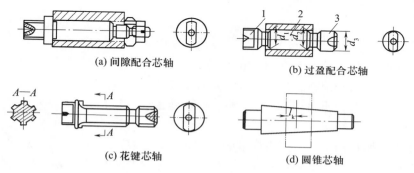

(a) 间隙配合芯轴　　　　　　　　　(b) 过盈配合芯轴

(c) 花键芯轴　　　　　　　　　(d) 圆锥芯轴

图 4-23　常用刚性定位芯轴

1—引导部分；2—工作部分；3—传动部分。

内孔的自动定心夹紧机构有三爪卡盘、弹簧芯轴等。图 4-24 所示为一种弹簧芯轴定位示例,其优点是所占位置小,操纵方便,可缩短夹紧时间,且不易损坏工件的被夹紧表面。但对被夹工件的定位表面有一定的尺寸和精度要求。

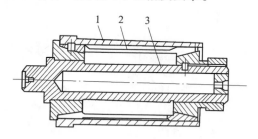

图 4-24　弹簧芯轴

1—工件；2—夹头；3—芯轴。

3. 圆锥销

如图 4-25 所示,工件以圆柱孔在圆锥销上定位。孔端与锥销接触,其交线是一个圆,相当于三个止推定位支承,限制了工件的三个自由度($\vec{X}$、$\vec{Y}$、$\vec{Z}$)。图(a)用于粗基准,图(b)用于精基准。

但工件以单个圆锥销定位时易倾斜,故在定位时可成对使用,或与其他定位元件联合使用。如图 4-26 采用的圆锥销组合定位,均限制了工件的五个自由度。

89

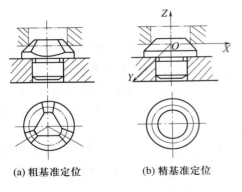
(a) 粗基准定位　　　　(b) 精基准定位

图 4 - 25　圆锥销定位

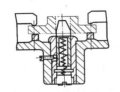
(a) 活动圆锥销—平面组合

(b) 双圆锥销组合

图 4 - 26　圆锥销组合定位

4.4.3　工件以外圆柱面定位

工件以外圆柱面定位时有支承定位和定心定位两种。支承定位最常见的是 V 形块定位。定心定位能自动地将工件的轴线确定在要求的位置上,如常见的三爪自动定心卡盘和弹簧夹头等。此外也可用套筒、半圆孔衬套、锥套作为定位元件。

1. V 形块

V 形块是外圆柱面定位时用得最多的定位元件,V 形块定位的最大优点是对中性好。即使作为定位基面的外圆直径存在误差,仍可保证一批工件的定位基准轴线始终处在 V 形块的对称面上,并且使安装方便。

图 4 - 27 为常见 V 形块结构。图(a)用于较短工件精基准定位,图(b)用于较长工件粗基准定位,图(c)用于工件两段精基准面相距较远的场合。如果定位基准与长度较大,则 V 形块不必做成整体钢件,而采用铸铁底座镶淬火钢垫,如图(d)所示。长 V 形块限制工件的四个自由度,短 V 形块限制工件的两个自由度。V 形块两斜面的夹角有 60°、90° 和 120° 三种,其中以 90° 为最常用。

(a) 较短工件精基准定位

(b) 较长工件粗基准定位

(c) 工件两段精基准面相距较远的场合

(d) 定位基准与长度较大的场合

图 4 - 27　常见 V 形块结构

V 形块在使用中有固定式和活动式两种。图 4 - 28 为活动 V 形块的应用,其中图(a)是加工连杆孔的定位方式,活动 V 形块限制一个转动自由度,同时还起夹紧作用。图(b)的活动 V 形块限制工件的一个移动自由度。

2. 套筒定位和剖分套筒

图 4 - 29 是套筒定位的实例,其结构简单,但定心精度不高。为防止工件偏斜,常采用套筒内孔与端面联合定位。图(a)是短套筒孔,相当于两点定位,限制工件的两个自由

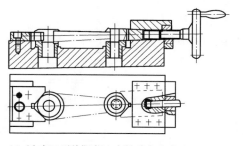
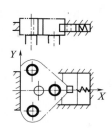

(a) 活动V形块限制一个转动自由度　　　　　(b) 活动V形块限制一个移动自由度

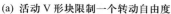

图4-28　活动V形块的应用

度;图(b)是长套筒孔,相当于四点定位,限制工件的四个自由度。

剖分套筒为半圆孔定位元件,主要适用于大型轴类零件的精密轴颈定位,以便于工件的安装。如图4-30所示,将同一圆周表面的定位件分成两半,下半孔放在夹具体上,起定位作用,上半孔装在可卸式或铰链式的盖上,仅起夹紧作用。为便于磨损后更换,两半孔常都制成衬瓦形式,而不直接装在夹具体上。

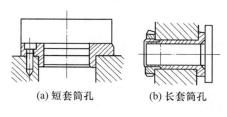
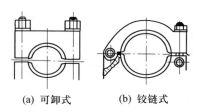

(a) 短套筒孔　　(b) 长套筒孔　　　　　　　(a) 可卸式　　　(b) 铰链式

图4-29　外圆表面的套筒定位　　　　　　　图4-30　剖分套筒

3. 定心夹紧机构

外圆定心夹紧机构有三爪卡盘、弹簧夹头等。图4-31为推式弹簧夹头,在实现定心的同时能将工件夹紧。

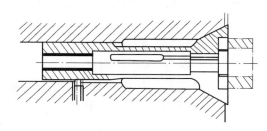

图4-31　推式弹簧夹头

4.4.4　工件以一面两孔定位

一面两孔定位如图4-32所示,它是机械加工过程中最常用的定位方式之一,即以工件上的一个较大平面和与该平面垂直的两个孔组合定位。夹具上如果采用一个平面支承(限制 $\hat{x}$、$\hat{y}$ 和 $\vec{z}$ 三个自由度)和两个圆柱销(各限制 $\vec{x}$ 和 $\vec{y}$ 两个自由度)为定位元件,则在两销连心线方向产生过定位(重复限制 $\vec{x}$ 自由度)。为了避免由于过定位而引起的工件安装时的干涉,将其中一销做成削边销,削边销不限制 $\vec{x}$ 自由度而限制 $\vec{z}$ 自由度。关于削边销的尺寸可参考表4-2。削边销与孔的最小配合间隙 $X_{\min}$ 可由下式计算:

$$X_{\min} = \frac{b(T_D + T_d)}{D}$$

式中　b——削边销的宽度;

　　　T_D——两定位孔中心距公差;

　　　T_d——两定位销中心距公差;

　　　D——与削边销配合的孔的直径。

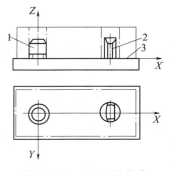

图4-32　一面两孔定位
1—圆柱销;2—削边销;3—定位平面。

表4-2　削边销的结构尺寸　　　　　　　　　（单位:mm)

	D	3~6	>6~8	>8~20	>20~25	>25~32	>32~40	>40~50
	b	2	3	4	5	6	7	8
	B	$D-0.5$	$D-1$	$D-2$	$D-3$	$D-4$	$D-5$	

4.5　定　位　误　差

　　定位原理和定位元件只解决了加工过程中工件相对于刀具加工位置的正确性和合理性问题,然而,一批工件依次在夹具中定位时,因每一工件的具体表面都是在规定的公差范围内发生变化,故各个表面都有着不同的位置精度。因此还需讨论工件在正确定位的情况下,加工表面所能获得的尺寸精度以及相互位置精度的问题。

　　定位误差是指一批工件依次在夹具中进行定位时,由于定位不准而造成某一工序在工序尺寸(通常指加工表面对工序基准的距离尺寸)或位置方面的加工误差,用 ΔD 表示。

　　产生定位误差的原因是工序基准与定位基准不重合或工序基准自身在位置上发生偏转所引起。图4-33所示的是工件以平面 C 和 D 在夹具中进行定位,要求加工孔 A 和孔 B 时,以实线和虚线表示一批工件外形尺寸为最大和最小的两个极端位置情形。如平面 D 变到 D',E 变到 E',F 变到 F',而平面 C 无位置上的任何变动。图中,对尺寸 A_1,工序基准和定位基准都是 D,属基准重合情形。但由于平面 D、C 间存在夹角误差,工件在定位的过程中,平面 D 自身产生偏转,对尺寸 A_1 有基准位移误差出现,其极限位置变动量为 ee'。对尺寸 A_2 来说,工序基准为 E,定位基准为 C,属基准不重合。因此,工序基准的极限位置变动量 EE' 是对加工位置尺

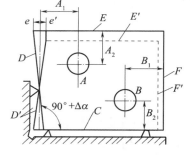

图4-33　定位误差分析

寸 A_2 所产生的定位误差。对加工位置尺寸 B_1,工序基准为 F,定位基准为 D,也属基准不重合,此时所产生的定位误差为 FF'。而对于尺寸 B_2,工序基准和定位基准重合,都为平面 C,而且平面 C 在夹具中的位置不发生变动,因此对尺寸 B_2 不产生影响,其定位误差等于零。

通过以上分析,可得出以下结论:

(1)工件在定位时,不仅要限制工件的自由度,使工件在夹具中占有一致的正确加工位置,而且还必须尽量设法减少定位误差,以保证足够的定位精度。

(2)工件在定位时产生定位误差的原因有两个:

① 定位基准与工序基准不重合,产生基准不重合引起的定位误差,即基准不重合误差 ΔB。

② 由于工件的定位基准与定位元件的限位基准不重合而引起的定位误差,即基准位移误差 ΔY。

工件在夹具中定位时的定位误差,便是由上述两项误差所组成,即

$$\Delta D = \Delta B + \Delta Y$$

4.6 工件的夹紧

在机械加工过程中,工件会受到切削力、离心力、重力、惯性力等的作用,在这些外力作用下,为了使工件仍能在夹具中保持已由定位元件所确定的加工位置,而不致发生振动或位移,保证加工质量和生产安全,一般夹具结构中都必须设置夹紧装置将工件可靠夹牢。

4.6.1 夹紧装置的组成及基本要求

1. 夹紧装置的组成

图 4 - 34 为夹紧装置组成示意图,它主要由以下三部分组成:

(1)力源装置。产生夹紧作用力的装置。所产生的力称为原始力,如气动、液动、电动等,图中的力源装置是气缸1。对于手动夹紧来说,力源来自人力。

(2)中间传力机构。介于力源和夹紧元件之间传递力的机构,如图中的连杆2。在传递力的过程中,它能够改变作用力的方向和大小,起增力作用;还能使夹紧实现自锁,保证力源提供的原始力消失后,仍能可靠地夹紧工件,这对手动夹紧尤为重要。

(3)夹紧元件。夹紧装置的最终执行件,与工件直接接触完成夹紧作用,如图中的压板3。

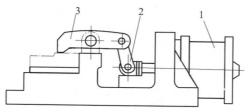

图 4 - 34　夹紧装置组成示意图
1—气缸;2—连杆;3—压板。

93

2. 对夹具装置的要求

必须指出,夹紧装置的具体组成并非一成不变,须根据工件的加工要求、安装方法和生产规模等条件来确定。但无论其组成如何,都必须满足以下基本要求:

(1)夹紧时,应保持工件定位后所占据的正确位置。

(2)夹紧力大小要适当。夹紧机构既要保证工件在加工过程中不产生松动或振动,同时,又不得产生过大的夹紧变形和表面损伤。夹紧机构一般应有自锁作用。

(3)夹紧机构的自动化程度和复杂程度应和工件的生产规模相适应,并有良好的结构工艺性,尽可能采用标准化元件。

(4)夹紧动作要迅速、可靠,且操作要方便、省力、安全。

4.6.2 夹紧力的确定

夹紧力包括大小、方向和作用点,是一个综合性问题,必须结合工件的形状、尺寸、重量和加工要求,以及定位元件的结构及其分布方式、切削条件及切削力的大小等具体情况确定。

1. 夹紧力方向的确定

(1)夹紧力的作用方向应垂直指向主要定位基准。如图 4-35(a)所示,在直角支座零件上镗孔,孔与左端面 A 有垂直度要求,因此加工时以 A 面为主要定位基面,夹紧力 F_J 朝向定位元件 A 面。如果夹紧力改朝 B 面,由于工件左端面 A 与底面 B 的夹角误差,夹紧时将破坏工件的定位,影响孔与 A 面的垂直度要求。又如图 4-35(b)所示,夹紧力 F_J 朝向 V 形块,使工件的装夹稳定可靠。但是,如果改为朝向 B 面,则夹紧时工件有可能会离开 V 形块的工作面而破坏工件的定位。

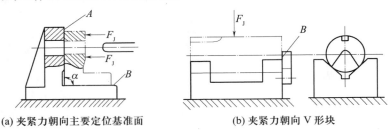

(a) 夹紧力朝向主要定位基准面　　　　(b) 夹紧力朝向 V 形块

图 4-35　夹紧力朝向主要定位面

(2)夹紧力的作用方向应尽量与切削力、工件重力方向一致,以减小所需夹紧力。如图 4-36 所示,钻削 A 孔时,当夹紧力 F_J 与切削力 F_H、工件重力 G 同方向时,加工过程所需的夹紧力可最小。

(3)夹紧力的作用方向应尽量与工件刚度大的方向一致,以减小工件夹紧变形。如图 4-37 所示夹紧薄壁套筒时,图(a)用卡爪径向夹紧时工件变形大,若按图(b)沿轴向施加夹紧力,变形就会小得多。

2. 夹紧力作用点的选择

(1)夹紧力的作用点应施加于工件刚性较好的部位上,这一原则对刚性差的工件特别重要。图 4-38(a)所示的薄壁箱体,夹紧力不应作用在箱体的顶面,而应作用于刚性较好的凸边上。箱体没有凸边时,可如图 4-38(b)那样,将单点夹紧改为三点夹紧,以减少工件的夹紧变形。对于薄壁零件,增加均布作用点的数目,常常是减小工件夹紧变形的有效方法。

94

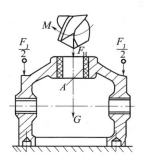

图 4 – 36　夹紧力方向对夹紧力大小的影响

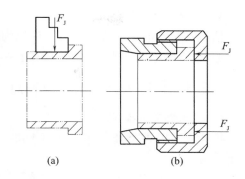

(a)　　　　　　(b)

图 4 – 37　套筒的夹紧

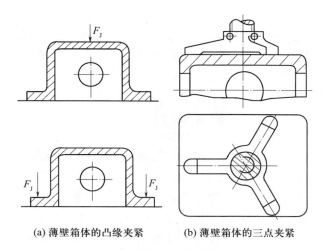

(a) 薄壁箱体的凸缘夹紧　　　(b) 薄壁箱体的三点夹紧

图 4 – 38　夹紧力作用点应在工件刚度大的地方

（2）夹紧力作用点应尽量靠近工件加工面，以减小切削力对工件造成的翻转力矩，提高工件加工部位的刚性，防止或减少工件产生振动。如图 4 – 39 所示拨叉装夹时，主要夹紧力 F_1 垂直作用于主要定位基面，而其作用点距加工表面较远，故在靠近加工面处设辅助支承，施加适当的辅助夹紧力 F_2，可提高工件的安装刚度。

（3）夹紧力的作用点应落在定位元件的支承范围内，并靠近支承元件的几何中心，以保证工件已获得的定位不变。如图 4 – 40 所示，夹紧力作用在支承面之外，导致了工件的倾斜和移动，破坏工件的定位。正确位置应是图中虚线所示的位置。

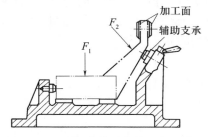

图 4 – 39　夹紧力作用点靠近加工表面

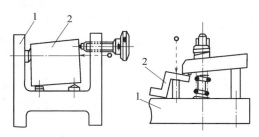

图 4 – 40　夹紧力作用点与工件稳定的关系
1—夹具；2—工件。

95

3. 夹紧力大小的估算

估算夹紧力的一般方法是将工件视为分离体,并分析作用在工件上的各种力,按静力平衡原理,计算所需的理论夹紧力,乘上安全系数即为实际所需夹紧力。

4.6.3 机床夹具的类型及特点

1. 机床夹具的类型

机床夹具的种类繁多,可以从不同的角度对机床夹具进行分类。常用的分类方法有以下几种。

1) 按夹具的使用特点分类

根据夹具在不同生产类型中的通用特性,机床夹具可分为通用夹具、专用夹具、可调夹具、组合夹具和拼装夹具五大类。

(1) 通用夹具。已经标准化、无需调整或稍加调整就可以用来装夹不同工件的夹具,其结构、尺寸已规格化,而且具有一定通用性,如三爪自定心卡盘、平口虎钳、四爪单动卡盘、台虎钳、万能分度头、顶尖、中心架和磁力工作台等。这类夹具适应性强,可用于装夹一定形状和尺寸范围内的各种工件。这类夹具作为机床附件,由专门工厂制造供应。其缺点是夹具的精度不高,生产率也较低,且较难装夹形状复杂的工件,故一般适用于单件小批量生产中。

(2) 专用夹具。是指专为某一工件的某一加工工序而设计制造的夹具。这类夹具结构紧凑,操作方便,但当产品变换或工序内容更动后,往往就无法再使用,因此主要用于产品固定、工艺相对稳定的大批量生产。

(3) 可调夹具。是指加工完一种工件后,通过调整或更换个别元件就能装夹另外一种工件的夹具,主要用于加工形状相似、尺寸相近的工件,如滑柱式钻模、带各种钳口的虎钳等。可调夹具是针对通用夹具和专用夹具的缺陷而发展起来的一类新型夹具,它一般又可分为通用可调夹具和成组夹具两种。前者的通用范围比通用夹具更大,后者则是一种专用可调夹具。它按成组原理设计并能加工一族相似的工件,故在多品种,中、小批量生产中使用有较好的经济效果。

(4) 组合夹具。组合夹具是指按一定的工艺要求,由一套预先制造好的通用标准元件和部件组装而成的夹具。它在使用完毕后,可方便地拆散成元件或部件,待需要时重新组合成其他加工过程的夹具,如此不断重复使用。这类夹具具有缩短生产周期、减少专用夹具的品种和数量的优点,适用于新产品的试制和多品种、小批量的生产,在数控铣床、加工中心用得较多。

(5) 拼装夹具。用专门的标准化、系列化的拼装零部件拼装而成的夹具,称为拼装夹具。它具有组合夹具的优点,但比组合夹具精度高、效能高、结构紧凑,它的基础板和夹紧部件中常带有小型液压缸。此类夹具更适合在数控机床上使用。

2) 按使用机床分类

夹具按使用机床不同,可分为车床夹具、铣床夹具、钻床夹具、镗床夹具、加工中心夹具、自动机床夹具、自动线随行夹具以及其他机床夹具等。

3) 按夹紧的动力源分类

夹具按夹紧的动力源可分为手动夹具、气动夹具、液压夹具、气液增力夹具、电磁夹具、真空夹具和自夹紧夹具(靠切削力本身夹紧)等。

2. 数控加工夹具的特点

作为机床夹具,首先要满足机械加工时对工件的装夹要求。同时,数控加工的夹具还有它本身的如下特点:

(1)数控加工适用于多品种、中小批量生产,为能装夹不同尺寸、不同形状的多品种工件,数控加工的夹具应具有柔性,经过适当调整即可夹持多种形状和尺寸的工件。

(2)传统的专用夹具具有定位、夹紧、导向和对刀四种功能,而数控机床上一般都配备有接触试测头、刀具预调仪及对刀部件等设备,可以由机床解决对刀问题。数控机床上由程序控制的准确的定位精度,可实现夹具中的刀具导向功能。因此数控加工中的夹具一般不需要导向和对刀功能,只要求具有定位和夹紧功能,就能满足使用要求,这样可简化夹具的结构。

(3)为适应数控加工的高效率,数控加工夹具应尽可能使用气动、液压、电动等自动夹紧装置快速夹紧,以缩短辅助时间。

(4)夹具本身应有足够的刚度,以适应大切削用量切削。数控加工具有工序集中的特点,在工件的一次装夹中既要进行切削力很大的粗加工,又要进行达到工件最终精度要求的精加工,因此夹具的刚度和夹紧力都要满足大切削力的要求。

(5)为适应数控多方面加工,要避免夹具结构包括夹具上的组件对刀具运动轨迹的干涉,夹具结构不要妨碍刀具对工件各部位的多面加工。

(6)夹具的定位要可靠,定位元件应具有较高的定位精度,定位部位应便于清屑,无切屑积留。如工件的定位面偏小,可考虑增设工艺凸台或辅助基准。

(7)对刚度小的工件,应保证最小的夹紧变形,如使夹紧点靠近支承点,避免把夹紧力作用在工件的中空区域等。当粗加工和精加工同在一个工序内完成时,如果上述措施不能把工件变形控制在加工精度要求的范围内,应在精加工前使程序暂停,让操作者在粗加工后、精加工前变换夹紧力(适当减小),以减小夹紧变形对加工精度的影响。

4.6.4 机床夹具的组成

机床夹具的种类虽然很多,但其基本组成是相同的,这些组成部分既相互独立又相互联系。下面以一个后盖钻夹具为例说明机床夹具的组成。

1. 定位元件

定位元件保证工件在夹具中处于正确的位置。如图 4-41 所示,钻后盖上的 $\Phi 10mm$ 孔,其钻夹具如图 4-42 所示。夹具上的圆柱销 5、菱形销 9 和支承板 4 都是定位元件,通过它们使工件在夹具中占据正确的位置。

2. 夹紧装置

夹紧装置的作用是将工件压紧夹牢,保证工件在加工过程中受到外力(切削力等)作用时不离开已经占据的正确位置。图 4-42 中的螺杆 8(与圆柱销合成一个零件)、螺母 7 和开口垫圈 6 就起到了上述作用。

3. 对刀或导向装置

对刀或导向装置用于确定刀具相对于定位元件的正确位置。如图 4-42 中钻套 1 和钻模板 2 组成导向装置,确定了钻头轴线相对定位元件的正确位置。铣床夹具上的对刀块和塞尺为对刀装置。

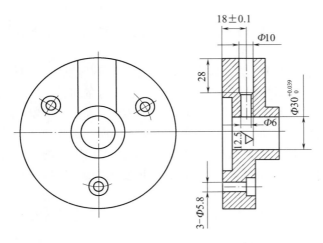

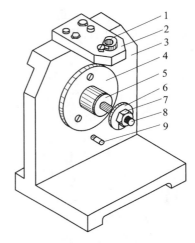

图 4 – 41　后盖零件钻径向孔的工序图

图 4 – 42　后盖钻夹具
1—钻套；2—钻模板；3—夹具体；
4—支承板；5—圆柱销；6—开口垫圈；
7—螺母；8—螺杆；9—菱形销。

4. 连接元件

连接元件是确定夹具在机床上正确位置的元件。如图 4 – 42 中夹具体 3 的底面为安装基面，保证了钻套 1 的轴线垂直于钻床工作台以及圆柱销 5 的轴线平行于钻床工作台。因此，夹具体可兼作连接元件。车床夹具上的过渡盘、铣床夹具上的定位键都是连接元件。

5.-夹具体

夹具体是机床夹具的基础件，如图 4 – 42 中的件 3，通过它将夹具的所有元件连接成一个整体。

6. 其他装置或元件

它们是指夹具中因特殊需要而设置的装置或元件。若需加工按一定规律分布的多个表面时，常设置分度装置；为了能方便、准确地定位，常设置预定位装置；对于大型夹具，常设置吊装元件等。

4.6.5　典型夹紧机构简介

1. 车床夹具

车床主要用于加工内外圆柱面、圆锥面、回转成形面、螺纹及端平面等。上述各表面都是绕车床主轴轴心的旋转而形成的，根据这一加工特点和夹具在车床上安装的位置，将车床夹具分为两种基本类型：一类是安装在车床主轴上的夹具，这类夹具和车床主轴相连接并带动工件一起随主轴旋转，除了各种卡盘、顶尖等通用夹其或其他机床附件外，往往根据加工的需要设计出各种芯轴或其他专用夹具；另一类是安装在滑板或床身上的夹具，对于某些形状不规则和尺寸较大的工件，常常把夹具安装在车床滑板上，刀具则安装在车床主轴上作旋转运动，夹具作进给运动。车床夹具的典型结构如下：

（1）三爪自定心卡盘。如图 4 – 43 所示，三爪自定心卡盘是一种常用的自动定心夹具，装夹方便，应用较广，适用于装夹轴类、盘套类零件。但由于它夹紧力较小，不便于夹持外形不规则的工件。

（2）四爪单动卡盘。如图4-44所示，其四个爪都可单独移动，安装工件时需找正，夹紧力大，适用于装夹毛坯、外形不规则、非圆柱体、偏心、有孔距要求（孔距不能太大）及位置与尺寸精度要求高的零件。

（3）花盘。如图4-45所示，与其他车床附件一起使用，适用于外形不规则、偏心及需要端面定位夹紧的工件，装夹工件时需反复校正和平衡。

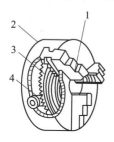 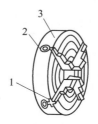 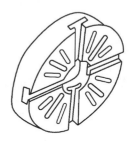

图4-43　三爪卡盘　　　　　图4-44　四爪卡盘　　　　　　图4-45　花盘

1—卡爪；2—卡盘体；　　　　1—卡爪；2—螺杆；3—卡盘体。

3—锥卡端面螺纹圆盘；4—小锥齿轮。

（4）芯轴。常用芯轴有圆柱芯轴、圆锥芯轴和花键芯轴。圆柱芯轴（图4-46）主要用于套筒和盘类零件的装夹；圆锥芯轴（小锥度芯轴）的定心精度高，但工件的轴向位移误差较大，多用于以孔为定位基准的工件；花键芯轴（图4-47）用于以花键孔定位的工件。

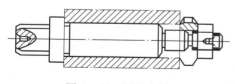 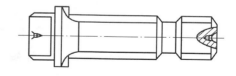

图4-46　圆柱芯轴　　　　　　　　　图4-47　花键芯轴

2. 铣床夹具

铣床夹具主要用于加工零件上的平面、键槽、缺口及成形表面等。由于铣削过程中，夹具大都与工作台一起作进给运动，而铣床夹具的整体结构又常取决于铣削加工的进给方式。因此常按不同的进给方式将铣床夹具分为直线进给式、圆周进给式和仿形进给式三种类型。

直线进给式铣床夹具用得最多。根据夹具上同时安装工件的数量，又可分为单件铣夹具和多件铣夹具。图4-48（a）所示为铣工件上斜面的单件铣夹具。工件以一面两孔定位，为保证夹紧力作用方向指向主要定位面，两个压板的前端作成球面。此外，为了确定对刀块的位置，在夹具上设置了工艺孔 O。

圆周式进给铣床夹具通常用在具有回转工作台的铣床上，一般均采用连续进给，有较高的生产率。图4-49所示为一圆周进给式铣夹具的简图。回转工作台2带动工件（拨叉）作圆周连续进给运动，将工件依次送入切削区，当工件离开切削区后即被加工好。在非切削区内，可将加工好的工件卸下，并装上待加工的工件。这种加工方法使机动时间与辅助时间相重合，从而提高了机床利用率。

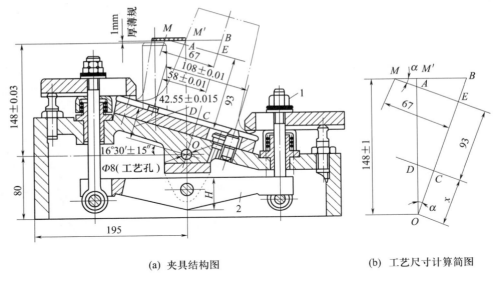

(a) 夹具结构图   (b) 工艺尺寸计算简图

图 4-48　铣斜面夹具
1—螺母；2—杠杆。

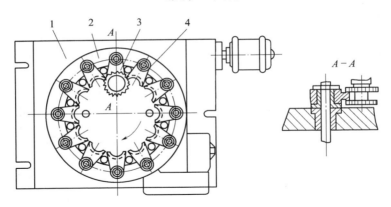

图 4-49　圆周进给式铣夹具的简图
1—夹具；2—回转工作台；3—铣刀；4—工件。

3. 加工中心夹具

数控回转工作台是各类数控铣床和加工中心的理想配套附件，有立式工作台、卧式工作台和立卧两用回转工作台等不同类型产品。立卧回转工作台在使用过程中可分别以立式和水平两种方式安装于主机工作台上。工作台工作时，利用主机的控制系统或专门配套的控制系统，完成与主机相协调的各种必须的分度回转运动。

为了扩大加工范围，提高生产效率，加工中心除了沿 X、Y、Z 三个坐标轴的直线进给运动之外，往往还带有 A、B、C 三个回转坐标轴的圆周进给运动。数控回转工作台作为机床的一个旋转坐标轴由数控装置控制，并且可以与其他坐标联动，使主轴上的刀具能加工到工件除安装面及顶面以外的周边。回转工作台除了用来进行各种圆弧加工或与直线坐标进给联动进行曲面加工以外，还可以实现精确的自动分度。因此，回转工作台已成为加工中心一个不可缺少的部件。

100

4.6.6　组合夹具简介

由于近代科学技术的高速发展,机械工业产品日益繁多,更新换代越来越快,传统的大批量生产模式逐步被中小批量生产模式所取代,机械制造系统欲适应这种变化需具备较高的柔性。国外已把柔性制造系统(FMS)作为开发新产品的有效手段,并将其作为机械制造业的主要发展方向。柔性化的着眼点主要在机床和工装两个方面,组合夹具是工装柔性化的重点。

组合夹具是由一套预先制造好的各种不同形状、不同规格、不同尺寸、具有完全互换性的标准元件和组合件,按工件的加工要求组装而成的夹具。它可以拆卸、清洗,并可重新组装成新的夹具。由于组合夹具的平均设计和组装时间是专用夹具所花时间的5%～20%,可以认为组合夹具就是柔性夹具的代名词。

1. 组合夹具的特点

组合夹具应用范围很广,它不仅成熟地应用于机床、汽车、农机、仪表等行业,而且在重型、矿山等机械行业也进行了推广应用。组合夹具按其结构型式分为孔系组合夹具、槽系组合夹具、组合冲模三大系列。槽系组合夹具又分16mm、12mm、8mm三种型式,也就是通常所说的大型、中型、小型组合夹具。组合夹具具有以下几方面的特点:

(1)通用性强,可重复利用。组合夹具是在机床夹具元件高度标准化的前提下发展起来的。组合夹具的元件具有较高的尺寸精度和几何精度,较高的硬度和耐磨性,而且具有完全互换性。元件的平均使用寿命可达15年以上。组合夹具的组装如同搭积木一样,由于它拼装起来变化多,夹具结构型式变化无穷,它能满足各种零部件的加工要求。

(2)适用范围广。组合夹具可适用于机械制造业中的车、铣、刨、磨、镗、钻等工种,在划线、检验、装配、焊接等工种也可应用。

(3)可降低生产成本,提高劳动效率。组合夹具用后拆散,元件可以继续使用,这样既能减少夹具库存和因夹具报废造成的浪费,同时又能节省夹具制造的时间和费用,从而降低生产成本,提高劳动效率。

组合夹具也存在一些不足之处,如比较笨重,刚性不如专用夹具好,但随着组合夹具元件品种的不断发展和组装技术的不断提高,必将逐步得到改善。此外,组装成套的组合夹具,必须有大量元件储备,因此开始投资费用较大。

2. 组合夹具元件的分类

组合夹具元件,按其用途不同,可分为八大类。

1)基础件

基础件包括各种规格尺寸的方形、矩形、圆形基础板和基础角铁等,如图4－50所示。基础件主要用作夹具体,但还有其他用途,例如用方形或矩形基础板可组成一个角度,作为角度支承使用。基础件上的T形槽、键槽、光孔和螺孔起定位和紧固其他元件的作用。

2)支承件

支承件包括各种规格尺寸的垫片、垫板、方形和矩形支承、角度支承、角铁、菱形板、V形块、螺孔板、伸长板等,如图4－51所示。支承件主要用作不同高度的支承和各种定位支承平面,是夹具体的骨架。另外,也可把尺寸大的支承件用作基础件。支承件在组合夹具元件中型式多、用途广,组装时应充分发挥其作用。支承件上一般也有 T 形槽、键槽、光孔和螺孔,以便将各支承件与基础件和其他元件连成整体。

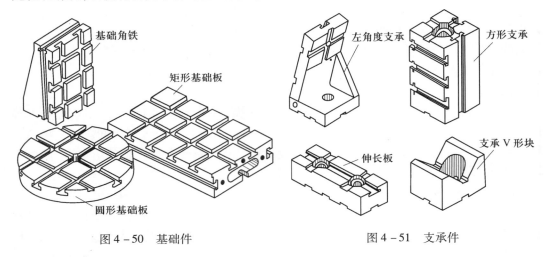

图 4-50 基础件　　　　　　　　　　图 4-51 支承件

3)定位件

定位件包括各种定位销、定位键、各种定位支座、定位支承、锁孔支承、顶尖等,如图 4-52 所示。定位件主要用于确定元件与元件、元件与工件之间的相对位置尺寸,以保证夹具的装配精度和工件的加工精度,另外还用于增强元件之间的联接强度和整个夹具的刚度。

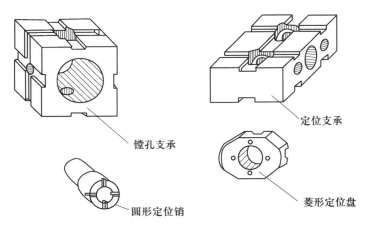

图 4-52 定位件

4)导向件

导向件包括各种钻模板、钻套、铰套和导向支承等,如图 4-53 所示。导向件主要用来确定刀具与工件的相对位置,加工时起到引导刀具的作用,有时也可用作定位件。

5)夹紧件

夹紧件包括各种形状尺寸的压板,如图 4-54 所示。夹紧件主要用来将工件夹紧在夹具上,保证工件定位后的正确位置在外力作用下不变动。由于各种压板的主要表面都经过磨光,因此也常作定位挡板、连接板或其他用途。

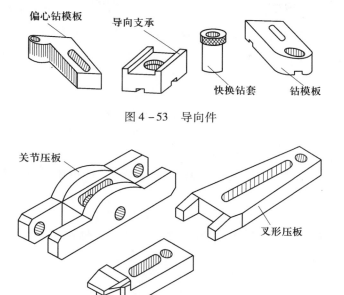

图 4 – 53　导向件

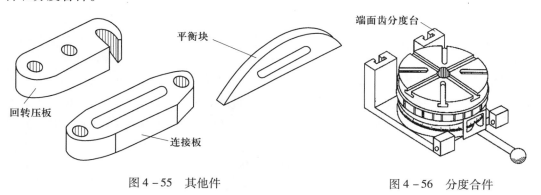

图 4 – 54　夹紧件

6）紧固件

紧固件包括各种螺栓、螺钉、螺母和垫圈等。紧固件主要用来把夹具上各种元件连接紧固成一整体，并可通过压板把工件夹紧在夹具上。组合夹具上使用的紧固件要求强度高、寿命长、体积小，因此所用的材料比一般标准紧固件的要好，且有较高的加工要求。

7）其他件

包括除了上述六类以外的各种用途的单一元件，例如连接板、回转压板、浮动块、各种支承钉、支承帽、二爪支承、三爪支承、平衡块等，如图 4 – 55 所示。其中有些有比较明显的用途，而有些常无固定用途，但只要用得合适，在组装中常能起到极为有利的辅助作用。

8）组合件

组合件指在组装过程中不拆散使用的独立部件，按其用途可分为定位合件、导向合件、夹紧合件和分度合件等，图 4 – 56 所示为分度合件。在合件中，使用最多的是导向合件和分度合件。

图 4 – 55　其他件　　　　　　　　　　　　图 4 – 56　分度合件

由于经济及技术的发展以及数控加工中心机床的特点,组合夹具能适应不同机床、不同产品或同一产品不同规格的需要,组合夹具的运用具有广泛的前景。

4.6.7 夹具的选择

1. 夹具选择的要求

现代自动化生产中,数控机床的应用已越来越广泛。数控机床夹具必须适应数控机床的高精度、高效率、多方向同时加工、数字程序控制及单件小批生产的特点。为此,对数控机床夹具提出了以下一系列新的要求。

(1)单件小批量生产时,优先选用组合夹具、可调夹具和其他通用夹具,以缩短生产准备时间和节省生产费用。

(2)在成批生产时,才考虑采用专用夹具,并力求结构简单。

(3)零件的装卸要快速、方便、可靠,以缩短机床的停顿时间。

(4)夹具上各零部件应不妨碍机床对零件各表面的加工,即夹具要敞开,其定位、夹紧机构元件不能影响加工中的走刀(如产生碰撞等)。

(5)提高数控加工的效率,批量较大的零件加工可以采用多工位、气动或液压夹具。

(6)标准化、系列化和通用化。

2. 典型实例

例 4 - 1　车削如图 4 - 57 所示偏芯轴,因其长度较短、偏心距较小,故可选用四爪单动卡盘或三爪自定心卡盘安装。具体装夹方法如下:

1)用四爪单动卡盘装夹

(1)预调卡盘爪,使其中两爪呈对称布置,另两爪不对称布置,其偏离主轴中心的距离大致等于工件的偏心距(图 4 - 58)。

(2)装夹工件,用百分表找正,使偏芯轴线与车床主轴轴线重合。如图 4 - 59 所示,找正 a 点用卡爪调整,找正 b 点用木锤或铜棒轻击。

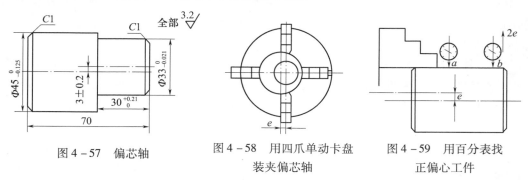

图 4 - 57　偏芯轴　　　　图 4 - 58　用四爪单动卡盘　　图 4 - 59　用百分表找
　　　　　　　　　　　　　　　　装夹偏芯轴　　　　　　正偏心工件

(3)校正偏心距,将百分表杆触头垂直接触工件外圆上,并使百分表压缩量为 0.5mm~1mm,用手缓慢转动卡盘使工件转一周,百分表指示处读数的最大值和最小值的一半即为偏心距。按此方法校正使 a、b 两点的偏心距基本一致,并在图样规定的公差范围(±0.2mm)内。

(4)将四爪均匀地紧一边,检查确认偏心圆线和侧素线在夹紧时没有位移。

(5)复查偏心距,当还剩 0.5mm 左右精车余量时,可按图 4 - 60 所示方法复查偏心距。将百分表杆触头垂直接触工件外圆上,用手缓慢转动卡盘使工件转一周,检查百分表指示处读数的最大值和最小值的一半是否在 ±0.2mm 范围内。若偏心距超差,则略紧相应卡盘即可。

2) 用三爪自定心卡盘装夹

在三爪的任意一个爪与工件接触面之间垫上一块预先选好的垫片,使工件轴线相对于车床主轴轴线产生的位移等于工件的偏心距(图 4−61)。

(1) 垫片厚度可按下式计算。

$$x = 1.5e \pm 1.5\Delta e$$

式中　x——垫片厚度(mm);

　　　E——要求的偏心距(mm);

　　Δe——试切后,实测偏心距误差(mm),实测结果比要求的大取负号,反之取正号。

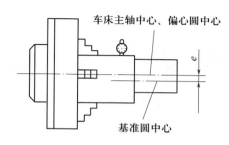

图 4−60　用百分表复查偏心距

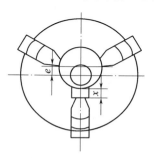

图 4−61　用三爪自定心卡盘装夹偏芯轴

(2) 注意事项。

① 应选用硬度较高的材料做垫块,以防止在装夹时发生挤压变形。垫块与卡爪接触的一面应做成与卡爪圆弧相同的圆弧面,否则接触面会产生间隙,造成偏心距误差。

② 装夹时,工件轴线不能歪斜,否则会影响加工质量。

③ 对精度要求较高的偏心工件,必须按上述方法计算垫片厚度,首件试切不考虑 Δe,根据首件试切后实测的偏心距误差,对垫片厚度进行修正,然后方可正式切削。

例 4−2　车削如图 4−62 所示薄壁套筒,该零件轴向尺寸不大,但径向尺寸较大,且有一台阶,内外圆表面同轴度要求较高,相关表面的形状、位置精度要求也较高,可考虑用特制的扇形卡爪及芯轴安装车削。

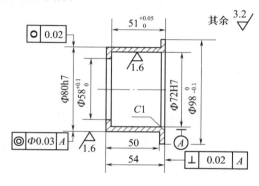

图 4−62　薄壁套筒

105

（1）粗车内孔、大端面时，用三爪卡盘夹持外圆小头。

（2）夹持内孔，粗车外圆及小端面。

（3）精车内孔、大端面时，为减小夹紧变形，用图 4 - 63 所示扇形软卡爪装夹。

（4）以内孔和大端面定位，芯轴夹紧（图 4 - 64），精车外圆。

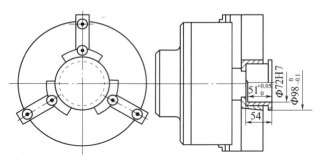

图 4 - 63　扇形软卡爪装夹精车内孔、大端面

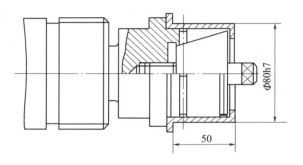

图 4 - 64　可胀芯轴装夹精车外圆、小端面

例 4 - 3　铣削加工如图 4 - 65 所示零件，毛坯尺寸为 68mm × 40mm × 6mm，其装夹方式及夹具选择如下：

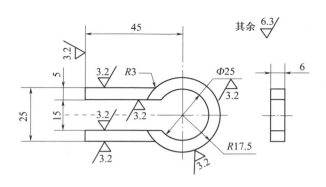

图 4 - 65　数控铣削加工典型零件图

（1）铣削内轮廓时，以毛坯底面为主要定位基面，侧面用三个定位销定位，按图4 - 66所示方式装夹工件，选用螺旋压板机构夹紧。

（2）铣削外轮廓时，按图 4 - 67 所示方式装夹工件，采用螺旋压板机构夹紧工件。

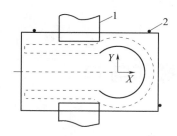

图 4 - 66　铣削内轮廓装夹方式
1—压板；2—定位销。

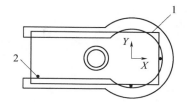

图 4 - 67　铣削外轮廓装夹方式
1—压板；2—定位销。

第5章　数控车床的操作与加工

5.1　数控车床概述

数控车床是目前使用较广泛的数控机床之一,主要用于轴类和盘类等零件的内外圆柱面、圆锥面、曲面、端面和螺纹等工序的切削加工,并能进行切槽、钻孔、扩孔、铰孔及镗孔等,特别适合加工形状复杂的回转体零件。数控车床具有加工灵活、通用性强、能适应产品的品种和规格频繁变化的特点,能够满足新产品的开发和多品种、小批量、生产自动化的要求,因此被广泛应用于机械制造业。

5.1.1　数控车床的组成

数控车床主要由数控系统、床身、主轴箱、进给传动系统、刀架、液压系统、冷却系统及润滑系统等部分组成。

1）数控系统

数控系统是数控车床的控制核心,用于对机床的各种动作进行自动化控制。

2）床身

数控车床的床身和导轨有多种形式,主要有水平床身、倾斜床身、水平床身斜滑鞍及立床身等,它构成机床主机的基本骨架。

水平床身的工艺性好,便于导轨面的加工。水平床身配上水平放置的刀架可提高刀架的运动精度,一般可用于大型数控车床或小型精密数控车床的布局,但是水平床身由于下部空间小,故排屑困难。从结构尺寸上看,刀架水平放置使得滑板横向尺寸较长,从而加大了机床宽度方向的结构尺寸。

水平床身配上倾斜放置的滑板,并配置倾斜式导轨防护罩,这种布局形式一方面有水平床身工艺性好的特点,另一方面机床宽度方向的尺寸较水平配置滑板的要小,且排屑方便。

倾斜床身配置斜滑板和水平床身配上倾斜放置的滑板布局形式被中、小型数控车床所普遍采用。这是由于此两种布局形式排屑容易,热铁屑不会堆积在导轨上,也便于安装自动排屑器;操作方便,易于安装机械手,以实现单机自动化;机床占地面积小,外形简洁、美观,容易实现封闭式防护。

3）主轴箱

主轴箱主传动系统一般采用直流或交流无级调速电动机,通过皮带传动或通过联轴器与主轴直联,带动主轴旋转,实现自动无级调速及恒切削速度控制。在主轴箱内安装有脉冲编码器,主轴的运动通过齿轮或同步齿形带传到脉冲编码器。当主轴旋转时,脉冲编码器便发出检测脉冲信号,使主轴电动机的旋转与刀架的切削进给保持同步,从而为螺纹切削提供必要的前提条件。

4）进给传动系统

与普通车床相比，数控车床的进给系统与普通车床的进给系统有本质的区别。它没有传统的进给箱、溜板箱和交换齿轮架，而是直接采用伺服电动机经滚珠丝杠驱动滑板和刀架，实现纵向（Z轴）和横向（X轴）进给运动，因而数控车床进给系统的结构大为简化。

5）刀架

用于安装各种切削加工刀具，加工过程中能自动换刀以实现多种切削方式的需要，它具有较高的回转精度。刀架的布局一般分为排式刀架和回转式刀架两大类，目前两坐标联动数控车床多采用回转刀架，它在机床上的布局有两种形式，一种是其回转轴垂直于主轴，另一种是其回转轴平行于主轴。

6）液压系统

液压系统可使机床实现卡盘的自动松开与夹紧以及机床尾座顶尖自动伸缩。

7）冷却系统

在机床工作过程中，冷却系统可通过手动或自动方式为机床提供冷却液对工件和刀具进行冷却。

8）润滑系统

润滑系统集中供油润滑装置，能定时定量地为机床各润滑部件提供合理润滑。

5.1.2 数控车床的分类

数控车床品种繁多，规格不一，可按以下几种方法进行分类。

1. 按主轴位置分类

1）立式数控车床

主轴轴线处于垂直位置的数控车床，简称为数控立车，主要用于加工径向尺寸大、轴向尺寸相对较小的大型复杂零件。

2）卧式数控车床

主轴轴线处于水平位置的数控车床，也是最为常用的数控车床，又可分为数控水平导轨卧式车床和数控倾斜导轨卧式车床，其倾斜导轨结构可以使车床具有更大的刚性，并易于排除切屑。

2. 按数控系统功能分类

1）经济型数控车床

机床通常采用开环控制的伺服系统，具有 CRT 显示、程序存储、程序编辑等功能，加工精度不高，主要用于精度要求不高，有一定复杂性的零件。

2）全功能型数控车床

机床一般采用闭环或半闭环控制的伺服系统，可以进行多个坐标轴的控制，数控系统功能强，自动化程度和加工精度也比较高，适宜加工精度高、形状复杂、工序多、品种多变的单件或中小批量回转类零件的车削加工。

3）车削中心

在数控车床的基础上，增加了 C 轴和动力头，有的还配有刀库，加工能力大大增强，可实现车铣复合加工，如径向和轴向铣削、曲面铣削、中心线不在零件回转中心的孔以及径向孔的钻削等加工。

3. 按数控系统控制轴数分类

1）两轴控制数控车床

机床上只有一个回转刀架，可实现两坐标轴控制。

2）四轴控制数控车床

床身上安装有两个独立回转刀架，也称为双刀架四坐标数控车床。其上每个刀架的切削进给量是分别控制的，因此两刀架可以同时切削同一工件的不同部位，既扩大了加工范围，又提高了加工效率，适合于加工曲轴、飞机零件等形状复杂、批量较大的零件。

此外，按数控系统的不同控制方式等，数控车床可以分很多种类，如直线控制数控车床、双主轴控制数控车床等；按特殊或专门工艺性能可分为螺纹数控车床、活塞数控车床、曲轴数控车床等多种。

5.1.3 数控车床的加工对象

数控车床主要用于各种回转体零件的多工序加工，具有高精度、高效率、高柔性化等综合特点，与传统车床相比，数控车床更适于加工具有以下特点的回转体零件。

1）轮廓形状复杂的回转体零件

数控车床具有直线和圆弧插补功能，还有部分数控装置具有某些非圆曲线插补功能，故能车削由任意平面曲线轮廓所组成的回转体零件，包括方程描述的曲线零件与不能用方程描述的列表曲线类零件。

2）精度要求高的回转体零件

由于数控车床的刚性好，制造和对刀精度高，以及能方便和精确地进行人工补偿甚至自动补偿，所以它能够加工尺寸精度要求高的零件，在有些场合可以以车代磨。此外，由于数控车削时刀具运动是通过高精度插补运算和伺服驱动来实现的，再加上机床的刚性好和制造精度高，所以它能加工对母线直线度、圆度、圆柱度要求高的零件。

3）表面粗糙度好的回转体零件

数控车床能加工出表面粗糙度小的零件，不但是因为机床的刚性好和制造精度高，还由于它具有恒线速度切削功能。在材质、精车留量和刀具已定的情况下，表面粗糙度取决于进给速度和切削速度。使用数控车床的恒线速度切削功能，就可选用最佳线速度来切削端面，这样切出的粗糙度既小又一致。数控车床还适合于车削各部位表面粗糙度要求不同的零件。粗糙度小的部位可以用减小进给速度的方法来达到。

4）特殊类型的螺旋零件

特殊螺旋零件是指特大螺距（或导程）、变螺距、等螺距与变螺距或圆柱与圆锥螺旋面之间作平滑过渡的螺旋零件，以及高精度的模数螺旋零件（如圆柱、圆弧蜗杆）和端面（盘形）螺旋零件等。

传统车床所能切削的螺纹相当有限，它只能车等节距的直、锥面公、英制螺纹，而且一台车床只限定加工若干种节距。数控车床不但能车任何等节距的直、锥和端面螺纹，而且能车增节距、减节距，以及要求等节距、变节距之间平滑过渡的螺纹和变径螺纹。数控车床车削螺纹时主轴转向不必像传统车床那样交替变换，它可以一刀又一刀不停地循环，直到完成，所以它车削螺纹的效率很高。数控车床可以配备精密螺纹切削功能，再加上采用机夹硬质合金螺纹车刀,以及可以使用较高的转速,所以车削出来的螺纹精度较高、表面粗糙度小。可以说,包括丝杠在内的螺纹零件很适合于在数控车床上加工。

5.2　FANUC – 0i 系统数控车床的操作

数控机床所提供的各种功能可以通过操作面板上的键盘操作得以实现。机床配备的数控系统不同,其操作面板的形式也不相同。本节以 CAK6150D 型数控卧式车床为例介绍 FANUC – 0i – T 系统数控车床的基本操作内容,该机床的主要技术参数如下:

数控系统 FANUC – 0i – T

床身最大回转直径	Φ500mm
滑板上最大回转直径	Φ300mm
最大工件长度	890mm
最大车削长度	850mm
最大车削直径	Φ500mm
主轴孔径	Φ70mm
主轴转速范围	40 ~ 1800r/min,175 ~ 905r/min(变频)
主电机功率	8kW/11kW(变频)
X 轴行程	250mm
Z 轴行程	850mm
卡盘	手动/液压/电动
刀架形式	立式四工位/立式六工位/卧式六工位
刀架快移速度	X—4m/min, Z—8m/min
刀架转位重复定位精度	0.01mm
刀架转位时间	3.5s
刀杆尺寸	外圆 25 ×25mm,内孔 Φ25mm
尾座套筒直径	Φ75mm
尾座套筒行程	150mm

5.2.1　操作面板

CAK6150D 型数控车床的操作面板位于机床的左上方,由上下两部分组成,上半部分为数控系统操作面板(CRT/MDI),下半部分为机床操作面板。

1. 数控系统操作面板

数控系统操作面板也称 CRT/MDI 操作面板,由 CRT 显示器与 MDI 键盘两部分组成,如图 5 – 1 所示。

1) CRT 显示器

CRT 显示器用于显示机床的各种参数和状态。如显示机床参考点坐标、刀具起始点坐标,输入数控系统的指令数据、刀具补偿量的数值、报警信号、自诊断结果等。

在 CRT 显示器的下方是软键操作区,共有七个软键,用于 CRT 各种界面的选择。

(1)中间五个软键。其功能由显示器上相应位置所显示内容而定。

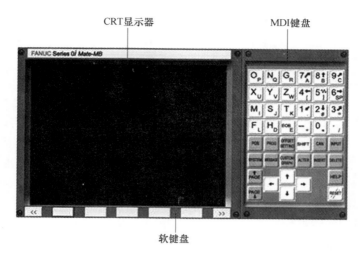

图 5 - 1　FANUC - 0i - T 数控系统操作面板

（2）左端的软键（＜＜）。返回键，由中间的五个软键选择操作功能后，按此键返回最初界面状态，即在 MDI 键盘上选择操作功能时的界面状态。

（3）右端的软键（＞＞）。扩展键，用于显示当前操作功能界面未显示完的内容。

2）MDI 键盘

（1）地址、数字键。

……

该键区共有 24 个键，同一个键可用于输入字母，也可输入数值及符号，系统通过切换键＜SHIFT＞来进行切换。

（2）功能键。功能键用来选择数控车床的各种操作功能，按下功能键之后再按下与屏幕文字相对的软键，就可以选择与所选功能相关的屏幕界面。表 5 - 1 是 FANUC - 0i - T 系统的各功能键及其说明。

表 5 - 1　功能键说明

键	名称	功能说明
POS	位置键	用于在 CRT 上显示当前机床位置坐标。
PROG	程序键	用于程序的显示。在编辑方式下，编辑、显示存储器里的程序；在 MDI 方式下，输入、显示手动输入数据；在自动运行方式下，显示程序指令值。
OFFSET SETTING	偏置/设置键	用于设定和显示刀具的偏置量或其他参数设置。
SYSTEM	系统键	用于系统参数的设定和显示及自诊断数据的显示。
MESSAGE	信息键	用于报警显示，软操作界面显示等。
CUSTOM GRAPH	自定义/图形显示键	用于宏变量设定或刀具路径图形轨迹显示。

（3）程序编辑键。用于数控加工程序的编辑，表5-2为各键功能说明。

表5-2　程序编辑键功能说明

键	名称	功能说明
ALTER	替换键	用于程序的修改，用输入的数据替代光标所在处的数据。
INSERT	插入键	用于程序的输入。按该键可在程序中插入新的程序内容或新的程序段，先输入新的程序内容，再按该键，则新的程序内容将被插入到光标所在处的后面；使用该键还可以建立新程序，先输入新的程序号，再按该键，则在系统中建立新的程序。
DELETE	删除键	用于程序的删除。按该键可删除光标所在处的数据；也可用来删除一个程序或者删除全部程序
INPUT	输入键	按此键可输入参数和刀具补偿值等，也可以在手动数据输入方式下输入命令数据，这个键与软键中的［INPUT］键是等效的。
CAN	取消键	按此键可删除缓存区最后一个输入的字母或符号
SHIFT	切换键	在键盘上的某些键具有两个功能。按下＜SHIFT＞键可以在这两个功能之间进行切换。

（4）其他键。系统面板上其他键的功能说明见表5-3。

表5-3　其他键功能说明

键	名称	功能说明
RESET	复位键	按此键可使数控系统复位或取消报警。
光标移动键	光标移动键	用于将屏幕上的光标向上下左右移动。
PAGE	翻页键	用于将屏幕显示的页面整幅更换，向前或向后翻页。
HELP	帮助键	当对MDI键的操作不明白时，按下此键可以获得帮助。

2. 机床操作面板

CAK6150D型数控车床的机床操作面板如图5-2所示。

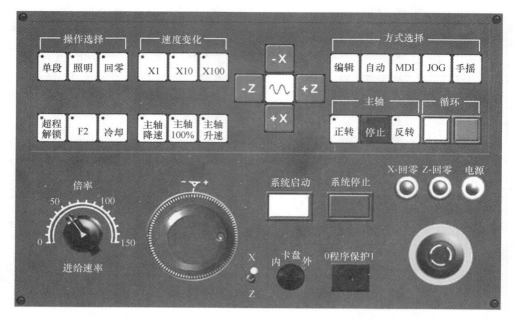

图 5－2　CAK6150D 型数控车床的机床操作面板

1）工作方式选择键

根据机床不同的操作类型，可选择下列七种操作方式。

（1）编辑方式。用于直接通过操作面板输入加工程序，也可对程序进行修改、插入和删除等编辑操作，或者进行程序的自动输入与输出操作。

（2）自动方式。进入自动加工模式，执行存储器中的加工程序。

（3）手动数据输入方式（MDI）。在这种方式下，可用 MDI 键盘直接将程序段输入到存储器内。

（4）手动进给方式（JOG）。在这种方式下，按下 X 或 Z 轴手动进给键可沿 X 或 Z 轴连续移动车床溜板，移动速度由"进给倍率修调"旋钮设定，若同时按下手动快速键则车床溜板将快速移动，移动速度由快速倍率键设定。

（5）手摇方式。在这种方式下，按下 X 或 Z 轴手轮进给选择开关，转动手轮，可使车床溜板沿着 X 或 Z 轴移动。移动速度由"手轮进给倍率选择"键设定。

（6）返回参考点方式（回零）。在这种方式下，按 X、Z 轴手动进给键可使机床返回参考点。当 X、Z 轴回零完成后，通过回零指示灯确定其是否回零成功。

（7）单段方式。在自动运行时，按下"单段"键，正在执行的程序段结束后，程序停止执行，当需要继续执行下一段程序时，按"循环启动"键。此后，每按"循环启动"键一次，程序就往下执行一段，若取消"单段"键，则连续自动运行。

在按下"单段"键，执行一个程序段后的停止期间，通过"工作方式选择"键可以转换到其他的操作方式下操作机床。

114

2）主轴转速倍率键和进给倍率旋钮

（1）主轴转速倍率键。在自动或 MDI 方式下,当 S 代码设定的主轴速度偏高或偏低时,可用来修调程序中编制的主轴速度。按"主轴100%"键,主轴修调倍率被置为100%,按一下"主轴升速"键,主轴修调倍率递增5%;按一下"主轴降速"键,主轴修调倍率递减5%。

（2）进给倍率旋钮。在手动或自动运行期间用于进给速度的选择。在自动运行中,程序中由 F 功能代码指定的进给速度可以用此旋钮调整,调整范围为0%~150%,每格增量为10%。

3）电源开关键和电源指示灯

电源开关键用于开启和关闭数控系统,在通电开机和关机时使用。

（1）"系统启动"键。在机床电柜通电时,按"系统启动"键后就接通了数控系统的电源。当系统开机后,电源灯始终亮着。

（2）"系统停止"键。在机床停止工作时,按"系统停止"键后就断开了数控系统的电源。当系统电源断开后,电源灯灭。

4）手动操作键

（1）手动进给键(+ X、– X、+ Z、– Z)。在手动进给方式下,用于车床溜板沿 X 轴、Z 轴的正向或负向移动。若同时按下"手动快速"键 ,则车床溜板将快速移动。

（2）主轴手动操作键。在手动方式下,按下"主轴正转"键,主轴正向旋转;按下"主轴反转"键,主轴反向旋转;按下"主轴停止"键,主轴停止旋转。

（3）超程解除键。在车床溜板移动中,当发生超程报警时,CRT 屏幕上闪烁准备不足的报警信号,车床溜板将停在其极限位置,行程开关被压合,此种情况下将不能操纵机床。此时应按住"超程解除"键,在手动操作方式下,将车床溜板向所超程轴的反方向移动,直到其行程极限位置以内,同时系统自动解除报警。

（4）手动冷却液开关键。在手动操作方式下,按下此键,启动冷却泵,冷却液流出。再按一次此键,冷却泵停止工作,切断冷却液。在自动运行方式下,此键不起作用,由程序中 M08 和 M09 代码来控制冷却泵的启停。

（5）卡盘夹紧松开键。用于在装卸工件时夹紧或松开卡盘(需配有液压或电动卡盘)。

5）循环启动和停止键

在自动或手动数据输入运行方式下，按"循环启动"键，按键灯亮，加工程序或命令将开始执行。按"循环停止"键，按键灯灭，加工程序或命令暂停，再按"循环启动"键将继续执行。

6）急停按钮

机床在手动操作或自动运行期间，发生紧急情况时，按下"急停"按钮，机床立即停止运行。待故障排除恢复机床工作时，顺时针方向转动"急停"按钮即解除急停状态。

7）手轮操作面板

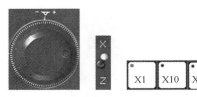

（1）手摇。通常被称为手轮。在手轮进给方式下，转动手轮可使车床溜板沿 X 轴或 Z 轴移动。手轮顺时针转动，车床溜板正向移动；手轮逆时针转动，车床溜板负向移动。

（2）手轮进给轴选择开关。采用手轮进给方式下，用于选择 X 轴或 Z 轴手轮进给。开关扳手向上指向 X，表明选择的是 X 轴；开关扳手向下指向 Z，表明选择的是 Z 轴。

（3）手轮进给倍率键。用于选择手轮进给移动倍率。×1、×10、×100 分别对应 0.001mm、0.010mm、0.100mm 三种增量进给倍率，按下所选的倍率键后，该键左上方的红灯亮。

5.2.2 基本操作

1. 开机、关机

在机床主电源接通之前，应检查机床电柜内的电器和线路是否正常，自动润滑站的润滑油面是否在正常位置。上电后，检查电源电压是否正常，有无缺相等现象。

数控车床的开机按下列顺序操作，而关机则按相反顺序操作。

（1）打开电器柜侧面的总电源开关，接通机床主电源，照明灯亮，电器柜散热风扇启动；

（2）按机床操作面板上的"系统启动"键，接通数控系统电源，显示屏由原先的黑屏变为有文字显示，电源指示灯亮，这时系统完成上电复位，可以进行后面各部分的操作。而关机时应先按机床操作面板上的"系统停止"键，再关闭电器柜侧面总电源。

2. 机床的手动操作

当机床按照加工程序对零件进行自动加工时，机床的操作基本上是自动完成的，而在其他情况下，要靠手动对机床进行操作。

1）手动返回参考点操作

当接通数控系统的电源后，操作者必须首先进行返回参考点的操作。另外，机床在操作过程中遇到急停信号或超程报警信号，待故障排除后，恢复机床工作时，也必须进行返回机床参考点的操作。具体操作方法如下：

（1）按下"JOG"键选择手动方式；

（2）按下"回零"键选择返回参考点方式，这时该键左上方的小红灯亮；

（3）按下手动进给键"+X"键，车床溜板在 X 轴自动移动回零。当车床溜板停在参考点位置时，X 回零指示灯亮；

（4）按下手动进给键"+Z"键，Z 轴返回参考点，同时 Z 回零指示灯亮。

2）手动进给操作

当手动调整机床时，需要手动操作车床溜板进给。其操作方法有三种：

（1）手动连续进给操作。

选用这种方式，刀具能连续移动以接近或离开工件，具体操作方法如下：

① 选择机床工作方式为手动进给方式，系统处于 JOG 运行方式；

② 设置 JOG 进给倍率，选择手动连续移动的速度；

③ 按住所要移动的进给轴和方向选择键，如"−X"，车床溜板将沿 X 轴负向以设定的速度连续移动。当放开"−X"键时，车床溜板停止移动。

（2）手动快速进给操作。

在机床换刀或手动操作时，要求刀具能快速移动接近或离开工件，其操作方法如下：

① 选择机床工作方式为手动进给方式，系统处于 JOG 运行方式；

② 按下快速移动键，同时按住所要移动的进给轴和方向选择键，如"−X"，车床溜板将沿 X 轴负向以设定的速度快速移动。当放开"−X"键时，车床溜板停止移动。

（3）手轮进给操作。

在手动调整刀具或试切削时，可用手轮来进行操作，此时，一面转动手轮，一面观察刀具的位置或切削情况。其操作方法如下：

① 按"手摇"键，选择机床工作方式为手轮方式；

② 按下手轮 X 轴进给或 Z 轴进给轴选择开关，选择机床要移动的轴；

③ 按手轮进给倍率键，选择移动倍率；

④ 根据需要移动的方向，顺时针或逆时针转动手轮，手轮旋转，车床溜板以所选择的进给移动量在所选轴的正向或负向移动。

3）主轴的手动操作

在手动进给方式下，可对主轴进行以下三种操作。此操作在自动和手动数据输入方式下无效。

（1）按"主轴正转"键，主轴正转，按键灯亮；

（2）按"主轴反转"键，主轴反转，按键灯亮；

（3）按"主轴停止"键，主轴停止旋转，按键灯亮。

3. 机床的急停、暂停操作

机床无论是在手动或自动运行状态下，遇有不正常情况，需要机床紧急停止时，应立即按下"急停"按钮，机床的动作及各种功能将立即停止执行，待故障排除后，顺时针旋转"急停"按钮，被压下的"急停"按钮弹起，则急停状态解除。此时应在编辑状态下按"复位"键，使数控系统复位。同时要恢复机床的工作，必须进行手动返回机床参考点的操作。

在机床自动运行和 MDI 运行状态下,按"循环停止"键可暂停正在执行的程序或程序段,机床溜板停止运动,但机床的其他功能仍有效。当需要恢复机床运行时,按"循环启动"键,循环进给保持被解除,机床从当前位置开始继续执行下面的程序。

4. 程序的创建、检索、删除

1) 程序的创建

(1) 在机床操作面板的方式选择键中按"编辑"键,进入编辑运行方式;

(2) 按系统面板上的"PROG"键,系统屏幕上显示程式画面;

(3) 用 MDI 键盘上的"地址/数字"键,输入程序号地址 O,再输入程序号数字 xxxx,输入的号码为所建立的程序号;

(4) 按插入键"INSERT",这时程序屏幕上显示新建立的程序名和结束符%;

(5) 用手动数据输入方法依次输入各程序段。每输入一个程序段后,按"EOB"键,再按"INSERT"键,直到完成全部程序段的输入。

2) 程序的检索

(1) 选择机床工作方式为"编辑"或"自动"方式;

(2) 按"PROG"键,系统屏幕上显示程式画面,屏幕下方出现软键[程式]、[DIR]。默认进入的是程式画面,也可以按[DIR]键进入 DIR 画面即加工程序列表页;

(3) 输入地址键 O,再键入要检索的程序号;

(4) 按软键[O 检索],被检索到的程序被打开显示在程式画面里。

3) 程序的删除

(1) 选择机床工作方式为"编辑"或"自动"方式;

(2) 按"PROG"键,系统屏幕上显示程式画面,按软键[DIR]进入 DIR 画面即加工程序列表页;

(3) 输入地址键 O,再键入要删除的程序号;

(4) 按数控系统面板上的"DELETE"键,该程序被删除。

5. 程序中字的检索、插入、替换和删除

对于已输入到存储器中的程序必须进行检查,并对检查中发现的程序指令、坐标值等错误进行修改,待加工程序完全正确,才能进行实际加工操作。所以程序中字的检索、插入、替换和删除等修改操作是我们在编程和操作过程中遇到的最基本操作。

在进行字的操作以前必须首先要打开需要修改的已经存在的或者正在运行的程序,打开方法按程序的检索步骤进行,在以下的操作中假设程序已经打开。

1) 字的检索

(1) 按程序界面下方的[操作]软键;

(2) 按最右侧带有向右箭头的菜单继续键,直到软键中出现[检索]软键;

(3) 输入需要检索的字。例如,要检索 G03,则输入 G03;

(4) 按[检索]键。带向下箭头的检索键为从光标所在位置开始向程序后面检索,带向上箭头的检索键为从光标所在位置开始向程序前面进行检索,可以根据需要选择一个检索键;

(5) 光标找到目标字后,定位在该字上,此字即为所检索的字。

2）字的插入

此操作用于将字插入到固定的某一位置,假设我们要在第一行的最后插入"X40"。

（1）使用光标移动键,将光标移到需要插入的后一位字符上。在这里我们将光标移到";"上;

（2）键入要插入的字和数据"X40",按下插入键"INSERT",则"X40"被插入。

3）字的替换

（1）使用光标移动键或者检索字的方法,将光标移到需要替换的字符上;

（2）键入要替换的字和数据;

（3）按下替换键"ALTER",光标所在字符被替换,同时光标移到下一个字符上。

4）字的删除

（1）使用光标移动键或者检索字的方法,将光标移到需要删除的字符上;

（2）按下删除键"DELETE",光标所在的字符被删除,同时光标移到被删除字符的下一个字符上。

6. 刀具补偿值的设定

为保证加工精度和编程方便,在加工过程中必须进行刀具补偿。每一把刀具的补偿量需要在机床运行加工前输入到数控系统中,以便在程序的运行中自动进行补偿。

（1）按偏置/设置键"OFFSET/SETTING",按软键[补正],显示工具补正/形状界面,如图5-3(a)所示;

（2）按"翻页"键,选择刀具设定的补偿号所在的页面;

（3）按"光标移动"键,将光标移到要设定的补偿号处;

（4）输入X、Z的刀补值,并按下软键[输入],就完成了刀具补偿值的设定。（或输入X、Z的试切直径、试切长度,并按下软键[测量]）。

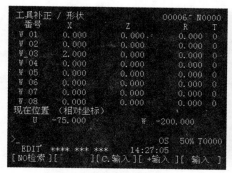

(a) 刀具补偿值的设定

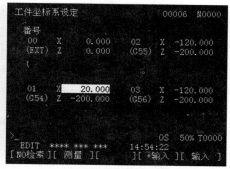

(b) 工件坐标系的设定

图5-3　参数设定

7. 工件坐标系的设定

（1）按下偏置/设置键"OFFSET/SETTING",按软键[坐标系],显示工件坐标系设定界面,如图5-3(b)所示;

（2）按"翻页"键,选择工件坐标系G54～G59;

119

（3）按"光标移动"键，将光标移到要设定的工件原点偏置值处；

（4）输入 X、Z 的偏置值，并按下软键[输入]，就完成了工件坐标系的设定。

8. 机床的运行操作

1）自动运行

机床的自动运行是指零件的加工程序和刀具的补偿值已预先输入到数控系统的存储器中，经检查无误后，进行机床的自动运行。

（1）选择机床工作方式为自动方式；

（2）按"PROG"键，输入运行程序的程序名；

（3）按软键[O 检索]，选择的程序被打开显示在程式画面里；

（4）按"循环启动"键，按键灯亮，机床开始自动运行。

2）MDI 运行

MDI 运行是指用 MDI 操作面板输入一个程序段指令，并执行该程序段。

（1）选择机床工作方式为 MDI 方式；

（2）按"PROG"键，输入运行程序段的内容；

（3）按"循环启动"键，按键灯亮，机床开始自动运行输入的程序段。

◆ 编程指令

1. G 功能指令

FANUC – 0i – T 系统数控车床常用的准备功能 G 指令参见表 5 – 4。

表 5 – 4 G 功能指令

G 代码	组别	功　能	G 代码	组别	功　能
G00		定位(快速移动)	G50		设定工件坐标系
G01	01	直线切削	G52	00	设置局部坐标系
G02		顺时针切圆弧（CW）	G53		选择机床坐标系
G03		逆时针切圆弧（CCW）	G54		工件坐标系 1 选择
G04	00	暂停	G55		工件坐标系 2 选择
G09		停于精确的位置	G56	14	工件坐标系 3 选择
G20	06	英制输入	G57		工件坐标系 4 选择
G21		公制输入	G58		工件坐标系 5 选择
G27		参考点返回检测	G59		工件坐标系 6 选择
G28	00	返回参考点	G90		内外径切削循环
G29		从参考点返回	G92	01	切螺纹循环
G30		回到第二参考点	G94		端面切削循环
G32	01	切螺纹	G96	12	恒线速度控制
G40		取消刀尖半径补偿	G97		恒线速度控制取消
G41	07	刀尖半径 R 左补偿	G98	05	每分钟进给率
G42		刀尖半径 R 右补偿	G99		每转进给率

2. M 功能指令

FANUC – 0i – T 系统数控车床常用的辅助功能 M 指令参见表 5 – 5。

120

表 5－5　M 功能指令

M 代码	功能	M 代码	功能
MOO	程序暂停	M08	切削液开
M01	程序任选暂停	M09	切削液关
M02	程序结束复位	M30	程序结束并返回
M03	启动主轴正转	M98	子程序调用
M04	启动主轴反转	M99	子程序结束并返回
M05	主轴停止		

5.3　SINUMERIK 802S 系统数控车床的操作

SINUMERIK 802S 数控系统由计算机、液晶显示器、操作面板和控制软件等组成。系统具有完善的补偿功能,如刀尖圆弧半径补偿、丝杠螺距误差补偿、反向间隙补偿。可进行恒线速度切削、米制与英制转换、工件和刀具测量等。编程符合 ISO 国际标准要求,并与 SINUMERIK 其他系统兼容,具有轮廓编程、循环编程、示教方式编程及镜像、缩放、旋转等编程功能。

本节以 CKJ6246B 型卧式数控车床为例介绍 SINUMERIK 802S 系统数控车床的基本操作内容。机床的主要技术参数如下:

数控系统	SINUMERIK 802S
床身上最大工件回转直径	Φ460mm
刀架上最大工件回转直径	Φ246mm
马鞍内最大工件回转直径	Φ690mm
最大工件长度	1000mm/1500mm
主轴转速	20r/min ~ 1800r/min
主电机功率	5.5kW
主轴头号	D8/A8
主轴孔径	Φ80mm
主轴孔锥度	MT:NO.7
刀架工位数	4/6
尾架顶尖套筒行程	150mm
尾架顶尖套筒锥孔	MT:NO.5
外形尺寸	2425mm×1300mm×1530mm

5.3.1　操作面板

1. 数控系统操作面板(NC 面板)

数控系统操作面板的主要作用是对系统的各种功能进行调整、调试机床和系统、对零件程序进行编辑、选择需要运行的零件加工程序、控制和观察程序的运行等。SINUMER-IK 802S 数控系统的操作面板如图 5－4 所示,其上各按键的图标及含义参见表 5－6。下面对各操作键的功能、用途作一些具体介绍。

121

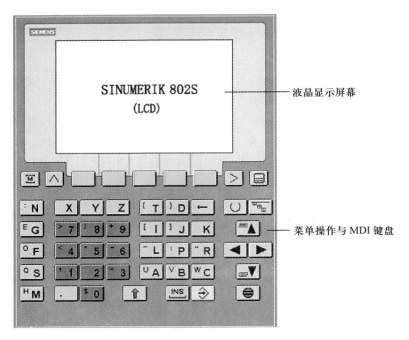

图 5-4　SINUMERIK 802S 数控系统的操作面板

表 5-6　数控系统操作面板各按键的图标及含义

按键	名　　称	按键	名　　称
	软菜单键		光标向右键
	加工显示键		删除键(退格键)
	返回键		垂直菜单键
	菜单扩展键		报警应答键
	区域转换键		选择/转换键
	光标向上键 上档:向上翻页键		回车/输入键
	光标向左键		空格键(插入键)
	上档键		数字键 上档键转换对应字符
	光标向下键 上档:向下翻页键		字母键 上档键转换对应字符

122

（1）软菜单键。在屏幕最下面一行显示有五项内容。如果要进入某项功能中去，则按下方相应的软菜单键，屏幕就进入相应的功能界面。

（2）加工显示键。不管屏幕当前如何显示，按此键后，均可显示当前加工位置的机床坐标值（或工件坐标值），指示出当前的位置。在自动方式下，还显示正在执行的程序段和将要执行的程序段。

（3）返回键。如果屏幕左下方显示此键的图符，表示按此键可以返回到当前目录菜单的上一级菜单。

（4）菜单扩展键。在某一菜单的同一级有超过五项的内容时，用此键可以看到同级菜单的其他内容。

（5）区域转换键。用此键可以在任何区域内返回主菜单，连续按两次则返回到先前的操作区。

（6）光标向上键/向上翻页键。按此键则光标向上移动一行。按"上档"键并同时按此键则向上翻页。

（7）光标向左键。按此键光标向左移动一个字符。

（8）上档键。按此键，并同时按双字符键，则将双字符键左上角上对应的字符输入到操作输入区。

（9）光标向下键/向下翻页键。按此键则光标向下移动一行。按"上档"键并同时按此键则向下翻页。

（10）光标向右键。按此键光标向右移动一个字符。

（11）删除键。也称退格键，主要用于修改程序，或者在参数设定时修改设置。在输入数据时，按一次此键，则光标所在位置前一个字符被删除。而光标位于最左端时，按一下此键，则光标移至上一行，光标所在行的其他内容并入上一行。

（12）垂直菜单键。当出现垂直菜单的提示符时，按此键，可出现一垂直菜单，选择相应的内容，可方便地输入一些特定的内容，如编程时输入 GOTOB，LCYCL 或 SIN 等。

（13）报警应答键。数控系统、机床的一些报警可以用此键来消除。

（14）选择/转换键。当屏幕上出现带有 U 作为尾缀的数据时，只有按此键可以修改。此键在用户编程和操作时一般不用。

（15）回车键。按此键可对输入的内容进行确认。编程时按此键，光标另起一行。

（16）空格键。按此键，则在光标处输入一个空格。

（17）数字键。可输入数字 0~9。若同时按"上档"键，则输入左上角相应字符。

（18）字母键。可输入字母 A~Z。若同时按"上档"键，则输入左上角相应字母或字符。

2. 机床操作面板（MCP）

机床的操作面板（图 5-5）主要用来控制机床的运行方式、动作、状态等。其上各按键的图标及含义参见表 5-7。下面对各操作键的功能、用途作一些具体介绍。

（1）增量选择键。在手动方式时，重复按此键，可以使机床在手动与增量之间切换。

（2）手动方式键。按此键，系统进入手动方式（JOG 方式）。

（3）回参考点键。按此键，系统进入回参考点方式（手动 REF 方式）。在此方式下，机床可以回参考点。系统一上电，自动处于该状态。

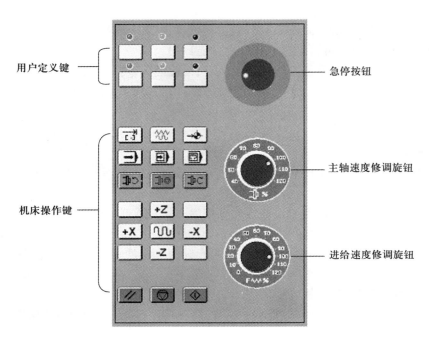

图 5 - 5　机床操作面板

表 5 - 7　机床操作面板各按键的图标及含义

按键	名　称	按键	名　称
[VAR]	VAR　增量选择键	SpinStop	SPINSTOP　主轴停止键
Jog	JOG　手动方式键	Reset	RESET　复位键
Ref Pot	REFPOT　回参考点键	CycleStar	CYCLESTOP　循环停止键
Atuo	AUTO　自动方式键	CycleStar	CYCLESTAR　循环启动键
Singleffe	SINGL　单段运行键	Rapid	RAPID　快速移动键
MDA	MDA　手动数据输入键	T1	用户定义键
SpinStar	SPINSTAR　主轴正转键	+X　−X	X 轴点动键
SpinStar	SPINSTAR　主轴反转键	+Z　−Z	Z 轴点动键

（4）自动方式键。按此键,系统进入自动运行方式。在此方式下,机床根据零件加工程序自动加工零件。

（5）单段方式键。在自动方式时,按此键,系统可在单段运行(屏幕右上角显示

124

"SBL")和连续运行(屏幕右上角不显示"SBL")之间切换。

（6）手动数据输入键。按此键,系统进入 MDA 运行方式,即为手动输入数据自动执行方式。在此方式下,可以手动输入一段程序让机床自动执行。

（7）主轴正转键。在手动或回参考点方式下,按此键可以使机床主轴正转。

（8）主轴反转键。在手动或回参考点方式下,按此键可以使机床主轴反转。

（9）主轴停止键。在手动或回参考点方式下,按此键可以使机床主轴停止转动。

（10）复位键。不论系统处于何种状态,按此键可以使系统复位。这时,正在运行的加工程序被中断。许多机床的报警也可以按此键来消除。

（11）循环停止键。当零件加工程序正在运行时,按此键可以使运行暂时停止,再按"循环启动"键可以恢复程序的运行。

（12）循环启动键。在自动或 MDA 方式下,按此键可以启动加工程序的运行。

（13）快速移动键。手动运行时,按住某轴"点动"键的同时按此键,该轴按设定的快进速度运动。

（14）X 轴点动键。在手动或回参考点方式下,按此键可以使机床 X 轴向正方向或负方向运动。

（15）Z 轴点动键。在手动或回参考点方式下,按此键可以使机床 Z 轴向正方向或负方向运动。

（16）用户定义键。T1 ~ T6 为带发光二极管的用户定义键,具体定义如下:

T1 为"主轴降速"键,按一次此键,主轴转速降低一挡(需有自动变速机构)。

T2 为"主轴点动"键,在手动方式时,按下此键主轴正转,放开此键主轴自动停止转动。

T3 为"主轴升速"键,按一次此键,主轴转速升高一挡(需有自动变速机构)。

T4 为"手动换刀"键,在手动方式时,按下此键,刀架正转,放开此键后刀架在相应位置反转锁紧。短时按一下此键,刀架自动转换一个刀位。

T5 为"手动导轨润滑控制"键,按下此键,将产生导轨润滑液输出(需有自动润滑机构)。

T6 为"冷却开关"键,在手动方式下,按一次此键冷却液开,再按一次此键冷却液关。

（17）急停键。在任何方式任何时候,按下此键,机床紧急停止。该键将保持被压下状态,这时屏幕右上方显示报警。向左转动此键可以使被压下的状态释放。

（18）主轴速度修调倍率旋钮。对于配置变频器的机床,可以用此旋钮调节主轴速度。

（19）进给速度修调倍率旋钮。旋转此旋钮可以调节各进给轴运动的速度。

5.3.2 软件功能

1. 屏幕划分

SINUMERIK 802S 数控系统软件的显示屏幕如图 5 - 6 所示,按图中编号对屏幕中各区域的显示功能说明如下。

（1）当前操作区域。显示加工、参数、程序、通信、诊断五个基本功能,缩略符分别用 MA、PA、PR、DL、DG 来表示。

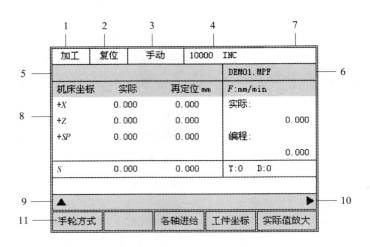

图 5 - 6 SINUMERIK 802S 数控系统软件的显示屏幕

（2）程序运行状态。显示程序的停止、运行、复位状态,缩略符分别用 STOP、RUN、RESET 表示。

（3）运行方式。显示点动方式、手动输入自动执行方式、自动方式,缩略符分别用 JOG,MDA,AUTO 表示。

（4）控制状态显示。

SKP:程序段跳跃。跳步的程序段在其段号之前加斜线"/",这些程序段在程序运行时跳过不执行。

DRY:空运行。进给轴在运行时将执行设定数据"空运行进给率"中规定的进给值。

ROV:快进修调。修调开关对于快速进给也生效。

SBL:单段运行。此功能生效时,每个程序段逐段解码,在程序段结束时有一暂停,但在没有空运行进给的螺纹程序段时为一例外,此时只有螺纹程序段运行结束后才会产生一暂停。该功能只有处在程序复位状态时才可选择。

M1:程序停止。此功能生效时,程序运行到有 M01 指令的程序段时停止运行,此时屏幕上显示"5 停止 M00/M01 有效"。

PRT:程序测试(无指令给驱动)。在此方式下,所有进给轴和主轴的给定值被禁止输出,此时给定值区域显示当前运行数值。

1～10000INC:步进增量选择。系统处于点动运行方式时不显示程序控制,而是显示所选择的步进增量。

（5）操作信息。机床的操作信息可分为停止状态信息和等候状态信息,分别用 1～23 来表示。其信息的含义见表 5 - 8。

（6）程序名。显示当前编辑或运行的程序名。

（7）报警显示行。只有在 NC 或 PLC 报警时才显示报警信息,显示当前报警的报警号以及删除条件。

（8）工作窗口。显示数控系统位置值、进给值、主轴转速、刀号、刀补号以及当前程序段数据。

126

停止状态		等候状态	
缩略符	含义	缩略符	含义
1	NC 没有准备好	8	缺少读入功能
2	急停生效	9	缺少进给功能
3	报警并同时停止	10	停留时间生效
5	M00/M01 生效	11	缺少辅助功能应答
6	单段运行程序结束	12	缺少轴功能
7	NC 停止生效	13	准停窗口未到达
18	NC 程序段出错	15	等待主轴
		17	进给修调为 0%
		21	程序段搜索生效
		22	缺少主轴功能
		23	坐标轴进给值是 0

（9）返回键符显示。软键菜单中出现返回键符时,表明存在上一级菜单,按下"返回"键后直接回到上一级菜单。

（10）扩展键符/垂直菜单键符显示。出现扩展键符时,表明同级菜单中还有其他菜单功能,按下"扩展"键后可选择这些功能;出现垂直菜单键符时,表明还存在其他菜单功能,按下"垂直菜单"键后,这些菜单显示在屏幕上,并可用光标进行选择。

（11）软键功能。显示在屏幕的最下边一行。

2. 主要软件功能

SINUMERIK 802S 系统主要的软件功能可分为加工、参数、程序、通信和诊断五个操作区域(图 5−7)。这五个区域的功能通过主菜单实现,使用区域转换键可从任何操作区域返回主菜单,连续按两次后又返回先前的操作区域。在主菜单下又可通过所对应的软键进入各操作区域的子菜单、扩展菜单,图 5−8 所示为 SINUMERIK 802S 系统的主要软件功能菜单项。

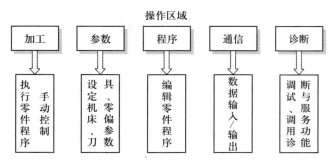

图 5−7　SINUMERIK 802S 系统软件功能操作区域

127

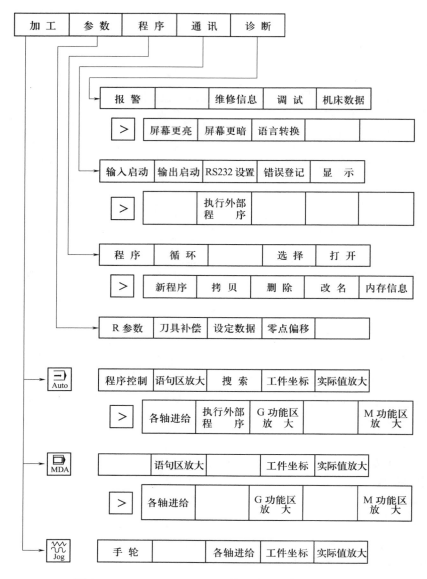

图 5-8 SINUMERIK 802S 系统的主要软件功能菜单

下面对这几个操作区域的主要功能给以简单说明。

1）加工区域

系统开机后首先进入此区域,在手动运行方式、手动数据输入自动执行方式和自动运行方式下,按下软键"加工",屏幕上分别显示不同加工功能的子菜单,再按"菜单扩展"键,屏幕显示扩展菜单,各软键的含义、功能介绍如下:

（1）程序控制键。在自动方式下按此键,显示程序控制窗口（如程序段跳跃、程序测试等）。

（2）语句区放大键。按此键在该窗口下显示完整的程序段（当前及其后程序段）。

（3）搜索键。使用此功能可查找任一程序段。

128

（4）工件坐标键。用于在"工件坐标"与"机床坐标"窗口之间进行切换,实际值的显示取决于所选择的坐标系。

（5）实际值放大键。用于将实际值放大显示。

（6）各轴进给键。用于在"各轴进给"窗口与"插补进给"窗口之间进行切换。

（7）执行外部程序。控制系统处于复位状态时,外部程序可通过 RS232 接口输入控制系统,按下此键,当外部设备,如装有数据传输软件的计算机激活程序输出时,外部程序被传送到系统缓存,按"循环启动"键立即执行。

（8）G 功能区放大键。按此键可打开 G 功能窗口,显示所有有效的 G 功能。每个 G 功能分配在同一功能组下,并在窗口中占有一固定位置,通过操作光标移动键可以显示其他的 G 功能。

（9）M 功能区放大键。按此键打开 M 功能窗口,显示程序段中所有有效的 M 功能。

（10）手轮方式键。按此键,打开"手轮"窗口,用光标键和相应坐标轴软键进行手轮选通操作。

2）参数区域

按软键"参数",屏幕显示参数功能的子菜单,这时,可以输入或修改 R 参数、刀具补偿参数,设定机床运行参数,以及设定零点偏置值等。

3）程序区域

按软键"程序",屏幕显示程序功能子菜单,再按"菜单扩展"键,屏幕显示扩展后的内容。这时,可以编辑新的零件程序或者对已有的程序进行修改,也可以对零件进行改名、复制或者是删除操作以及选择将要用于加工运行的零件程序。各软键的含义、功能介绍如下:

（1）程序键。用于打开程序目录窗口,显示已经存在的程序目录。

（2）循环键。用于显示标准循环目录;只有具备相应的存取权限才可以实现此软键功能。

（3）选择键。用于选择用光标定位的待执行程序,然后按"循环启动"键启动该程序。

（4）打开键。用于打开光标定位的待执行文件。

（5）新程序键。操作此键可输入新的程序。按下此键后弹出新建程序窗口,输入程序名和程序类型后,按下"确认"键,调用程序编辑器进行程序的输入,用"返回"键取消此功能。

（6）复制键。操作此键可把所选择的程序复制到另一个程序中。

（7）删除键。用于删除光标定位的程序,按"确认"键执行清除功能,按"返回"键取消此功能并返回。

（8）改名键。按下此键后弹出程序更名窗口,可以更改光标定位的程序名称。输入新的程序名后,按"确认"键,完成名称更改,用"返回"键取消此功能。按"程序"键可以切换到程序目录菜单。

（9）内存信息键。按此键可显示所有可以使用的 NC 内存大小(KB)。

4）通信区域

通过控制系统 RS232 接口可输入或输出数据(如零件程序)。在选择了通信操作区域后,屏幕显示可供选择的零件程序和子程序。这时可以进行输入或输出开始、设置 RS232 接口参数(如波特率、数据位、停止位等)以及各种数据的显示等操作。

5）诊断区域

在诊断状态下，可以调用服务功能、诊断功能及设定调试开关位等。对于操作者通常只是查看报警信息、调节屏幕亮度或是转换语言版本等。

5.3.3 基本操作

1. 回参考点

接通数控系统和机床的电源后，系统引导自动进入"加工"操作区域下的手动运行方式（JOG），显示回参考点窗口，如图5-9所示。

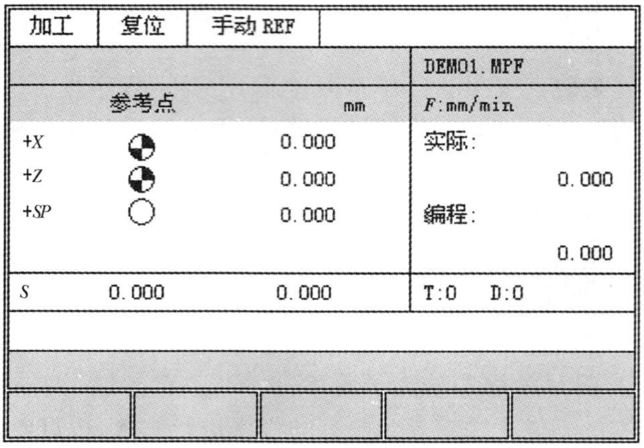

加工	复位	手动 REF		
				DEMO1.MPF
参考点			mm	F:mm/min
+X			0.000	实际:
+Z			0.000	0.000
+SP			0.000	编程:
				0.000
S	0.000	0.000		T:0　D:0

图5-9　回参考点窗口

回参考点操作只有在JOG方式下才可以进行，在回参考点操作以前，应使刀架移到减速开关和负限位开关之间，以使机床在返回参考点过程中找到减速开关。

操作方法如下：

（1）按机床控制面板上的"回参考点"键，系统进入回参考点方式（手动REF方式），在此方式下，机床可以回参考点，符号"○"表示所对应的轴未回参考点；

（2）一直按住X轴或Z轴正向"点动"键，使刀架向X轴或Z轴正向运动，如果方向选择错误，则不会产生移动，当机床减速开关被压下后，刀架减速并向相反方向运动直至停止，此时，屏幕上的"X○"和"Z○"改变状态；

（3）通过选择另一种运行方式（如MDA、AUTO、JOG）可以结束该功能。

2. 加工操作

1）手动运行方式（JOG）

在手动运行方式中，可以使坐标轴点动运行，其运行速度可以通过修调开关调节。手动运行方式的状态如图5-10所示。其中：

机床坐标X、Z：显示机床坐标系（MCS）中当前坐标轴地址，坐标轴在正方向或负方向运行时，相应地在X、Z之前显示正负符号。坐标轴到达位置之后不再显示正负符号。

实际位置（mm）：显示在机床坐标系（MCS）或工件坐标系（WCS）中坐标轴的当前位置。

再定位（mm）：如果坐标轴在程序运行中断状态下进入手动方式运行，则在此区域显示每个轴从中断点所运行的位移。

130

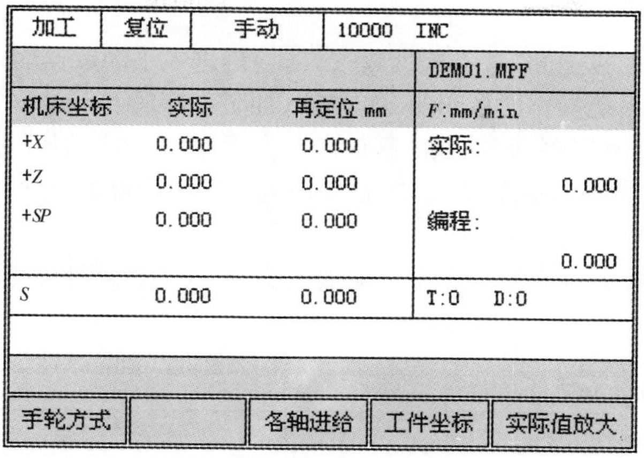

加工	复位	手动	10000	INC
				DEMO1.MPF

机床坐标	实际	再定位 mm	F:mm/min
+X	0.000	0.000	实际:
+Z	0.000	0.000	0.000
+SP	0.000	0.000	编程:
			0.000
S	0.000	0.000	T:0　D:0

| 手轮方式 | | | 各轴进给 | 工件坐标 | 实际值放大 |

图 5 – 10　手动运行方式状态

主轴转速 S(r/min):显示主轴转速的实际值和给定值。

进给率 F(mm/min):显示运动轴进给率的实际值和给定值。

刀具:显示当前所用的刀具号及其刀补号。

操作方法如下:

(1) 按下机床控制面板上的"手动方式"键进入手动运行方式;

(2) 操作相应的键" + X"或" – Z"使坐标轴运行,坐标轴以机床设定数据中规定的速度运行,需要时可用修调开关调节速度;

(3) 如果同时按下相应的坐标轴键和"快速运行"键,则坐标轴以快进速度运行;

(4) 在选择"增量选择"键以步进增量方式运行时,坐标轴以所选择的步进增量运行,步进量的大小在屏幕上显示,再按一次"点动"键就可以取消步进方式。

2) 手动数据输入自动运行方式(MDA)

在 MDA 运行方式下,可以编制一个零件程序段加以执行,但是不能加工由多个程序段描述的轮廓(如倒圆,倒角等)。此运行方式中所有的安全锁定功能及相应前提条件与自动方式一样,MDA 运行方式状态如图 5 – 11 所示。

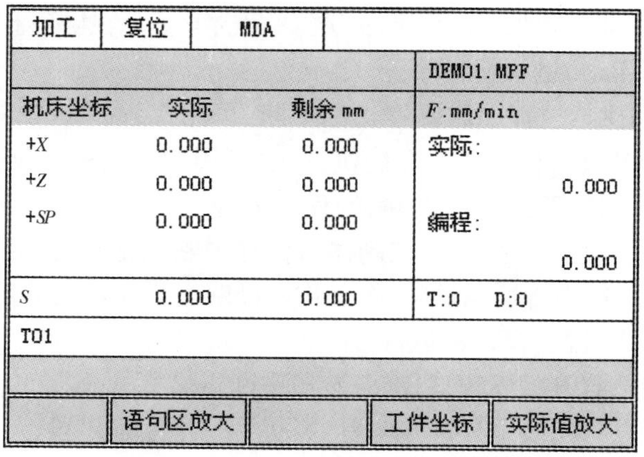

加工	复位	MDA	
			DEMO1.MPF

机床坐标	实际	剩余 mm	F:mm/min
+X	0.000	0.000	实际:
+Z	0.000	0.000	0.000
+SP	0.000	0.000	编程:
			0.000
S	0.000	0.000	T:0　D:0
T01			

| | 语句区放大 | | | 工件坐标 | 实际值放大 |

图 5 – 11　MDA 运行方式状态

操作方法如下:

(1)按下控制面板上的"手动数据输入方式"键进入手动数据输入自动运行方式。

(2)通过数控系统操作面板 MDI 键盘输入加工程序段。

(3)按"循环启动"键执行输入的程序段。在程序执行时,不可对程序段再进行编辑操作。执行完毕后,输入区内容仍保留,这样输入的程序段可重复地执行。

3)自动运行方式(AUTO)

在自动方式下零件程序可以完全自动加工执行,这也是零件加工中正常使用的方式。自动运行方式的状态如图 5 - 12 所示。

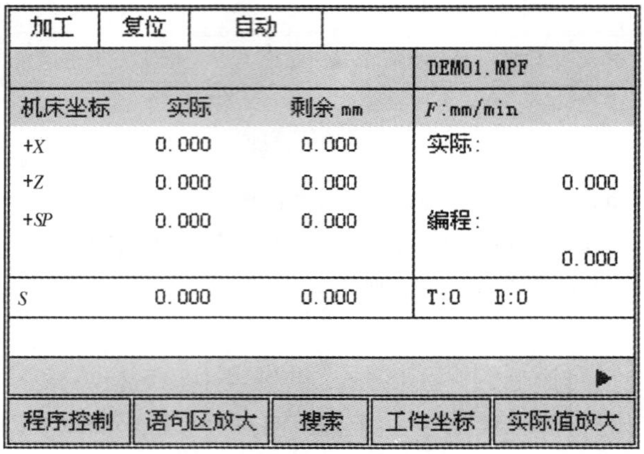

图 5 - 12 自动运行方式状态

进行零件自动加工的前提条件是:已经回零件参考点;待加工的零件程序已经装入;已经输入了必要的补偿值,如零点偏移或刀具补偿值;必要的安全锁定装置已启动。

在自动运行方式下,选择和启动零件程序的方法如下:

(1)按"自动方式"键选择自动运行方式;

(2)按"程序"键,屏幕上显示系统中所有的程序目录;

(3)通过"光标移动"键将光标定位到所选的程序上;

(4)按"选择"键,选择待加工的程序,被选择的程序名显示在屏幕上"程序名"显示区;

(5)按动"循环启动"键执行程序。

如果程序在自动执行过程中需要停止和中断,可用"复位"键中断加工的零件程序,按"循环启动"键重新启动,程序从头开始执行;也可用"循环停止"键停止加工的零件程序,然后通过按"循环启动"键恢复被中断的程序运行。

当用"循环停止"键中断程序后,控制器将保存中断点坐标,这时可以用 JOG 手动方式从加工轮廓退出刀具,进行检测、换刀等操作。中断之后再定位的操作方法如下:

(1)按"自动方式"键选择自动运行方式;

(2)按"搜索"键,打开搜索窗口,准备装载中断点坐标;

(3)按"搜索断点"键,装载中断点坐标,光标到达中断程序段;

(4)按"启动 B 搜索"键,启动中断点搜索,使机床回到中断点;

(5)按"循环启动"键继续加工。

3. 程序操作

在主菜单中,按"程序"键,进入程序操作区域,显示程序功能的子菜单窗口。在此菜单下,再按"程序"键,则显示已存的程序目录,如图 5 – 13 所示。

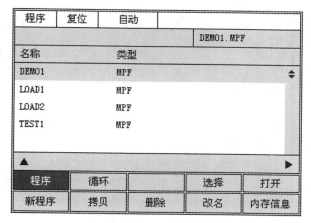

图 5 – 13　程序目录窗口

1) 输入新程序

输入一个新零件程序的操作方法如下:

(1) 在程序目录窗口中,按"新程序"键,屏幕显示新程序名输入窗口,如图 5 – 14 所示,在此输入新程序或子程序名称,主程序扩展名". MPF"可以自动输入,而子程序扩展名". SPF"必须与文件名一起输入;

(2) 按"确认"键,生成新程序文件,屏幕上显示程序编辑窗口后就可输入和编辑新程序的内容;

(3) 新程序编辑完后,用"返回"键中断程序的编辑,并关闭此窗口。

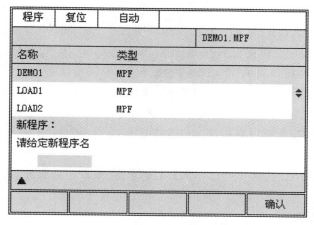

图 5 – 14　新程序名输入窗口

2) 程序编辑

在零件程序处于不执行状态时,可以进行编辑操作,对零件程序中进行的任何修改均立即被存储。

操作方法如下:

（1）在程序目录窗口中,用光标选择待编辑的程序;

（2）按"打开"键,调用程序编辑器,屏幕上出现编辑窗口后(图5-15),即可对程序进行编辑和修改;

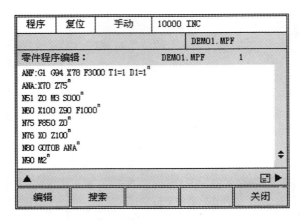

图5-15　程序编辑窗口

（3）程序编辑完成后,按"关闭"键关闭正在编辑的程序,返回上一级程序菜单。

在编辑程序时,还可以按"编辑"键,显示下一级编辑子菜单,该子菜单各软键的含义介绍如下:

"标记"键:用于标记所需要的程序段。

"删除"键:用于删除所标记的程序段。

"复制"键:用于把所标记的程序段复制到中间存储器中。

"粘贴"键:用于把所存储的程序段插入到当前光标所在位置。

选择"搜索"键,可在所显示的程序中查找到某一程序段。搜索状态各子菜单软键的含义如下:

"文本"键:在输入行中输入所要查找的程序名称,按"确认"键启动查找过程。如果所查找的字符串在程序文件中没有找到,则屏幕上会显示相应的信息,按"确认"键应答。按"返回"键可结束此窗口对话,不启动搜索过程。

"行号"键:在对话行中输入所查找的程序段行号,按"确认"键启动查找过程。用"返回"键关闭对话窗口,不启动查找过程。

"继续搜索"键:按此键可在程序文件中继续查找下一个目标。

4. 参数设置

在数控加工进行之前,必须通过输入和修改相应参数来对机床、刀具、工件坐标系零点等进行调整。

◆ 设置刀具参数

刀具参数包括刀具几何参数、磨损量参数和刀具型号参数。每把刀具有一个刀具号(T号),不同类型的刀具均有一个确定的参数数量。

1）建立新刀具

建立一把新刀具的操作方法如下:

（1）在主菜单中按"参数"键,进入参数功能子菜单,再按"刀具补偿"键打开刀具补

偿窗口,按"新刀具"键,出现图5-16所示的输入窗口,并显示所给定的刀具号;

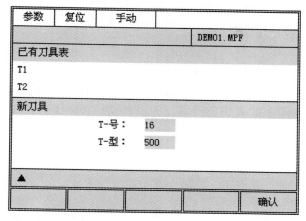

图5-16 建立新刀具窗口

（2）输入新的T-号,并定义刀具类型;

（3）按"确认"键确认输入,同时刀具补偿参数窗口打开,如图5-17所示。

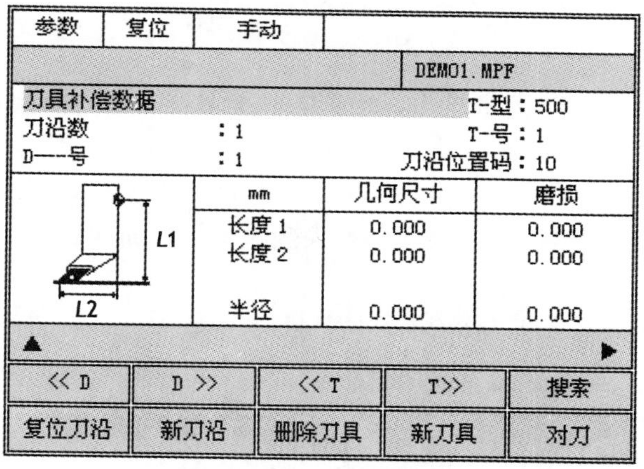

图5-17 刀具补偿参数窗口

2）输入刀具补偿参数

刀具补偿参数分为刀具长度补偿和刀具半径补偿,其参数表(图5-17)的结构因刀具类型的不同而不同。输入刀具补偿参数的操作方法是:移动光标到要修改的区域,输入数值,按"回车"键确认。

使用"菜单扩展"键可以扩展菜单的功能,其各软键的含义如下:

"《D"或"》D"键:选择接下去渐低或渐高的刀沿号。

"《T"或"》T"键:选择接下去渐低或渐高的刀具号。

"搜索"键:按此键打开一对话窗口,显示所有给定的刀具号,输入待搜索的刀具号按"确认"键后开始搜索,刀具寻找到后打开刀具补偿窗口。

"复位刀沿"键:将所有的刀具补偿值复位为零。

"新刀沿"键:用于建立一个新的刀沿,设立刀补参数。新刀补建立在当前刀具上,并自动分配下一个刀补号。

"删除刀具"键：删除一个刀具所有刀沿的刀补参数。

"新刀具"键：建立一个新刀具的刀具补偿参数。

"对刀"键：计算刀具长度补偿值。

3）确定刀具补偿值

使用此功能可以确定刀具 T 未知的几何长度。如图 5 - 18 所示，利用 F 点的实际位置（机床坐标）、偏移值 offset（X 轴为直径值）和所选择的零点偏置 Gxx（刀沿位置），系统可以在所预选的坐标轴 X 或 Z 方向计算出刀具补偿值长度 1 或长度 2。

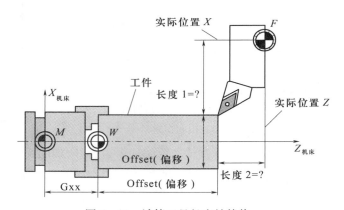

图 5 - 18　计算刀具长度补偿值

F—刀架参考点；M—机床坐标系零点；W—工件坐标系零点。

操作方法如下：

（1）在 JOG 方式下，移动该刀具使其刀尖接触工件端面和表面，测量并记录 Z 轴或 X 轴方向的偏移量；

（2）按"对刀"键，出现对刀参数窗口，如图 5 - 19 所示。可通过"轴 +"键选择相应窗口；

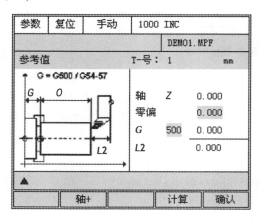
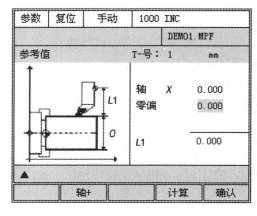

图 5 - 19　对刀参数窗口

（3）输入偏移值（如果没有零点偏置时，输入 G500，并输入偏移值）；

（4）按"计算"键，控制器根据所处的实际位置、Gxx 功能和所输入的偏移值所在坐标轴的刀补长度 1 或 2，计算出的补偿值被存储。

136

◆ 设置零点偏置

1）输入/修改零点偏置值

在回参考点之后，实际值存储器及实际值的显示均以机床零点为基准，而工件的加工程序则以工件零点为基准，这之间的差值就作为可设定的零点偏移量输入。操作方法如下：

（1）按"参数"键、"零点偏移"键，打开零点偏置窗口，如图 5 - 20 所示，通过此窗口可以选择并设定零点偏置。

参数	复位	手动	
			DEMO1.MPF

可设置零点偏移

	G54	G55	
轴	零点偏移	零点偏移	
X	0.000	0.000	mm
Z	0.000	0.000	mm

▲滚动按：⇧ + ▼ ▲

	测量		可编程零点	零点总和

图 5 - 20　零点偏置窗口

（2）把光标移到待修改的输入区，输入零点偏置量。

（3）按"回车"键确认。若按"返回"键则不确认，直接返回上一级子菜单。

（4）按向下"翻页"键，屏幕上显示下一页零点偏置窗口：G56 和 G57。

2）计算零点偏置值

利用该功能可以根据 F 点的实际位置和测量刀具的参数计算出 X、Z 轴的零点偏移量。图 5 - 21 是计算 Z 轴零点偏置值的示意图。

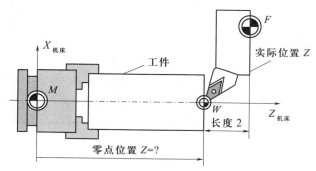

图 5 - 21　计算 Z 轴的零点偏置值

F—刀架参考点；M—机床坐标系零点；W—工件坐标系零点。

操作方法如下：

（1）按"测量"键，出现测量窗口，如图 5 - 22 所示。在该窗口中输入测量用刀具号（只有使用已知刀具才可计算零点偏置值）。

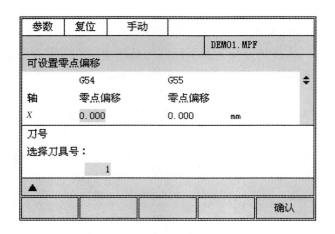

图 5 – 22 选择测量用刀具窗口

(2) 按"确认"键确认后,屏幕上出现计算零点偏置值窗口,如图 5 – 23 所示。按"下一个 G 平面"键可选择待求的零点偏置(如 G54),并显示在零点偏移测定区域;按"轴 +"键可确定待求零点偏置的坐标轴,并显示在坐标轴区域,旁边显示为刀架参考点 F 的实际位置(机床坐标系);在刀具区域显示测量用刀具号、刀具型号、刀补号 D1,如果该刀具没有使用 D1 而是使用了其他的刀补号,则在此输入该 D 号;在刀具长度区域显示该长度(几何量)有效的补偿值,可用"选择/转换"键选择符号" – "、" + ",在不考虑长度补偿时选择"无";如果刀具不能回到零点,可以输入一个附加的零点偏移值,该值是指从零点到一个刀具可以回到的点的距离;

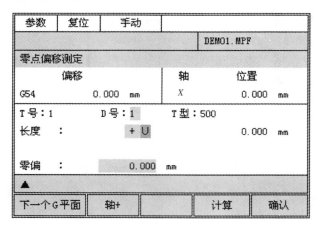

图 5 – 23 计算零点偏置值窗口

(3) 按"计算"键,系统控制器进行零点偏置值的计算;

(4) 按"确认"键后退出此窗口。

◆ 编程指令

1. G 功能指令

SINUMERIK 802S 系统数控车床的准备功能 G 指令参见表 5 – 9。

表 5-9 G功能指令

代码	功能	说明	代码	功能	说明
G0	快速移动	运动指令（插补方式）模态有效	G53	按程序段方式取消可设定零点偏置	取消可设定零点偏置,段方式有效
G1 *	直线插补		G60 *	准确定位	定位性能模态有效
G2	顺时针圆弧插补		G64	连续路径方式	
G3	逆时针圆弧插补		G9	准确定位,单程序段有效	程序段方式准停,段方式有效
G5	中间点圆弧插补				
G33	恒螺距的螺纹切削		G601 *	在 G60,G9 方式下精准确定位	准停窗口模态有效
G4	暂停时间	特殊运行,程序段方式有效	G602	在 G60,G9 方式下粗准确定位	
G74	回参考点		G70	英制尺寸	英制/公制尺寸,模态有效
G75	回固定点		G71 *	公制尺寸	
G158	可编程的偏置	写存储器,程序段方式有效	G90 *	绝对尺寸	绝对尺寸/增量尺寸,模态有效
G25	主轴转速下限		G91	增量尺寸	
G26	主轴转速上限		G94	进给率 $F/(\text{mm/min})$	进给/主轴,模态有效
G17	（在加工中心孔时要求）	平面选择	G95 *	主轴进给率 $F/(\text{mm/r})$	
G18 *	Z/X 平面		G96	恒定切削速度（$F/(\text{mm/r})$,$S/(\text{m/min})$）	
G40 *	刀尖半径补偿方式取消	刀尖半径补偿,模态有效			
G41	调用刀尖半径左补偿		G97	删除恒定切削速度	
G42	调用刀尖半径右补偿		G450 *	圆弧过渡	刀尖半径补偿时拐角特性,模态有效
G500 *	取消可设定零点偏置	可设定零点偏置,模态有效	G451	等距线的交点,刀具在工件转角处不切削	
G54	第一可设定零点偏置				
G55	第二可设定零点偏置		G22	半径尺寸	数据尺寸:半径/直径,模态有效
G56	第三可设定零点偏置		G23 *	直径尺寸	
G57	第四可设定零点偏置				
带 * 的功能在程序启动时生效（指系统处于供货状态,没有编程新的内容时）					

2. M 功能指令

SINUMERIK 802S 系统数控车床的辅助功能 M 指令参见表 5-10。

表 5-10 M 功能指令

代码	功能	说明
M0	程序停止	用 M0 停止程序的执行:按"启动"键加工继续执行
M1	程序有条件停止	与 M0 一样,但仅在"条件停（M1）有效"功能被软键或接口信号触发后才生效
M2	程序结束	在程序的最后一段被写入
M3	主轴顺时针旋转	
M4	主轴逆时针旋转	
M5	主轴停	
M6	更换刀具	在机床数据有效时用 M6 更换刀具,其他情况下直接用 T 指令进行
M40	自动变换齿轮级	
M41 ~ M45	齿轮级 1 ~ 5	

3. 其他指令

SINUMERIK 802S 系统数控车床的参数及其他指令参见表 5-11。

表 5-11　参数及其他指令

代码	功能	说　明
D	刀具补偿号	用于某个刀具 T 的补偿参数;D0 表示补偿值 =0 一个刀具最多有 9 个 D 号
F	进给率	刀具/工件的进给速度,对应 G94 或 G95,单位分别为 mm/min 或 mm/r (与 G4 一起可以编程停留时间)停留时间,单位 s
I、K	插补参数	X、Z 轴尺寸,在 G2 和 G3 中为圆心坐标;在 G33 中则表示螺距大
L	子程序名、子程序调用	可以选择 L1…L9999999,子程序调用需要一个独立的程序段。注意: L0001 不等于 L1
N	副程序段	与程序段段号一起标识程序段,N 位于程序段开始
:	主程序段	指明主程序段,用字符":"取代副程序段的地址符"N",主程序段中必须包含其加工所需的全部指令
P	子程序调用次数	在同一程序段中多次调用子程序比如:N10 L871 P3,调用三次
RET	子程序结束	代替 M2 使用,保证路径连续运行
R0 ~ R249	计算参数	R0 ~ R99 可以自由使用,R100 ~ R249 作为加工循环中传送参数
S	主轴转速	主轴转速单位是转/分,在 G96 中作为恒切削速度,在 G4 中作为暂停时间
T	刀具号	可以用 T 指令直接更换刀具,也可由 M6 进行,这可由机床数据设定
X、Z	坐标轴	位移信息
AR	圆弧插补张角	单位是度,用于在 G2/G3 中确定圆弧大小
CHF	倒角	在两个轮廓之间插入给定长度的倒角
CR	圆弧插补半径	大于半圆的圆弧带负号"-",在 G2/G3 中确定圆弧
IX、KZ	中间点坐标	X、Z 轴尺寸,用于中间点圆弧插补 G5
IF	跳转条件	有条件跳转,指符合条件后进行跳转
GOTOB	向后跳转指令	与跳转标志符一起,表示跳转到所标志的程序段,跳转方向向前
GOTOF	向前跳转指令	与跳转标志符一起,表示跳转到所标志的程序段,跳转方向向后
RND	倒圆	在两个轮廓之间以给定的半径插入过渡圆弧
LIMS	G96 中主轴转速上限	车削中使用 G96 功能—恒切削速度时限制主轴转速
SF	G33 中螺纹加工切入点	G33 中螺纹切入角度偏移量
SPOS	主轴定位	单位是度,主轴在给定位置停止(主轴必须作相应的设计)
STOPRE	停止解码	特殊功能,只有在 STOPRE 之前的程序段结束后才译码一个程序段
SIN( ) COS( ) TAN( ) SQRT( ) ABS( ) TRUNC( )	除(+ - × ÷)四则运算外还有的计算功能	正弦,单位是度 余弦,单位是度 正切,单位是度 平方根 绝对值 取整

140

代码	功能	说　明
LCYC…	调用标准循环(用一个独立的程序段调用标准循环,传送参数必须已经赋值)	LCYC82　钻削,沉孔加工 LCYC83　深孔钻削 LCYC840　带补偿夹具切削内螺纹 LCYC85　镗孔 LCYC93　切槽(凹槽循环) LCYC94　凹凸切削(E 型和 F 型)(退刀槽循环) LCYC95　切削加工(坯料切削循环) LCYC97　车螺纹(螺纹切削循环)

5.4　数控车床的对刀操作

对刀是数控车床加工中的一项非常重要的操作,如果这一步卡住,后续工作根本无法进行。在一定条件下,对刀的准确性决定了零件的加工精度,也直接影响数控加工的效率。

车削一个零件往往需要几把不同的刀具,由于刀具安装及刀具本身的偏差,每把刀转到切削位置时,其刀尖所处的位置并不重合,为使用户在编程时无需考虑刀具间的偏差,需确定其他刀具在工件坐标系中的位置,这就需要通过对刀操作来实现。对刀的方法有多种,其中试切法对刀由于不需要任何辅助设备,在实际应用中又最为普遍。

试切对刀根据零件的形状、数控系统及加工批量的不同可有多种方法,但其对刀思路都基本相同,即通过每把刀具对工件进行试切削,并分别测量出其切削部位的直径和轴向尺寸,再计算出各刀具刀尖在 X 轴和 Z 轴的相对或绝对尺寸,从而确定各刀具的刀补参数。本节将以 FANUC 系统数控车床为例来具体说明其操作方法及特点。

如图 5 – 24 所示,零件毛坯为 $\Phi50 \times 110$ mm 的棒料,零件最大加工直径为 $\Phi46$ mm,总长为 70mm。工件坐标系零点 O 设在零件右端面中心,刀具布置:1 号刀为 90°偏刀,2 号

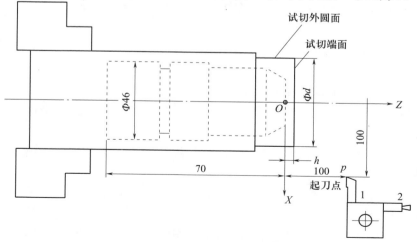

图 5 – 24　G50 设定工件坐标系对刀示例

141

刀为切槽刀。

5.4.1 相对刀偏法

相对刀偏法对刀必须有一基准刀(也称标刀),对刀时由标刀建立工件坐标系,其余每把刀具的偏置补偿都是相对于标刀的偏置。按编程时使用的设定工件坐标系指令可有以下两种方法。

1. G50 设定工件坐标系对刀

采用这种方法对刀时先对基准刀,其他刀具对刀时相对于它来设置偏差补偿值。操作较为简单,但在对刀完成后,必须将基准刀移动到 G50 设定的坐标位置(即起刀点)才能加工。由于采用 G50 指令建立的工件坐标系是浮动的,即相对于机床参考点是可变的,在机床断电后原来建立的工件坐标系将丢失,所以加工前需重新确定起刀点位置。

1)基准刀对刀

如图 5 - 24 所示,设 1 号刀为基准刀,P 点为起刀点,编程时采用程序段 G50 X100 Z100 来设定工件坐标系。其中 Φd 为试切外圆直径,h 为试切端面到欲设的工件零点在 Z 方向的有向距离,此例中设 $h = 0\text{mm}$。

方法 1:

(1)车削毛坯外圆,保持 X 坐标不动,沿 Z 轴正方向退刀,将 CRT 屏幕上的 U 坐标值清零;

(2)车削毛坯端面,保持 Z 坐标不动,沿 X 轴正方向退刀,将 CRT 屏幕上的 W 坐标值清零;

(3)主轴停止,测量试切后的外圆直径 d,假设 $d = 48\text{mm}$;

(4)计算基准刀移动到起刀点的增量尺寸:

X 轴移动的增量尺寸 $U = 100 - d = 52\text{mm}$;

Z 轴移动的增量尺寸 $W = 100 - h = 100\text{mm}$;

(5)确定基准刀的起刀点位置。移动刀架使基准刀沿 X 轴移动,直到 CRT 屏幕上显示的数据 $U = 52\text{mm}$ 为止;再使基准刀沿 Z 轴移动,直到 CRT 屏幕上显示的数据 $W = 100\text{mm}$ 为止,基准刀对刀完成(此步可在 2 号刀对刀完成后再进行)。

方法 2:

(1)车削毛坯外圆,保持 X 坐标不动,沿 Z 轴正方向退刀,将 CRT 屏幕上的 U 坐标值清零;

(2)主轴停止,测量试切后的外圆直径 d,假设 $d = 48\text{mm}$;

(3)选择 MDI 方式,输入程序段 G50 X48 并执行,即设距当前 X 坐标负方向 48mm 处(零件轴心)为工件坐标系 X 轴零点;

(4)车削毛坯端面,保持 Z 坐标不动,沿 X 轴正方向退刀,将 CRT 屏幕上的 W 坐标值清零,主轴停止;

(5)选择 MDI 方式,输入程序段 G50 Z0($h = 0\text{mm}$)并执行,即设当前 Z 坐标位置(零件端面)为工件坐标系 Z 轴零点;

(6)选择 MDI 方式,输入程序段 G00 X100 Z100 并执行,使刀具快速移动到起刀点(X100,Z100)位置,基准刀对刀完成(此步可在 2 号刀对刀完成后再进行)。

2）2号刀对刀

在基准刀对刀基础上,对2号刀进行试切对刀操作,即确定2号刀与基准刀的刀尖在X轴与Z轴方向的偏差量,从而确定其刀补值(基准刀的刀补值设置为0)。

（1）调入2号刀,启动主轴;

（2）移动刀架使2号刀具刀尖(切槽刀的左刀尖)轻轻靠上$\Phi48mm$外圆,沿Z轴正方向退刀,此时,CRT屏幕上U坐标位置处的数值,即是2号刀相对于基准刀的偏置值ΔX;

（3）按"偏置"键,进入"补正"界面,将ΔX输入到相应刀补号的X项中;

（4）移动刀架使2号刀具刀尖轻轻靠上试切端面,沿X轴正方向退刀,此时,CRT屏幕上W坐标位置处的数值,即是2号刀相对于基准刀的偏置值ΔZ;

（5）按"偏置"键,进入"补正"界面,将ΔZ输入到相应刀补号的Z项中,2号刀对刀完成。

若加工中使用了更多的刀具,依次重复以上操作步骤,即可完成所有刀具的刀补设置。所有刀具对刀完成后,还需将基准刀移到起刀点$P(X100,Z100)$位置才可进行加工。

2. G54～G59设定工件坐标系对刀

采用G54～G59设定工件坐标系进行对刀也是先对基准刀,其他刀具对刀时相对于它来设置偏差补偿值。这种方法对起刀位置无严格的要求,在对刀完成后,刀具可以不回到一固定点,但应保证刀具从起刀位置进刀过程中不得与工件或夹具发生碰撞。G54～G59指令设定的工件坐标系相对于机床参考点是不变的,机床断电重新开机后,只要返回机床参考点,建立的工件坐标系依然有效。因此,这种方法特别适用于批量生产且工件有固定装夹位置的零件加工。

1）基准刀对刀

如图5-25所示,设1号刀为基准刀,Q点为机床坐标系零点,编程时采用G54指令设定工件坐标系。其中Φd为试切外圆直径,h为试切端面到欲设的工件零点在Z方向的有向距离,此例中设$h=0mm$。

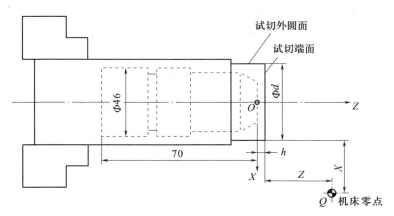

图5-25 G54～G59设定工件坐标系对刀示例

（1）车削毛坯外圆,保持X坐标不动,沿Z轴正方向退刀,将CRT屏幕上的U坐标值清零,并记录CRT屏幕上机床坐标系的X坐标值,记为X;

（2）车削毛坯端面,保持 Z 坐标不动,沿 X 轴正方向退刀,将 CRT 屏幕上的 W 坐标值清零,并记录 CRT 屏幕上机床坐标系的 Z 坐标值,记为 Z;

（3）主轴停止,测量试切后的外圆直径 d,假设 $d=48mm$;

（4）计算工件坐标系零点在机床坐标系下的坐标 X_0、Z_0:

$X_0 = X - 48$;

$Z_0 = Z - h(h = 0mm)$;

（5）按"偏置"键,进入"坐标系"界面,将 X_0、Z_0 输入到系统存储器 G54 中。此时,即确定了工件坐标系与机床坐标系的关系,基准刀对刀完成。

2）2 号刀对刀

2 号刀及所有其他刀具对刀的方法与采用 G50 设定工件坐标系时 2 号刀对刀的方法相同。

5.4.2　绝对刀偏法

绝对刀偏法对刀无需定义基准刀,每把刀具按与机床坐标系的偏置关系建立刀补,各刀补值不互相关联,当执行刀偏补偿时,各刀以此值设定各自的工件坐标系。这种方法对起刀位置也无严格要求,程序中也不需使用 G92 或 G54 ~ G59 指令,对刀操作简单、快捷、可靠性好,且对刀与编程可以完全分开进行,所以在实际加工中应用广泛。由于各刀补值与机床坐标系关联,在机床断电重启后,进行回参考点操作,建立的工件坐标系依然有效。

（1）车削毛坯外圆,保持 X 坐标不动,沿 Z 轴正方向退刀;

（2）主轴停止,测量试切后的外圆直径 d,假设 $d=48mm$;

（3）按"偏置"键,在"形状"补偿参数 X 项中输入试切直径值48;按"测量"键,系统会自动根据刀具当前 X 坐标和试切直径计算,得到 X 方向的刀补值;

（4）车削毛坯端面,保持 Z 坐标不动,沿 X 轴正方向退刀,主轴停止;

（5）按"偏置"键,在"形状"补偿参数 Z 项中输入0($h=0mm$);按"测量"键,系统会自动根据刀具当前 Z 坐标和 h 计算,得到 Z 方向的刀补值;

（6）其他刀具对刀时重复以上操作步骤即可。试切时刀尖可轻靠在头一把刀试切的外圆面与端面上,也可重新试切并测量、计算试切的 d、h 后,再进行刀补设置。

本节我们介绍了 FANUC 系统几种常用的试切对刀方法,其他数控系统的对刀方法也大同小异。在实际加工中选用哪种对刀方法应根据不同情况灵活对待,以减少车削加工的辅助时间,提高生产效率和车削质量。

5.5　零件加工实例

例 1　在数控车床上加工如图 5 - 26 所示的一轴类零件,毛坯材料为 45 钢,其中 $\Phi48mm$ 圆柱面已加工,可用于装夹。

1）确定加工方案

该零件是由球面、外圆锥面、外圆柱面及外螺纹构成的一轴类零件,可按先粗后精、由大到小的加工原则自右向左进行车削,具体加工顺序如下:

（1）粗车零件各段外表面,留出精车余量;

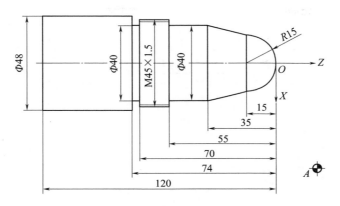

图 5 - 26 数控车床加工实例 1

（2）精车零件各段外表面；

（3）切螺纹退刀槽；

（4）车削外螺纹。

2）零件装夹

这是一实芯轴零件，且长度不长，可采用零件的左端面和 Φ48mm 外圆作为定位基准，使用普通三爪自定心卡盘夹紧，毛坯伸出卡爪端面外 85mm 左右。

3）选择刀具与切削用量

该零件结构简单，精度要求不高，所以外型粗、精车削可用一把外圆车刀，按加工顺序共需选三把车刀。1 号刀为 90°偏刀，用于零件外型的粗、精加工；2 号刀为切槽刀，刀宽为 4mm，用于切螺纹退刀槽；3 号刀为 60°螺纹车刀，用于车削 M45 × 1.5mm 螺纹。其切削用量参见表 5 - 12。

表 5 - 12 刀具与切削用量

工序内容	刀具名称	刀号	主轴转速/(r/min)	进给速度/(mm/r)	切削深度/mm
粗车外形	90°偏刀	T01	500	0.2	1.5
精车外形	90°偏刀	T01	600	0.1	0.25
切退刀槽	切槽刀	T02	300	0.08	切至 Φ40mm
车外螺纹	螺纹车刀	T03	500		分四刀车成

4）工件坐标系设定

如图 5 - 26 所示，按基准重合原则，以零件右端面中心 O 为工件零点建立工件坐标系，换刀点 A 设在（X100,Z100）处。

5）程序编制

参考程序：

程　序	说　明
N010 G90 G50 X100 Z100	建立工件坐标系
N020 T0101 S500 M03	调 1 号刀刀补
N030 G00 X50.0 Z3	

程　序	说　明
N040 G71 U1.5 R1	粗车复合循环
N050 G71 P060 Q130 U0.5 W0.2 F0.2	留精车余量 X0.5mm,Z0.2mm
N060 G00 X0	ns
N070 G01 Z0 F0.1 S600	
N080 G03 X30 Z−15 R15	
N090 G01 X40 Z−35	
N100 Z−55	
N110 X44.8	
N120 Z−74	
N130 G00 X50	nf
N140 G70 P060 Q130	精车复合循环
N150 G00 X100 Z100 T0100	返回换刀点,取消刀补
N160 T0202 S300	调2号刀刀补
N170 G00 X50 Z−74	
N180 G01 X40 F0.08	切槽
N190 G04 X1	暂停1秒
N200 G00 X50	
N210 X100 Z100 T0200	返回换刀点,取消刀补
N220 T0303 S500	调3号刀刀补
N230 G00 X50 Z−50	
N240 G92 X44 Z−72 F1.5	螺纹车削循环,螺距1.5mm,分四刀车成
N250 X43.4	
N260 X43	
N270 X42.85	
N280 G00 X100.0 Z100.0 T0300	返回换刀点,取消刀补
N290 M05	
N300 M30	程序结束

　　例 2　如图 5−27 所示,在数控车床上加工一钢套零件,毛坯材料为 45 钢,毛坯 $\Phi56mm \times 60mm$ 外圆柱及 $\Phi24mm$ 底孔已加工。

　　1）确定加工方案

　　分析零件图,根据零件尺寸、形状及加工精度要求,可按工件的内孔直径由小到大地依次进行车削,具体加工顺序如下:

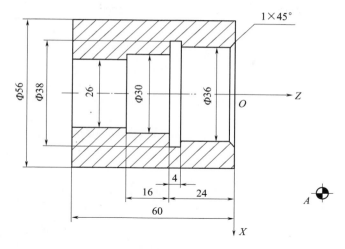

图 5-27 数控车床加工实例 2

（1）粗镗 $\Phi26$mm 孔→粗镗 $\Phi30$mm 孔→粗镗 $\Phi36$mm 孔，留出精镗余量；

（2）切 $\Phi38$mm 内环槽；

（3）精镗 1×45°倒角→精镗 $\Phi36$mm 孔→精镗 $\Phi30$mm 孔→精镗 $\Phi26$mm 孔；

2）零件装夹

该零件属于套类零件，壁厚较大，可采用 $\Phi56$mm 外圆作为定位基准，使用普通三爪自定心卡盘夹紧，毛坯左端需留出空位。

3）选择刀具与切削用量

按加工顺序需选用内孔镗刀与内钩槽刀各一把。该零件结构简单，精度要求不高，所以内孔粗、精加工可用一把内孔镗刀；内钩槽刀刀宽为 4mm，用于切 $\Phi38$mm 内环槽，其切削用量参见表 5-13。

表 5-13　刀具与切削用量

工序内容	刀具名称	刀号	主轴转速/(r/min)	进给速度/(mm/r)	切削深度/mm
粗镗各段内孔	90°内孔镗刀	T01	600	0.15	1
切内环槽	内钩槽刀	T02	300	0.08	切至 $\Phi38$mm
精镗各段内孔	90°内孔镗刀	T01	600	0.1	0.25

4）工件坐标系设定

如图 5-27 所示，按基准重合原则，以零件右端面中心 O 为工件零点建立工件坐标系，换刀点 A 设在（X150，Z150）处。

5）程序编制

参考程序：

程　序	说　明
N010　T0101　S600　M03	调 1 号刀刀补
N020　G00　X25.5　Z4	粗镗 $\Phi26$mm 孔，留精镗余量 0.5mm
N030　G01　Z-62　F0.15	

程　序	说　明
N040　G00　U－2　Z4	退刀
N050　X27.5	粗镗 Φ30mm 孔,2 刀
N060　G01　Z－40	
N070　G00　U－2　Z4	
N080　X29.5	留精镗余量 0.5mm
N090　G01　Z－40	
N100　G00　U－2　Z4	
N110　X31.5	粗镗 Φ36mm 孔,3 刀
N120　G01　Z－24	
N130　G00　U－2　Z4	
N140　X33.5	
N150　G01　Z－24	
N160　G00　U－2　Z4	
N170　X35.5	留精镗余量 0.5mm
N180　G01　Z－24	
N190　G00　U－2　Z4	
N200　X150　Z150	返回换刀点
N210　T0202　S300	调 2 号刀刀补
N220　G00　X29　Z4	
N230　Z－24	
N240　G01　X38　F0.08	切 Φ38mm 环槽
N250　G00　X30	
N260　Z4	
N270　X150　Z150	返回换刀点
N280　T0101　S600	调 1 号刀刀补
N280　G00　X40　Z1	
N290　G01　X36　Z－1　F0.1	精镗倒角
N300　Z－24	精镗 Φ36mm 孔
N310　X30	
N320　Z－40	精镗 Φ30mm 孔
N330　X26	
N340　Z－62	精镗 Φ26mm 孔
N350　G00　U－2　Z4	
N360　X150　Z150	返回换刀点
N370　M05	
N380　M30	程序结束

第6章 数控铣床的操作与加工

6.1 数控铣床概述

数控铣床是在数控加工领域中最具代表性的一种典型机床,在数控机床中所占的比率最大,数控加工中心、柔性制造单元等都是在数控铣床基础上派生或发展起来的。它具有功能性强、加工范围广、工艺较复杂等特点,主要用于各种复杂的平面、轮廓、曲面等零件的铣削加工,同时还可以进行钻、扩、铰、镗、攻螺纹等加工,在航空航天、汽车制造、机械加工和模具制造业中应用非常广泛。

6.1.1 数控铣床的组成

数控铣床一般由数控系统、机床基础部件、主轴箱、进给伺服系统及辅助装置等几大部分组成。

1)数控系统

数控系统是机床运动控制的中心,通常数控铣床都配有高性能、高精度、集成软件的微机数控系统,具有直线插补、圆弧插补、螺旋插补、刀具补偿、固定循环和用户宏程序等功能,能完成绝大多数的基本铣削以及镗削、钻削、攻螺纹等自动循环加工。

2)机床基础部件

通常是指底座、立柱、工作台、横梁等,是整个机床的基础和框架。

3)主轴箱

包括主轴箱体和主轴传动系统,用于装夹刀具并带动刀具旋转,主传动大多采用专用的无级调速电动机驱动。

4)进给伺服系统

由进给电动机和进给执行机构组成,按照程序设定的进给速度实现刀具和工件之间的相对运动,其主轴垂直方向进给运动及工作台的横向和纵向进给运动均由各自的交流伺服电机来驱动。

5)辅助装置

包括液压、气动、润滑、冷却系统和排屑、防护等装置。

6.1.2 数控铣床的分类

数控铣床品种繁多,规格不一,通常可以按以下几种方法进行分类。

1. 按机床结构分类

1)工作台升降式数控铣床

这种数控铣床采用工作台纵、横向移动并升降,而主轴不动的方式,一般小型数控铣床采用此种方式。

2）主轴升降式数控铣床

这种数控铣床采用工作台纵、横向移动,且主轴垂向运动的方式。在精度保持、承载重量、系统构成等方面具有很多优点,一般运用在中型数控铣床中,已成为数控铣床的主流。

3）龙门式数控铣床

对于大尺寸的数控铣床,一般采用龙门式布局,在结构上采用对称的双立柱结构,以保证机床整体刚性、强度。主轴可在龙门架的横梁与溜板上运动,而纵向运动则由龙门架沿床身移动或由工作台移动实现。大型数控铣床,因要考虑到扩大行程,缩小占地面积及刚性等技术上的问题,往往采用龙门架移动式。这种数控铣床适合加工大型零件,主要在汽车、航空航天及机床等行业使用。

2. 按主轴布置形式分类

1）立式数控铣床

立式数控铣床的主轴垂直于工作台面,机床结构简单,工件安装方便,加工时便于观察,是数控铣床中最常见的一种布局形式,适用于各种形状复杂的零件,如凸轮、样板、模具内外型腔及异形轮廓的加工。从数控系统控制的坐标轴数量来看,目前三坐标联动的数控立铣仍占大多数,有部分数控立铣主轴可以绕 X、Y、Z 坐标轴中的其中一个或两个轴作数控摆角运动从而实现四轴或五轴加工。

2）卧式数控铣床

卧式数控铣床的主轴平行于工作台面,适用于加工箱体、泵体、壳体类等零件。为了扩大加工范围和扩充功能,卧式数控铣床通常配有数控分度头或数控回转工作台以实现四轴或五轴加工,这样,不但工件侧面上的连续回转轮廓可以加工出来,而且可以实现工件一次装卡中,通过转台改变工位,进行多面加工。相比立式数控铣床,卧式数控铣床结构复杂,在加工时不便观察,但排屑顺畅。

3）立卧两用数控铣床

这种铣床的主轴方向可以更换,能达到在一台机床上既可以进行立式加工,又可以进行卧式加工,其使用范围更广,功能更全,选择加工对象的余地更大,且给用户带来不少方便。特别是生产批量小,品种较多,又需要立、卧两种方式加工时,这样的机床就可解决很多实际问题。

3. 按数控系统功能分类

1）经济型数控铣床

经济型数控铣床一般是在普通立式铣床或卧式铣床的基础上改造而来的,采用经济型数控系统,成本低,机床功能较少,主轴转速和进给速度不高,主要用于精度要求不高的简单平面或曲面零件加工。

2）全功能数控铣床

全功能数控铣床一般采用半闭环或闭环控制,控制系统功能较强,数控系统功能丰富,可实现四坐标或四坐标以上的联动,加工适应性强,应用最为广泛。

3）高速铣削数控铣床

高速铣削数控铣床的主轴转速与进给速度较一般铣床都要高许多,它采用全新的机床结构(主体结构及材料变化)、功能部件(电主轴、直线电机驱动进给)和功能强大的数控系统,并配以加工性能优越的刀具系统,可对大面积的曲面进行高效率、高质量的加工。高速铣削是数控加工的一个发展方向。目前该技术正日趋成熟,并逐渐得到广泛应用,但机床价格昂贵,使用成本较高。

6.1.3 数控铣床的加工对象

数控铣床是一种用途十分广泛的机床,主要用于具有各种复杂轮廓、平面、曲面的板类、壳体、箱体类零件的加工,如各类凸轮、模具、连杆、叶片、螺旋桨等零件的铣削加工,同时还可以进行钻、扩、铰、镗及攻螺纹等加工。此外,随着高速铣削技术的发展,数控铣床可以加工形状更为复杂的零件,精度也更高。

1)平面类零件

零件的被加工表面平行或垂直于水平面及被加工面与水平面的夹角为定角的零件称为平面类零件。其数控铣削相对比较简单,一般用两坐标联动就可以加工出来。如图 6-1(a)、(b)、(c)所示的三个零件均为平面类零件。其中,曲线轮廓面 M 垂直于水平面,可采用圆柱立铣刀加工;斜面 P,当工件尺寸不大时,可用斜板垫平后加工,当工件尺寸很大,斜面坡度又较小时,也常用行切加工法加工,这时会在加工面切上刀痕,要用钳修方法加以清除;对于凸台侧面 N,其与水平面成一定角度,可以采用专用的角度成型铣刀来加工。

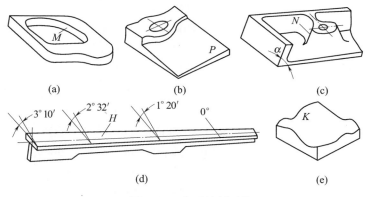

图 6-1 典型铣削零件

2)变斜角类零件

加工表面与水平面的夹角呈连续变化的零件称为变斜角类零件,如图 6-1(d)中 H 面,其特点是加工面不能展开为平面,但在加工中被加工面与铣刀圆周接触的瞬间为一条直线。加工这类零件最好采用四坐标或五坐标数控铣床摆角加工,也可在三坐标数控铣床上采用行切加工法实现近似加工。

3)曲面类零件

加工表面为空间曲面的零件称为曲面类零件,如图 6-1(e)中 K 面,曲面可以是公式曲面,如抛物面、双曲面等,也可以是列表曲面。曲面类零件的被加工表面不能展开为平面,铣削加工时,被加工表面与铣刀始终是点接触,一般采用球头铣刀三坐标联动铣削加工。对于螺旋桨、叶片等空间曲面零件,可用四坐标或五坐标联动铣削加工。

4）孔类零件

孔类零件上都有多组不同类型的孔,一般有通孔、盲孔、螺纹孔、台阶孔、深孔等。在数控铣床上加工的孔类零件,一般是孔的位置要求较高的零件,如圆周分布或行列均布孔等,但由于数控铣床一般不具有自动换刀功能,故不适合加工复杂孔系。

6.2　HNC－21M 系统数控铣床的操作

国产华中 HNC－21M 是一款基于 PC 的高性能经济型数控系统。系统采用中文操作界面,内装式 PLC,可与多种伺服驱动单元配套使用。具有程序在线编辑与校验、加工断点恢复、刀具轨迹图形仿真、RS－232 串口与网络通讯等功能。其编程功能包括直线、圆弧、螺旋线插补、用户宏程序、固定循环、旋转、缩放和镜像等。

本节以 XKA714 型立式数控铣床为例介绍 HNC－21M 系统数控铣床的基本操作,该机床的主要技术参数如下:

数控系统	HNC－21M
工作台工作面积	400mm×1100mm
工作台最大承载质量	1500kg
工作台 T 型槽(槽数×槽宽×槽距)	3mm×18mm×90mm
工作台纵向行程(X 轴)	600mm
工作台横向行程(Y 轴)	450mm
Z 轴行程	500mm
主轴转速低速挡	100r/min～800r/min
主轴转速高速挡	500r/min～4000r/min
主轴锥孔	ISO40 7:24
切削进给速度	X、Y:6mm/min～3200mm/min　Z:3mm/min～1600mm/min
快速进给速度	X、Y:8000mm/min　Z:4000mm/min
主轴电机功率	5.5/7.5kW
主轴扭矩	180/230N·m
进给电机扭矩	14N·m

6.2.1　操作面板

HNC－21M 系统的数控铣床操作面板如图 6－2 所示。其中:LCD 液晶显示屏用于系统中文菜单、系统运行状态、故障报警的显示以及加工轨迹的图形仿真;功能键 F1～F10 及 MDI 键盘用于零件程序的编制、参数输入、MDI 及系统管理操作等;机床控制面板(MCP)则用于直接控制机床的动作或加工过程。

MDI 键盘的使用及各键的含义与普通 PC 键盘基本相同("Upper"为上挡键),这里不再赘述。

机床控制面板(MCP)的大部分按键位于操作面板的下部("急停"按钮位于右上角)。按键采用中文标识,对于操作者非常方便。其面板上各按键的功能、说明详见表 6－1。

图 6 - 2　HNC - 21M 系统的数控铣床操作面板

此外,还可通过机床操作台相应接口外接手摇脉冲发生器,用于在手轮方式下进给。

表 6 - 1　机床控制面板按键功能说明

键名	功 能 说 明
自动	按下此键(指示灯亮),系统进入自动运行方式,机床坐标轴的控制由 CNC 自动完成。
单段	单程序段执行方式。此方式下,程序逐段执行,即每按一下"循环启动"键,执行一程序段。
手动	手动连续进给方式。进给速率为系统参数"最高快移速度"的 1/3 乘以进给修调选择的进给倍率;在手动连续进给时,若同时按下"快进"键,则产生相应轴的正向或负向快速运动,手动快速移动的速率为系统参数"最高快移速度"乘以快速修调选择的快移倍率。
增量	增量/手摇脉冲发生器进给方式。在按下此键时,视手脉的坐标轴选择波段开关位置,对应两种机床工作方式:(1)波段开关置于 Off 挡为增量进给方式;(2)波段开关置于 Off 挡之外为手摇脉冲发生器进给方式。
回零	返回机床参考点方式
+ X… 快进	" + X"" + Y"" + Z"" + 4TH"" - X"" - Y"" - Z"" - 4TH"称为点动键,用于在手动连续进给、增量进给和返回机床参考点时,选择进给坐标轴和进给方向,按下相应键坐标轴移动;手动进给时,若同时按下"快进"键,则产生相应轴的快速运动。
进给修调	在手动连续进给方式下调节坐标轴的进给速度,在自动及 MDI 运行方式下调节程序编制速度。
快速修调	在手动连续进给方式下调节坐标轴的快移速度,在自动及 MDI 运行方式下调节 G00 快移速度。
主轴修调	在手动方式下、自动及 MDI 运行方式下调节主轴速度。机械齿轮换挡时,不能修调。
增量倍率	增量进给时的增量值,由 × 1, × 10, × 100 及 × 1000 四个增量倍率键控制,移动量分别为 0.001mm,0.01mm,0.1mm,1mm。
空运行	在此状态下,坐标轴以最大快速速度移动,并不做实际切削,一般不得装夹工件。
机床锁住	禁止机床坐标轴动作,但此时机床 M、S、T 功能仍然有效。

键名	功 能 说 明
Z轴锁住	禁止Z轴进刀。Z轴坐标位置变化,但Z轴不运动。
超程解除	当某轴超程时,一直按着此键,同时按下相应点动键,可使该轴向相反方向退出超程状态。
主轴制动	在手动方式下,主轴停止状态,按一下此键(指示灯亮),主轴电机被锁定在当前位置。
主轴正转、反转、停止	在手动方式下,当主轴制动无效时(指示灯灭),按"主轴正转"键,主轴正转;按"主轴反转"键,主轴反转;按"主轴停止"键,主轴停止旋转。
主轴定向	如果机床上有换刀机构,通常都需要主轴定向功能,否则换刀时会损坏刀具或刀爪。在手动方式下,当主轴制动无效时,按一下"主轴定向"键,主轴立即执行主轴定向功能,定向完成后,按键内指示灯亮,主轴准确停止在某一固定位置。
主轴冲动	在手动方式下,当主轴制动无效时,按一下"主轴冲动"键(指示灯亮),主轴电机以机床参数设定的转速和时间转动一定的角度。
允许换刀	在手动方式下,按一下"允许换刀"键(指示灯亮),将允许刀具松、紧操作,再按一下又为不允许刀具松、紧操作(指示灯灭),如此循环。
刀具松/紧	在允许换刀有效时(指示灯亮),按一下"刀具松/紧"键,松开刀具(默认值为夹紧),再按一下又为夹紧刀具,如此循环。
冷却开/停	在手动方式下,按一下"冷却开/停"键,冷却液开(默认值为冷却液关)。再按一下又为冷却液关,如此循环。
循环启动	自动或MDI方式下,按下"循环启动"键,机床开始自动运行加工程序或程序段。
进给保持	在自动运行过程中,按下此键,程序暂停执行,机床运动轴减速停止,此时机床M、S、T功能保持不变;再按下"循环启动"键,系统将从暂停前的状态继续运行。

6.2.2 软件功能

HNC-21M 的软件操作界面如图 6-3 所示,其界面由如下几个部分组成:

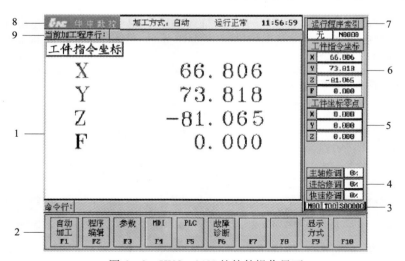

图 6-3 HNC-21M 的软件操作界面

1) 主显示窗口

可以根据需要用功能键 F9 设置窗口的显示内容,如显示程序内容、坐标轴位置、加工轨迹等。

2）菜单命令条

通过菜单命令条中的功能键 F1～F10 来完成系统功能的操作。

3）辅助机能

显示自动加工中的 M、S、T 代码。

4）倍率修调

显示当前主轴修调倍率、进给修调倍率及快进修调倍率。

5）工件坐标零点

显示工件坐标系零点在机床坐标系下的坐标。

6）选定坐标系下的坐标值

坐标系可在机床坐标系、工件坐标系和相对坐标系之间切换,显示值可在指令位置、实际位置、剩余进给、跟踪误差、负载电流和补偿值之间切换。

7）运行程序索引

显示自动加工中的程序名和当前程序段行号。

8）当前加工方式系统运行状态及当前时间

显示系统工作方式(如自动运行、单段运行、手动运行、增量运行、回零、急停、复位等),系统运行状态(如运行正常、出错)以及当前系统时间。

9）当前加工程序行

显示当前正在或将要加工的程序段。

软件操作界面中最重要的一块是菜单命令条。系统功能的操作主要通过菜单命令条中的功能键 F1～F10 来完成。HNC-21M 的系统主菜单如图 6-4 所示,分为自动加工、程序编辑、参数、MDI、PLC 及故障诊断六种操作功能。由于每个功能包括不同的操作,菜单采用了层次结构,即在主菜单下选择一个菜单项后会显示该功能下的子菜单,用户可根据该子菜单的内容选择所需的操作,当要返回主菜单时按子菜单下的 F10 键即可。HNC-21M 的菜单层次结构见表 6-2。

| 自动加工 F1 | 程序编辑 F2 | 参数 F3 | MDI F4 | PLC F5 | 故障诊断 F6 | F7 | F8 | 显示方式 F9 | F10 |

图 6-4 HNC-21M 的系统主菜单

表 6-2 HNC-21M 的菜单结构

主菜单	子菜单	主菜单	子菜单
自动加工 (F1)	程序选择(F1) 运行状态(F2) 程序校验(F3) 重新运行(F4) 保存断点(F5) 恢复断点(F6) 重新运行(F7) 从指定行运行(F8)	程序编辑 (F2)	文件管理(F1) 选择编辑程序(F2) 编辑当前程序(F3) 保存文件(F4) 文件另存为(F5) 删除一行(F6) 查找(F7) 继续查找替换(F8) 替换(F9)

主菜单	子菜单	主菜单	子菜单
参数 （F3）	参数索引(F1) 修改口令(F2) 输入权限(F3) 串口通信(F4) 置出厂值(F5) 恢复前值(F6) 备份参数(F7) 装入参数(F8)	MDI （F4）	刀库表(F1) 刀具表(F2) 坐标系(F3) 返回断点(F4) 重新对刀(F5) MDI 运行(F6) MDI 清除(F7)
PLC （F5）	状态显示(F4)	故障诊断 （F6）	清除报警(F2) 报警显示(F6) 错误历史(F7)

6.2.3 基本操作

1. 开机、回参考点及关机操作

1）开机

（1）检查机床状态是否正常,检查电源电压是否符合要求接线是否正确;

（2）按下"急停"按钮;

（3）合通机床电源,数控系统上电,自动运行系统软件;

（4）检查风扇电机运转是否正常,检查操作面板上的指示灯是否正常。

系统上电进入软件操作界面时,系统的工作方式为"急停"。为控制系统运行,需左旋并拔起操作台右上角的"急停"按钮,使系统复位,并接通伺服电源,系统默认进入回参考点方式,软件操作界面的工作方式变为回零。

2）返回机床参考点

系统接通电源复位后,首先应使机床各轴返回参考点,操作方法如下:

（1）如果系统显示的当前工作方式不是回零方式,按下控制面板上面的"回零"按键,确保系统处于回零方式;

（2）分别按一下"＋X""＋Y""＋Z""＋4TH"点动键,各轴开始返回参考点;

（3）所有轴回参考点后（按键内的指示灯亮）,即建立了机床坐标系。

注意:

（1）回参考点时,应确保在机床运行方向上不会发生碰撞,一般应选择 Z 轴先回参考点,将刀具抬起;

（2）在每次电源接通后,必须先完成各轴的返回参考点操作,然后再进入其他运行方式,以确保各轴坐标的正确性;

（3）在回参考点前,应确保回零轴位于参考点的回参考点方向相反侧,否则应手动移动该轴直到满足此条件。

3）急停

机床运行过程中,在危险或紧急情况下按下"急停"按钮,CNC 即进入急停状态,伺服进给及主轴运转立即停止。松开"急停"按钮,CNC 进入复位状态。

解除紧急停止前,应先确认故障原因是否排除,且紧急停止解除后,应重新执行回参考点操作,以确保坐标位置的正确性。另外,在上电和关机之前,应按下急停按钮,以减少设备电冲击。

4)超程解除

在伺服轴行程的两端各有一个极限开关,其作用是防止伺服机构碰撞而损坏。每当伺服机构碰到行程极限开关时就会出现超程,当某轴出现超程(超程解除按键内指示灯亮)时,系统视其状况为紧急停止,要退出超程状态时必须:

(1)松开急停按钮,置工作方式为手动或手轮方式;

(2)一直按着超程解除键(控制器会暂时忽略超程的紧急情况);

(3)在手动(手轮)方式下,使该轴向相反方向退出超程状态;

(4)松开超程解除键,若显示屏上运行状态栏"运行正常"取代了"出错"表示恢复正常,可以继续操作。

5)关机

(1)按下控制面板上的"急停"按钮,断开伺服电源;

(2)断开数控系统电源;

(3)断开机床主电源。

2. 手动数据输入(MDI)运行

在软件主操作界面下按 F4(MDI)键,进入 MDI 功能子菜单,如图 6 − 5 所示,再按 F6(MDI 运行)键进入 MDI 运行方式,如图 6 − 6 所示,这时,可以在命令行输入并执行一程序段,即 MDI 运行。

图 6 − 5　MDI 功能子菜单

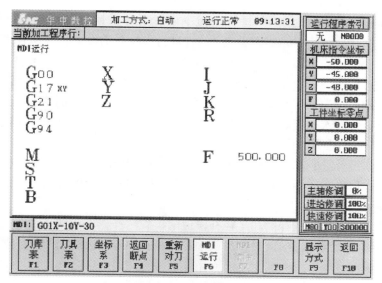

图 6 − 6　MDI 运行方式

1）MDI 输入

MDI 输入的最小单位是一个有效程序字,因此,输入程序段时可以有下述两种方法:

（1）一次输入。即一次输入多个程序字信息;

（2）多次输入。即每次输入一个程序字信息。

例如,输入"G01 X – 10 Y – 30",可以:

（1）直接输入"G01 X – 10 Y – 30"并按"Enter"键,显示窗口内 G00、X、Y 的值将分别变为"G01、– 10、– 30";

（2）先输入"G01"并按"Enter"键,显示窗口内将显示大字符"G01",再输入"X – 10"并按"Enter"键,然后输入"Y – 30"并按"Enter"键,显示窗口内将依次显示大字符"X – 10""Y – 30"。

如果在按"Enter"键之前,发现输入有误,可用光标键、删除键进行修改。

2）MDI 运行

运行 MDI 程序段之前,如果要修改输入的某一程序字,可直接在命令行上输入相应的程序字符及数值。例如,在输入"X – 10"并按"Enter"键后,希望 X 值变为"– 11",可在命令行上输入"X – 11"并按"Enter"键。

当输入完成后,在控制面板设置工作方式为自动方式,按下"循环启动"键,系统即开始运行所输入的程序段。如果输入的程序段不完整或存在语法错误,系统会提示相应的错误信息。

3）MDI 清除

在输入 MDI 数据后,按 F7（MDI 清除）键,可清除当前输入的所有尺寸字数据（其他程序字依然有效）,在显示窗口内,X,Y,Z,I,J,K,R 等字符后面的数据全部消失,此时可重新输入新的数据。

当系统正在运行 MDI 程序段时,按 F7 键可停止其运行。

3. 参数设置

1）坐标系参数设置

在加工程序中,如果使用 G54 ~ G59 指令设置坐标系偏置,必须在运行程序前,在 MDI 功能子菜单（图 6 – 5）下按 F3（坐标系）键进行坐标系的设置。操作方法如下:

（1）按 F3 键,进入坐标系手动数据输入方式,显示窗口首先显示 G54 坐标系参数,如图 6 – 7 所示;

（2）按"Pgdn"或"Pgup"键,可依次在 G55 ~ G59 坐标系窗口间切换;

（3）在命令行输入所需数据,例如,输入"X0 Y100 Z20"并按"Enter"键,将设置当前坐标系 X、Y 和 Z 的偏置分别为 0、100、20。

（4）按 F10 键,返回 MDI 功能子菜单,坐标系偏置设置完成。

在编辑的过程中,按"Esc"键可退出编辑,输入的数据将丢失,系统将保持原值不变。

2）刀具补偿参数设置

此功能用于刀具的长度补偿和半径补偿值的设置。操作方法如下:

（1）在 MDI 功能子菜单下,按 F2（刀具表）键进入刀具数据设置窗口,如图 6 – 8 所示;

（2）用光标键、翻页键选择要设置刀具的刀补号所在行,移动光标键到编辑的选项

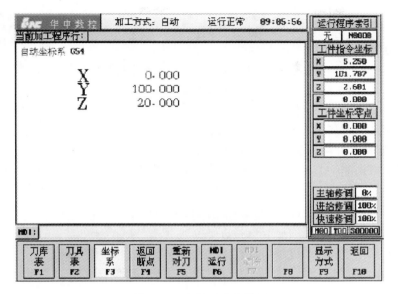

图 6－7　坐标系参数设置

刀号	组号	长度	半径	寿命	位置
#0000	1	0.000	0.000	0	0
#0001	1	1.000	1.000	0	1
#0002	1	3.000	2.000	0	2
#0003	-1	-1.000	3.000	0	-1
#0004	-1	0.000	0.000	0	-1
#0005	-1	-1.000	-1.000	0	-1
#0006	-1	0.000	0.000	0	-1
#0007	-1	0.000	0.000	0	-1
#0008	-1	-1.000	-1.000	0	-1
#0009	-1	0.000	0.000	0	-1
#0010	-1	0.000	0.000	0	-1
#0011	-1	0.000	0.000	0	-1
#0012	-1	0.000	0.000	0	-1
#0013	-1	0.000	0.000	0	-1

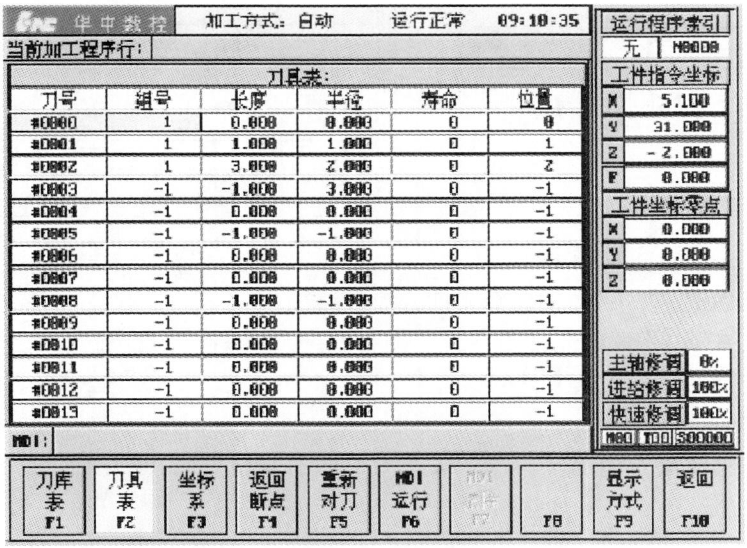

图 6－8　刀具补偿参数设置

（长度或半径等）；

（3）按“Enter”键，用光标键、删除键、数字键进行编辑，修改完毕，按“Enter”键确认；

（4）按 F10 键，返回 MDI 功能子菜单，刀具补偿设置完成。

4．程序编辑与文件管理

在软件主操作界面下，按 F2（程序编辑）键，进入编辑功能子菜单。命令行与菜单条的显示如图 6－9 所示。

在编辑功能子菜单下，可以对零件程序进行创建、编辑、存储、传递以及对文件进行管理。

图 6-9 编辑功能子菜单

1）建立一个新程序文件

在指定的磁盘或目录下建立一个新文件时,新文件不能和指定目录中已经存在的文件同名,否则创建文件将会失败,具体操作方法如下。

（1）在编辑功能子菜单下,按 F2（选择编辑程序）键,出现选择编辑程序子菜单,如图 6-10 所示。

磁盘程序 F1：保存在硬盘、软盘或网络路径上的程序文件。

正在加工的程序 F2：当前已经选择存放在加工缓冲区的一个加工程序。

串口程序 F3：与系统通过串口连接的另一计算机上的程序文件。

（2）用光标键选中"磁盘程序"选项（或直接按快捷键 F1）,按"Enter"键,弹出如图 6-11 所示对话框。

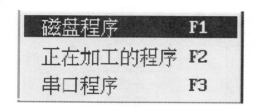

图 6-10 选择编辑程序子菜单

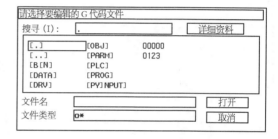

图 6-11 选择编辑程序对话框

（3）用光标键、"Tab"键选择新文件的存放路径。

（4）连续按"Tab"键将光标条移到文件名栏,按"Enter"键进入输入状态。

（5）在文件名栏输入新文件的文件名,如"O1234",按"Enter"键确认,同时弹出程序编辑窗口,如图 6-12 所示。

（6）在编辑区输入程序,输入完毕后按 F4（保存文件）键即可保存当前程序。

注意：

（1）零件程序文件名一般是由字母 O 开头后跟四个（或多个）数字组成,HNC-21M 继承了这一传统默认,认为零件程序名是由 O 开头的;

（2）HNC-21M 扩展了标识零件程序文件的方法,可以使用任意 DOS 文件名（即 8+3 文件名：1 个～8 个字母或数字后加点再加 0～3 个字母或数字组成,如"shukong.001" "O1234"等）标识零件程序。

2）程序编辑

当需要对已存在的程序文件进行编辑时,可按下面的步骤进行：

（1）在选择编辑程序子菜单中,选中"磁盘程序"选项,按"Enter"键;

（2）在弹出的对话框（图 6-11）中,用光标键、"Tab"键选择欲编辑文件,按"Enter"键,弹出程序编辑窗口（图 6-12）;

160

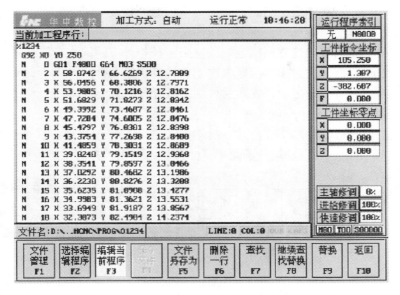

图 6 - 12　程序编辑窗口

（3）在编辑区使用插入键、删除键、光标键、翻页键等对程序进行修改,在编辑过程中,也可使用编辑功能子菜单下的删除一行、查找、替换等快速编辑功能;

（4）修改完毕,按 F4（保存文件）键或 F5（文件另存为）键保存,再按 F10 键,退出编辑模式。

注意:

（1）如果在编辑过程中退出编辑模式后,再返回到编辑模式时,可在编辑功能子菜单下按 F3（编辑当前程序）键,使当前程序恢复编辑状态;

（2）对于刚加工完毕或自动运行中出错的程序,可用选择编辑程序子菜单中的正在加工的程序 F2 选项快捷调出并编辑;

（3）如果当前编辑的是串口程序,编辑完成后,按 F4 键,可将当前编辑程序通过串口回送上位计算机。

3）文件管理

在编辑功能子菜单下,按 F1（文件管理）键,将弹出如图 6 - 13 所示的文件管理菜单。其中每一项的功能如下。

（1）新建目录:在指定磁盘或目录下建立一个新目录,但新目录不能和已存在目录同名。

（2）改文件名:将指定磁盘或目录下的一个文件更名为其他文件,但更改的新文件不能和已存在的文件同名。

（3）拷贝文件:将指定磁盘或目录下的一个文件复制到其他的磁盘或目录下,但复制的文件不能和目标磁盘或目录下的文件同名。

（4）删除文件:将指定磁盘或目录下的一个文件彻底删除,只读文件不能被删除。

新建目录	F1
更改文件名	F2
拷贝文件	F3
删除文件	F4
映射网络盘	F5
断开网络盘	F6
接收串口文件	F7
发送串口文件	F8

图 6 - 13　文件管理菜单

（5）映射网络盘:将指定网络路径映射为本机某一网络盘符,即建立网络连接,只读网络文件编辑后不能被保存。

（6）断开网络盘:将已建立网络连接的网络路径与对应的网络盘符断开。

（7）接收串口文件:通过串口接收来自上位计算机的文件。

（8）发送串口文件:通过串口发送文件到上位计算机。

5. 自动运行

在软件主操作界面下按 F1（自动加工）键进入自动运行子菜单。命令行与菜单条的显示如图 6 - 14 所示。在自动运行子菜单下,可以装入、检验并自动运行一个零件程序。

图 6 - 14　自动运行子菜单

1）程序校验

程序校验用于对调入加工缓冲区的零件程序进行校验,并提示可能的错误,而机床并不动作。以前未在机床上运行的新程序,在调入后最好先进行校验运行,正确无误后再启动自动运行。

程序校验运行的操作方法如下:

（1）按 F1（程序选择）键,调入要校验的加工程序（方法同程序编辑操作）;

（2）按机床控制面板上的"自动"键,进入自动运行方式;

（3）在自动运行子菜单下按 F3（程序校验）键,此时软件操作界面的工作方式显示改为"校验运行";

（4）按机床控制面板上的"循环启动"键,程序校验开始;

（5）若程序正确校验完后,光标将返回到程序头,且软件操作界面的工作方式显示改回为"自动";若程序有错误,命令行将提示程序的哪一行有错。

为确保加工程序正确无误,在程序校验时可选择不同的图形显示方式来观察校验运行的结果。

2）自动运行

系统调入零件加工程序经校验无误后,可正式启动运行。操作方法如下:

（1）按 F1（程序选择）键,调入要加工的程序（方法同程序编辑操作）;

（2）按机床控制面板上的"自动"键,进入自动运行方式,此时软件操作界面的工作方式显示为"自动";

（3）按下机床控制面板上的"循环启动"键,机床开始自动运行零件加工程序。

3）暂停运行和终止运行

在程序运行期间,需要暂停或终止运行时可按下述方法操作。

（1）在自动运行子菜单下,按 F7（停止运行）键,系统将提示"已暂停加工,是否取消当前加工程序?";

（2）按"N"键,则暂停程序运行,并保留当前运行程序的模态信息,再按一下机床控制面板上的"循环启动"键,系统将从暂停前的状态重新启动继续运行;

162

（3）如果按"Y"键,则中止程序运行,并卸载当前运行程序的模态信息。在自动运行子菜单下按 F4(重新运行)键,系统将提示"是否重新开始执行?",按"Y"键,则光标返回到程序头,这时按下机床控制面板上的"循环启动"键,系统开始重新运行当前加工程序。

另外,在自动加工暂停状态下,除了能从暂停处重启动继续运行外,还可控制程序从指定行、当前行开始执行。

4）空运行与单段运行

在自动方式下,按一下机床控制面板上的"空运行"键(指示灯亮),CNC 进入空运行状态。程序中编制的进给速率被忽略,坐标轴以最大快移速度移动。此功能对螺纹切削无效。

空运行不做实际切削,目的在于确认切削路径及程序。在实际切削时应关闭此功能,否则可能会造成危险。

在自动方式下,按一下机床控制面板上的"单段"键(指示灯亮),系统进入单段自动运行方式,加工程序将逐段执行。按一下"循环启动"键,运行一程序段,机床运动轴减速停止,刀具、主轴电机停止运行;再按一下"循环启动"键,又执行下一程序段,执行完了后又再次停止。

6. 加工断点保存与恢复

利用此功能可为用户在加工一些大零件,特别是加工工时长的金属模具时提供方便。

1）保存断点

此功能用于保存机床在自动加工过程中被中断的加工状态,操作方法如下:

（1）按下机床控制面板上的"进给保持"键,暂停自动加工;

（2）在自动运行子菜单下,按 F5(保存断点)键,弹出断点保存对话框,如图 6 - 15 所示;

（3）选择断点文件的路径,在文件名栏输入断点文件的文件名,如"PARTBRK1";

（4）按"Enter"键确认,系统将自动建立一个名为"PARTBRK1. BP1"的断点文件。

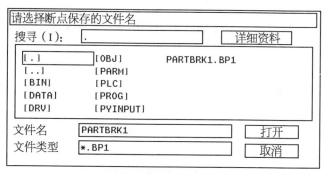

图 6 - 15　断点保存对话框

2）恢复断点

此功能可恢复加工零件被中断的加工状态,操作方法如下:

（1）如果在保存断点后,关闭了系统电源,则上电后,首先应进行回参考点操作;

（2）在自动运行子菜单下,装入中断的零件程序后,按 F6(恢复断点)键,弹出断点恢复对话框,如图 6 - 16 所示;

163

（3）选择要恢复的断点文件路径及文件名,如当前目录下的"PARTBRK1.BP1";

（4）按"Enter"键确认,系统会根据断点文件中的信息恢复中断程序运行时的状态,并提示需返回断点或重新对刀;

（5）按"Y"键确认,系统自动进入 MDI 运行方式。

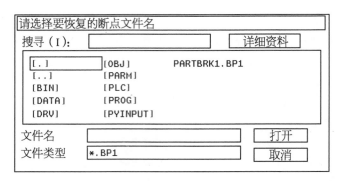

图 6-16　断点恢复对话框

3）返回断点

如果在保存断点后移动过某些坐标轴,要继续从断点处加工,必须先定位至加工断点。

（1）手动移动坐标轴到断点位置附近,并确保在机床自动返回断点时不发生碰撞;

（2）在 MDI 功能子菜单(图 6-5)下,按 F4(返回断点)键,系统自动将断点数据输入 MDI 运行程序段;

（3）按"循环启动"键,启动 MDI 运行,系统将移动刀具到断点位置;

（4）按 F10 键,退出 MDI 方式。

定位至加工断点后,再按下"循环启动"键,即可继续从断点处开始加工。

4）重新对刀

在保存断点后,如果工件发生过偏移,可使用本功能重新对刀后继续从断点处开始加工。

（1）手动将刀具移动到加工断点处;

（2）在 MDI 功能子菜单下,按 F5(重新对刀)键,系统自动将断点处的工作坐标输入 MDI 运行程序段;

（3）按"循环启动"键,系统将修改当前工件坐标系原点,完成对刀操作;

（4）按 F10 键,退出 MDI 方式。

重新对刀后,再按下"循环启动"键,即可继续从断点处开始加工。

7. 运行时干预

1）进给速度修调

在自动或 MDI 运行方式下,当 F 代码编程的进给速度偏高或偏低时,可用进给修调右侧的"100%""+"和"-"按键修调程序中编制的进给速度。

按下"100%"键(指示灯亮),进给修调倍率被置为 100%;按一下"+"或"-"键,进给修调倍率递增或递减 5%。

164

2）快移速度修调

在自动或 MDI 运行方式下,可用快速修调右侧的"100%""＋"和"－"按键修调 G00 快速移动时系统参数"最高快移速度"设置的速度。

按下"100%"键(指示灯亮),快速修调倍率被置为 100%;按一下"＋"或"－"键,快速修调倍率递增或递减 5%。

3）主轴修调

在自动方式或 MDI 运行方式下,当 S 代码编程的主轴速度偏高或偏低时,可用主轴修调右侧的"100%""＋"和"－"按键修调程序中编制的主轴速度。

按下"100%"键(指示灯亮),主轴修调倍率被置为 100%;按一下"＋"或"－"键,主轴修调倍率递增或递减 5%(机械齿轮换挡时,主轴速度不能修调)。

4）机床锁住

此功能可禁止机床坐标轴动作,一般用于校验程序。

在自动运行开始前,按一下"机床锁住"键(指示灯亮),再按"循环启动"键,系统继续执行程序,显示屏上的坐标轴位置信息变化但不输出伺服轴的移动指令,所以机床停止不动。

注意:

(1) 即使执行到程序中的 G28 或 G29 指令,刀具也不定位到参考点或指定点上;

(2) 机床辅助功能 M,S,T 仍然有效;

(3) 在自动运行过程中,按机床锁住按键无效;

(4) 在自动运行过程中,只有在运行结束时,方可解除机床锁住;

(5) 每次执行此功能后,须再次进行返回参考点操作。

5）Z 轴锁住

此功能可禁止 Z 轴进刀,一般用于校验程序。

在自动运行开始前,按一下"Z 轴锁住"键(指示灯亮),再按"循环启动"键,系统继续执行程序,显示屏上的 Z 轴坐标位置信息变化,但 Z 轴不运动。

8. 显示设置

除编辑功能子菜单外,在主操作界面菜单中,可以根据需要按下 F9(显示方式)键来设置显示窗口中的显示内容。

1）显示模式

HNC－21M 系统的主显示窗口共有八种显示模式可供选择,在加工过程中可随时进行切换。但系统并不保存刀具的移动轨迹,因而在切换至图形显示模式时,系统不会重画以前的刀具轨迹。

(1) 正文:显示当前加工的 G 代码程序内容。

(2) 大字符:以大字符方式显示"显示值"菜单中所选的值。

(3) 三维图形:以三维图形方式显示当前刀具中心轨迹,其视角可由光标键来控制。

(4) XY 平面图形:显示刀具轨迹在 XY 平面上的投影视图。

(5) YZ 平面图形:显示刀具轨迹在 YZ 平面上的投影视图。

(6) ZX 平面图形:显示刀具轨迹在 ZX 平面上的投影视图

（7）图形联合显示：同时显示刀具轨迹的所有视图，如图 6 - 17 所示。

（8）坐标值联合：同时显示当前指令坐标、实际坐标和剩余进给。

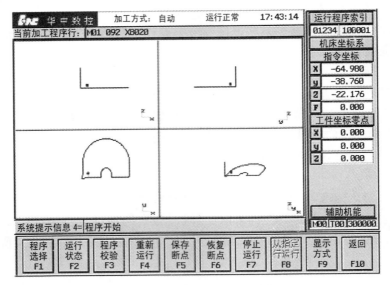

图 6 - 17　图形联合显示模式

2）显示值

包括当前位置的指令位置、实际位置、剩余进给、跟踪误差及负载电流和补偿值六种显示值。

3）坐标系

选择所需显示的坐标系，选项有机床坐标系、工件坐标系和相对坐标系。

4）图形显示参数

一般不用输入图形显示参数，系统会自动选取最优化的图形显示参数，以刀具当前坐标系位置作为图形显示起点。根据需要也可手工设置图形显示起始坐标、X、Y 和 Z 轴的放大倍数及三维图形的显示视角。

◆ 编程指令

HNC - 21M 系统数控铣床的准备功能 G 指令与辅助功能 M 指令参见表 6 - 3 和表 6 - 4。

表 6 - 3　G 功能指令

代　码	组　别	功　能	代　码	组　别	功　能
G00		快速定位	▶G17		XY 平面选择
▶G01	01	直线插补	G18	02	XZ 平面选择
G02		顺圆插补	G19		YZ 平面选择
G03		逆圆插补	G20		英寸输入
G04	00	暂停	▶G21	08	毫米输入
G07	16	虚轴指定	G22		脉冲当量
G09	00	准停校验	G24	03	镜像开

166

代 码	组 别	功 能	代 码	组 别	功 能
▶G25	03	镜像关	G73		深孔钻削循环
G28	00	返回到参考点	G74		逆攻丝循环
G29		由参考点反回	G76		精镗循环
▶G40	09	刀具半径补偿取消	▶G80		固定循环取消
G41		左刀补	G81		定心钻循环
G42		右刀补	G82		钻孔循环
G43	10	刀具长度正向补偿	G83	06	深孔钻循环
G44		刀具长度负向补偿	G84		攻丝循环
▶G49		刀具长度补偿取消	G85		镗孔循环
▶G50	04	缩放关	G86		镗孔循环
G51		缩放开	G87		反镗循环
G52	00	局部坐标系设定	G88		镗孔循环
G53		直接机床坐标系编程	G89		镗孔循环
▶G54～G59	11	工件坐标系1～6选择	▶G90	13	绝对值编程
G60	00	单方向定位	G91		增量值编程
▶G61	12	精确停止校验方式	G92	00	工件坐标系设定
G64		连续方式	▶G94	14	每分钟进给
G65	00	子程序调用	G95		每转进给
G68	05	旋转变换	▶G98	15	固定循环返回起始点
▶G69		旋转取消	G99		回定循环回到R点

注："00"组的G代码为非模态,其他组G代码为模态;
"▶"号表示默认值

表6-4　M功能指令

代 码	模 态	功 能	代 码	模 态	功 能
M00	非模态	程序暂停	M03	模态	主轴正转
M02	非模态	程序结束	M04	模态	主轴反转
M30	非模态	程序结束并返回程序起点	▶M05	模态	主轴停转
M98	非模态	子程序调用	M07	模态	切削液打开
M99	非模态	子程序结束	▶M09	模态	切削液断开

注："▶"号表示默认值

6.3　FANUC-0i系统数控铣床的操作

　　数控机床所提供的各种功能可以通过操作面板上的键盘操作得以实现。机床配备的数控系统不同,其操作面板的形式也不相同。本节以XK714B型数控立式铣床为例介绍

FANUC – 0i – M 系统数控铣床的基本操作内容,该机床的主要技术参数如下:

数控系统	FANUC – 0i – M
工作台台面尺寸	460×1100mm
工作台 T 型槽(槽数 × 槽宽 × 槽距)	$18 \times 5 \times 100$mm
工作台最大承重	600kg
$X/Y/Z$ 向行程	1000/500/600mm
$X/Y/Z$ 导轨形式	线轨/滑轨
$X/Y/Z$ 快速移动速度	15m/min
切削进给速度范围	$1 \sim 6000$mm
主轴中心线至主柱导轨面距离	480mm
主轴端面至工作台面距离	$130 \sim 730$mm
主轴锥孔	ISO40/BT40
主轴电机功率	7.5/11kW
主轴转速范围	$20 \sim 6000$r/min
主轴最大输出扭距	92N · m
定位精度	± 0.008mm
重复定位精度	± 0.004mm
机床总功率	15kW

6.3.1　操作面板

XK714B 型数控铣床的操作面板位于机床的左上方,由上下两部分组成,上半部分为数控系统操作面板(CRT/MDI),下半部分为机床操作面板。

1. 数控系统操作面板

数控系统操作面板也称 CRT/MDI 操作面板,由 CRT 显示器、软键盘与 MDI 键盘组成,如图 6 – 18 所示。

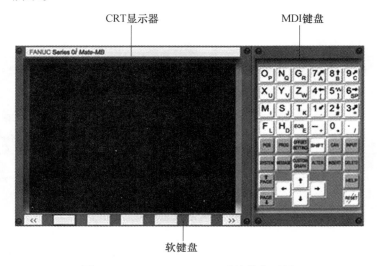

图 6 – 18　FANUC – 0i – M 系统操作面板

1）CRT 显示器

CRT 显示器用于显示机床的各种参数和状态。如显示机床参考点坐标、刀具起始点坐标,输入数控系统的指令数据、刀具补偿量的数值、报警信号、自诊断结果等。

2）软键

（1）中间五个软键。其功能由显示器上相应位置所显示内容而定。

（2）左端的软键（＜＜）。返回键,由中间的五个软键选择操作功能后,按此键返回最初界面状态,即在 MDI 键盘上选择操作功能时的界面状态。

（3）右端的软键（＞＞）。扩展键,用于显示当前操作功能界面未显示完的内容。

3）MDI 键

FANUC－0i－M 系统的各功能键及其说明参见表 6－5。

表 6－5　MDI 键盘说明

键	名称	功能说明
O P …	地址/数字键	该键区共有 24 个键,同一个键可用于输入字母,也可输入数值及符号,系统通过切换键"SHIFT"来进行切换。
POS	位置键	用于在 CRT 上显示当前机床位置坐标。
PROG	程序键	用于程序的显示。在编辑方式下,编辑、显示存储器里的程序;在 MDI 方式下,输入、显示手动输入数据:在自动运行方式下,显示程序指令值。
OFFSET SETTING	偏置/设置键	用于设定和显示刀具的偏置量或其他参数设置。
SYSTEM	系统键	用于系统参数的设定和显示及自诊断数据的显示。
MESSAGE	信息键	用于报警显示,软操作界面显示等。
CUSTOM GRAPH	自定义/图形显示键	用户宏变量设定或刀具路径图形轨迹显示。
ALTER	替换键	用于程序的修改,用输入的数据替代光标所在处的数据。
INSERT	插入键	用于程序的输入。按该键可在程序中插入新的程序内容或新的程序段,先输入新的程序内容,再按该键,则新的程序内容将被插入到光标所在处的后面;使用该键还可以建立新程序,先输入新的程序号,再按该键,则在系统中将建立新的程序。
DELETE	删除键	用于程序的删除。按该键可删除光标所在之处的数据;也可用来删除一个程序或者删除全部程序。

键	名称	功能说明
INPUT	输入键	按此键可输入参数和刀具补偿值等,也可以在手动数据输入方式下输入命令数据,这个键与软键中的[INPUT]键是等效的。
CAN	取消键	按此键可删除缓存区最后一个输入的字母或符号。
SHIFT	切换键	在键盘上的某些键具有两个功能。按下"SHIFT"键可以在这两个功能之间进行切换。
RESET	复位键	按此键可使数控系统复位或取消报警。
←↑↓→	光标移动键	用于将屏幕上的光标向上下左右移动。
PAGE↑ PAGE↓	翻页键	用于将屏幕显示的页面整幅更换,向前或向后翻页。
HELP	帮助键	当对 MDI 键的操作不明白时,按下此键可以获得帮助。

2. 机床操作面板

XK714B 型数控铣床的机床操作面板如图 6 – 19 所示,其上各按键说明见表 6 – 6。

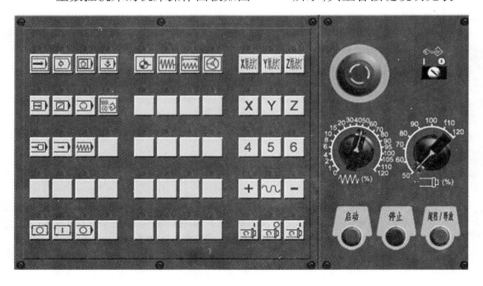

图 6 – 19 XK714B 型数控铣床的机床操作面板

表 6 - 6 机床操作面板按键说明

键标	名称	键标	名称
	自动运行方式		编辑方式
	MDI 方式		DNC 方式
	返回参考点方式		连续点动方式
	增量运行方式		手轮方式
	单段运行		程序段跳过
	选择性停止		手动示教
	进给暂停		循环启动
	程序暂停		程序重新启动
	机床锁定		空运行
	X 轴回参考点指示灯		Y 轴回参考点指示灯
	Z 轴回参考点指示灯		选择 X 轴
	选择 Y 轴		选择 Z 轴
	朝选定轴正向移动		手动快速移动
	朝选定轴负向移动		主轴正转
	主轴反转		主轴停转
	主轴速度倍率修调		进给速度倍率修调
	急停		程序保护
	系统启动、停止		超程解除
	手轮倍率选择		手轮

1）工作方式选择键

（1）自动运行方式。进入自动加工模式,执行存储器中的加工程序。

（2）编辑方式。用于直接通过操作面板输入加工程序,也可对程序进行修改、插入和删除等编辑操作,或者进行程序的自动输入与输出操作。

（3）MDI 方式。手动数据输入方式下,可用 MDI 键盘直接将程序段输入到存储器内执行。

（4）DNC 方式。用 232 电缆线连接 PC 机和数控机床,选择程序传输加工。

（5）返回参考点方式（回零）。用 X、Y、Z 轴点动键使机床返回参考点。当回零完成后,对应回零指示点灯点亮。

（6）连续点动方式。在这种方式下,选定 X、Y 或 Z 轴再按下方向键可使机床沿坐标轴连续移动,移动速度由进给速度修调旋钮设定,若同时按下手动快速键则机床将沿坐标轴快速移动。

（7）增量运行方式。在这种方式下,按下移动轴对应的键,如"X"键（指示灯亮）;再按下"＋"键或"－"键,移动轴将向正向或负向移动一个增量值。

（8）手摇脉冲方式。在这种方式下,顺时针或逆时针转动手轮,可使机床沿坐标轴正向或负向移动,移动速度由手轮倍率选择旋钮设定。

2）程序运行控制键

（1）单段运行。在自动运行时,按下"单段"键,正在执行的程序段结束后,程序停止执行,当需要继续执行下一段程序时,按"循环启动"键。此后,每按"循环启动"键一次,程序就往下执行一段,若再按下"单段"键,则取消单段运行方式,程序将连续自动运行。在按下"单段"键,执行一个程序段后的停止期间,通过工作方式选择键可以转换到其他的操作方式下操作机床。

（2）程序段跳过。此功能在自动运行时有效。按下此键,程序段开头有斜线"/"符号时,该程序段被跳过不执行。

（3）选择性停止。自动运行方式下,按下此键则程序中 M01 指令有效。

（4）程序重新启动。自动运行方式下,由于刀具破损等原因自动停止后,程序可以从指定的程序段重新启动。

（5）机床锁定。该键一般在检查零件加工程序时使用。在自动或手动数据输入运行及手动操作期间,按下"机床锁定"键,机床各轴锁住停止进给移动,CRT 屏幕上的位置坐标显示继续随着程序的执行而变化。此时,"机床锁定"键仅对移动命令有效,对 M,S,T 功能无效。

（6）空运行。该键也在检查零件加工程序时使用,一般不允许安装工件毛坯。在自动或手动数据输入运行时,按下"空运行"键,按键灯亮。此时,程序中所设定的 F 功能无效,而机床以"进给速度修调"旋钮所设定的进给倍率运行,通常设定的进给倍率是最大速率。

3）程序启动、停止键

（1）循环启动。在自动或手动数据输入运行方式下,按"循环启动"键,按键灯亮,加工程序或命令将开始执行。

（2）进给暂停。程序运行时,按下"进给暂停"键,加工程序暂停,再按"循环启动"键将从暂停处继续执行。

（3）程序暂停。程序运行时,按下"程序暂停"键,加工程序暂停,再按"循环启动"键将从程序开头重新执行。

4）手动操作键

（1）手动进给（X,Y,Z 及 $+$, $-$ ）。在手动进给方式下,用于机床沿 X,Y,Z 轴的正向或负向移动。若同时按下"手动快速移动"键,则机床坐标轴将快速移动。

（2）主轴控制。在手动方式下,按下"主轴正转"键,主轴正向旋转;按下"主轴反转"键,主轴反向旋转;按下"主轴停止"键,主轴停止旋转。

（3）超程解除。当发生超程报警时,CRT 屏幕上闪烁准备不足的报警信号,机床锁定。此时应按住"超程解除"键,在手动操作方式下,将机床向所超程轴的反方向移动,直到其行程极限位置以内,同时系统自动解除报警。

5）倍率修调键

（1）主轴速度修调键。在自动或 MDI 方式下,当 S 代码的主轴速度偏高或偏低时,可用来修调程序中编制的主轴速度。主轴转速调整范围为 50% ～120% ,每格增量为 10% 。

（2）进给速度修调键。在手动或自动运行期间用于进给速度的选择。在自动运行中,程序中由 F 功能代码指定的进给速度可以用此旋钮调整,调整范围为 0% ～120% 。

6）系统电源开关键

（1）"系统启动"键。在机床电柜通电时,按"系统启动"键后就接通了数控系统的电源。当系统开机后,电源灯始终亮着。

（2）"系统停止"键。在机床停止工作时,按"系统停止"键后就断开了数控系统的电源。当系统电源断开后,电源灯灭。

7）急停按钮

机床在手动操作或自动运行期间,发生紧急情况时,按下"急停"按钮,机床立即停止运行。待故障排除恢复机床工作时,顺时针方向转动"急停"按钮即解除急停状态。

8）手轮操作面板

（1）手摇。通常被称为手轮。在手轮进给方式下,转动手轮可使机床沿 X、Y 或 Z 轴移动。手轮顺时针转动,沿选定轴正向移动;手轮逆时针转动,沿选定轴负向移动。

（2）手轮倍率选择。此旋钮用于选择手轮进给移动倍率。$\times 1$, $\times 10$, $\times 100$ 分别对应 0.001mm,0.010mm,0.100mm 三种增量进给倍率。

6.3.2 基本操作

1. 开机、关机

在机床主电源接通之前,应检查机床电柜内的电器和线路是否正常,自动润滑站的润滑油面是否在正常位置。上电后,检查电源电压是否正常,有无缺相等现象。

数控铣床的开机按下列顺序操作,关机则按相反顺序操作。

（1）打开电器柜侧面的总电源开关,接通机床主电源,照明灯亮,电器柜散热风扇启动;

（2）按机床操作面板上的"系统启动"键,接通数控系统电源,显示屏由原先的黑屏

173

变为有文字显示,电源指示灯亮,这时系统完成上电复位,可以进行后面各部分的操作。而关机时应先按机床操作面板上的"系统停止"键,再关闭电器柜侧面总电源。

2. 回参考点操作

当接通数控系统的电源后,操作者必须首先进行返回参考点的操作。另外,机床在操作过程中遇到急停信号或超程报警信号,待故障排除后,恢复机床工作时,也必须进行返回机床参考点的操作。具体操作方法如下:

(1)按下"返回参考点方式"键,选择返回参考点方式;

(2)在坐标轴选择键中按下"Z"键,再按下"+"键,Z轴自动快速移动回零,回零完成时,Z轴原点指示灯亮;

(3)依上述方法,按下"X"键、"+"键、"Y"键、"+"键,使X、Y轴回零,回零完成时,X、Y轴原点指示灯亮。

3. 手动进给操作

1)手动连续进给

选用这种方式,刀具能连续移动以接近或离开工件,具体操作方法如下:

(1)按下"连续点动方式"键,选择连续点动方式;

(2)使用"进给速度倍率修调"旋钮,设置手动连续移动的速度;

(3)按下所要移动的进给轴(如"X"键),再按住方向键(如"+"键或"−"键),该进给轴则以设定的速度正向或负向连续移动。

2)手动增量进给

选用这种方式,进给轴以点动形式移动,即每次移动一个增量值,具体操作方法如下:

(1)按下"增量运行方式"键,选择手动增量进给方式;

(2)使用"增量进给倍率选择"键,设置点动移动的速度,×1 为 0.001mm,×10 为 0.01mm,×100 为 0.1mm,×1000 为 1mm;

(3)按下所要移动的进给轴(如"X"键),再按下方向键(如"+"键或"−"键),该进给轴则以设定的倍率正向或负向移动一个增量值,每按一次移动一个增量值。

3)手轮进给

在手动调整刀具或试切削时,可用手轮确定刀具的正确位置进给,此时,一面转动手轮微调,一面观察刀具的位置或切削情况。其操作方法如下:

(1)按下"手轮方式"键,选择手轮进给方式;

(2)使用"手轮倍率选择"旋钮,设置手动进给的速度;

(3)选定要移动的进给轴,根据需要移动的方向,顺时针或逆时针转动手轮,该进给轴则以设定的倍率正向或负向移动。

4. 主轴控制操作

在手动方式下,可对主轴进行以下三种操作。此操作在自动和手动数据输入方式下无效。

(1)按"主轴正转"键,主轴正转,按键灯亮;

(2)按"主轴反转"键,主轴反转,按键灯亮;

(3)按"主轴停止"键,主轴停止旋转,按键灯亮。

174

5. 机床的急停、暂停操作

机床无论是在手动或自动运行状态下,遇有不正常情况,需要机床紧急停止时,应立即按下"急停"按钮,机床的动作及各种功能将立即停止执行,待故障排除后,顺时针旋转"急停"按钮,被压下的"急停"按钮弹起,则急停状态解除。此时应在编辑状态下按"复位"键,使数控系统复位。同时要恢复机床的工作,必须进行回机床参考点操作。

在机床自动运行和 MDI 运行状态下,按"进给暂停"键可暂停正在执行的程序或程序段,机床停止进给运动,但机床的其他功能仍有效。当需要恢复机床运行时,按"循环启动"键,循环进给保持被解除,机床从当前位置开始继续执行下面的程序。

6. 程序的创建、检索、删除

1)程序的创建

(1)在机床操作面板的方式选择键中按"编辑"键,进入编辑运行方式;

(2)按系统面板上的"PROG"键,系统屏幕上显示程式画面;

(3)用 MDI 键盘上的"地址/数字"键,输入程序号地址 O,再输入程序号数字××××,输入的号码为所建立的程序号;

(4)按插入键"INSERT",这时程序屏幕上显示新建立的程序名和结束符%;

(5)依次输入各程序段。每输入一个程序段后,按"EOB"键,再按"INSERT"键,直到完成全部程序段的输入,程序将自动保存。

2)程序的检索

(1)选择机床工作方式为"编辑"或"自动"方式;

(2)按"PROG"键,系统屏幕上显示程式画面,屏幕下方出现软键[程式]、[DIR]。默认进入的是程式画面,也可以按[DIR]键进入 DIR 画面即加工程序列表页;

(3)输入地址键 O,再键入要检索的程序号;

(4)按软键[O 检索],被检索到的程序被打开显示在程式画面里。

3)程序的删除

(1)选择机床工作方式为"编辑"或"自动"方式;

(2)按"PROG"键,系统屏幕上显示程式画面,按软键[DIR]进入 DIR 画面即加工程序列表页;

(3)输入地址键 O,再键入要删除的程序号;

(4)按数控系统面板上的"DELETE"键,该程序被删除。

7. 程序中字的检索、插入、替换和删除

对于已输入到存储器中的程序必须进行检查,并对检查中发现的程序指令、坐标值等错误进行修改,待加工程序完全正确,才能进行实际加工操作。所以程序中字的检索、插入、替换和删除等修改操作是编程和操作过程中遇到的最基本操作。

在进行字的操作以前必须首先要打开需要修改的已经存在的或者正在运行的程序,打开方法按程序的检索步骤进行,在以下的操作中假设程序已经打开。

1)字的检索

(1)按程序界面下方的[操作]软键。

(2)按最右侧带有向右箭头的菜单继续键,直到软键中出现[检索]软键。

(3)输入需要检索的字。例如,要检索 G03,则输入 G03。

（4）按［检索］键。带向下箭头的检索键为从光标所在位置开始向程序后面检索,带向上箭头的检索键为从光标所在位置开始向程序前面进行检索,可以根据需要选择一个检索键。

（5）光标找到目标字后,定位在该字上,此字即为所检索的字。

2）字的插入

此操作用于将字插入到固定的某一位置,假设我们要在第一行的最后插入"Y20"。

（1）使用光标移动键,将光标移到需要插入的后一位字符上。在这里将光标移到";"上。

（2）键入要插入的字和数据"Y20",按下插入键"INSERT",则"Y20"被插入。

3）字的替换

（1）使用光标移动键或者检索字的方法,将光标移到需要替换的字符上。

（2）键入要替换的字和数据。

（3）按下替换键"ALTER",光标所在字符被替换,同时光标移到下一个字符上。

4）字的删除

（1）使用光标移动键或者检索字的方法,将光标移到需要删除的字符上。

（2）按下删除键"DELETE",光标所在的字符被删除,同时光标移到被删除字符的下一个字符上。

8. 刀具补偿值的设定

为保证加工精度和编程方便,在加工过程中必须进行刀具补偿。每一把刀具的补偿量需要在机床运行加工前输入到数控系统中,以便在程序的运行中自动进行补偿。

（1）按偏置/设置键"OFFSET/SETTING",按软键［补正］,显示工具补正/形状界面,如图6-20所示;

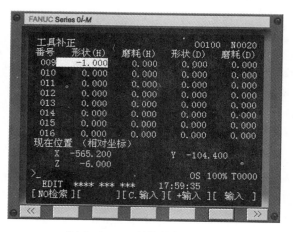

图6-20　刀具补偿值的设定

（2）按"翻页"键,选择刀具设定的补偿号所在的页面;

（3）按"光标移动"键,将光标移到要设定的长度补偿(H)或半径补偿(D)处;

（4）分别输入长度补偿(H)或半径补偿(D)的刀补值,并按下软键［输入］,就完成了刀具补偿值的设定。

9. 工件坐标系的设定

（1）按下偏置/设置键"OFFSET/SETTING"，按软键［坐标系］，显示工件坐标系设定界面，如图6-21所示；

（2）按"翻页"键，选择工件坐标系G54~G59；

（3）按"光标移动"键，将光标移到要设定的工件原点偏置值X、Y或Z处；

（4）分别输入X、Y、Z的偏置值，并按下软键［输入］键，就完成了工件坐标系的设定。

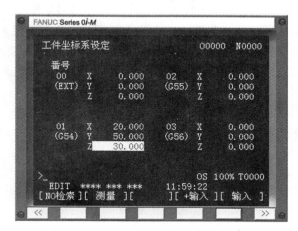

图6-21 工件坐标系的设定

10. 机床的运行操作

1）自动运行

自动运行是指零件的加工程序和刀具的补偿值已预先输入到数控系统的存储器中，经检查无误后，进行机床的自动运行。

（1）选择机床工作方式为自动方式；

（2）按"PROG"键，输入运行程序的程序名；

（3）按软键［O检索］，选择的程序被打开显示在程式画面里；

（4）按"循环启动"键，按键灯亮，机床开始自动运行。

2）MDI运行

MDI运行是指用MDI操作面板输入一个程序段指令，并执行该程序段。

（1）选择机床工作方式为MDI方式；

（2）按"PROG"键，输入运行程序段的内容；

（3）按"循环启动"键，按键灯亮，机床开始自动运行输入的程序段。

6.4 数控铣床的对刀操作

对刀是数控铣床加工中的重要技能，其实质就是测量工件零点（程序原点）与机床零点之间的偏移距离，并以刀位点为参照来设置工件零点在机床坐标系里的坐标。所谓刀位点即刀具上的一特定点，用于表示刀具特征。对于圆柱形铣刀，一般是指刀刃底平面的中心；对于球头铣刀，一般是指球头的球心；钻头是钻尖或钻头底面中心。

在进行对刀操作之前,应先将工件毛坯准确定位装夹在工作台上。安装时要使零件的基准方向和机床坐标轴的方向相一致,并且保证切削时刀具不会碰到夹具或工作台。

在数控铣床上对刀时常使用的工具有寻边器、Z轴设定器、机内对刀仪、对刀块、标准芯棒、塞尺、试切刀具、百分表(或千分表)等。使用各种工具对刀的思路与方法都基本相同,可根据工件形状、工件零点设定位置、加工精度、现场条件等选用不同的工具或组合来完成对刀操作。对于 X、Y 轴,若工件零点设在毛坯对称中心时常使用磁座式百分表或寻边器对刀;工件零点设在毛坯边角或距毛坯边角一定距离的零件则常用寻边器或标准心棒、塞尺进行对刀;工件零点设在基准孔中心的零件则使用杠杆百分表或寻边器操作比较方便。对于 Z 轴对刀,通常使用 Z 轴设定器、塞尺或对刀块等来完成。

不同系统的数控铣床其对刀操作过程大同小异,本节将以 HNC – 21M 系统数控立式铣床为例来具体说明其对刀操作的方法及特点。

如图 6 – 22 所示,加工一带凸台的零件,毛坯为一长方体,其中 A,B,C 面为基准面。工件坐标系零点设在凸台上表面左下角 O 点,对刀所用工具为 $\phi10\mathrm{mm}$ 标准芯棒、0.1mm塞尺。

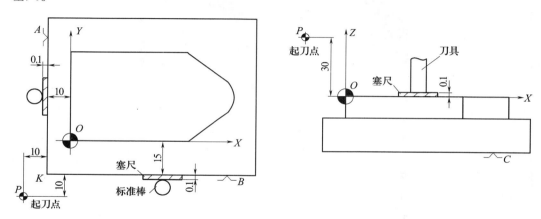

图 6 – 22　G92 设定工件坐标系对刀示例

6.4.1　G92 设定工件坐标系对刀

采用这种方法对刀就是通过 G92 指令确定刀具相对于工件坐标系零点的位置来设定工件坐标系的过程,在对刀完成后,必须将刀具移动到 G92 设定的坐标位置(即起刀点)才能加工。由于采用 G92 指令建立的工件坐标系是浮动的,即相对于机床参考点是可变的,在机床断电后原来建立的工件坐标系将丢失,所以加工前需重新确定起刀点位置。

如图 6 – 22 所示,P 点为起刀点,编程时采用程序段 G92 X – 20 Y – 25 Z30 来设定工件坐标系。其对刀方法如下:

(1)手动返回机床参考点。

(2)分别移动 X 轴、Y 轴和 Z 轴,将标准棒靠近工件毛坯的基准面 A。

(3)将进给倍率调到 1μm 或 10μm 挡,使标准棒向基准面 A 移动,并用塞尺检查其间隙,直到塞尺通不过为止。

（4）计算此时标准棒中心到工件零点在 X 方向的有向距离：$X_0 = -10 - 0.1 - 10/2 =$ -15.1mm。

（5）选择 MDI 方式，输入 G92 X - 15.1 并确认，按"循环启动"键执行，即设距当前 X 轴坐标正方向 15.1mm 处为工件坐标系 X 轴零点，X 轴对刀完成。

（6）按同样方法进行 Y 轴对刀操作，这时应使标准棒向基准面 B 移动，直到塞尺通不过为止；计算此时标准棒中心到工件零点在 Y 方向的有向距离：$Y_0 = -15 - 0.1 - 10/2 = -20.1\text{mm}$；在 MDI 方式下输入 G92 Y - 20.1 并确认，按"循环启动"键执行，即设距当前 Y 轴坐标正方向 20.1mm 处为工件坐标系 Y 轴零点，Y 轴对刀完成。

（7）按同样方法进行 Z 轴对刀操作，这时应换上加工刀具，使刀具垂直下降接近工件上表面，直到塞尺通不过为止；计算此时刀具底端到工件零点在 Z 方向的有向距离：$Z_0 = 0.1\text{mm}$；在 MDI 方式下输入 G92 Z 0.1 并确认，按"循环启动"键执行，即设距当前 Z 轴坐标负方向 0.1mm 处为工件坐标系 Z 轴零点，Z 轴对刀完成。

（8）确定起刀点位置，在 MDI 方式下，输入 G00 X - 20 Y - 25 Z30，按"循环启动"键执行，刀具移动到起刀点 P 位置，这时便为自动加工做好了准备。

工件坐标系零点的设定位置会直接影响 G92 指令中 X、Y、Z 后的坐标值。在此例中，若工件坐标系零点设置在毛坯上表面左下角 K 点，P 点为起刀点，编程时采用程序段 G92 X - 10 Y - 10 Z30 来设定工件坐标系。则在 X、Y、Z 轴对刀时需用 G92 X - 5.1、G92 Y - 5.1、G92 Z0.1 建立工件坐标系，确定起刀点位置时需执行 G00 X - 10 Y - 10 Z30 使刀具移动到起刀点 P 位置。

6.4.2　G54 ~ G59 设定工件坐标系对刀

采用这种方法对刀，在加工前要确定工件零点在机床坐标系中的坐标值，预先设置在"G54 ~ G59 坐标系"功能表中，根据程序指令 G54 ~ G59，选择使用哪个工件坐标系。这种对刀方法对起刀位置无严格的要求，但要保证刀具从起始位置进刀过程中不得与工件或夹具发生碰撞。由于这种对刀方法建立的工件坐标系相对于机床参考点是不变的，断电重新开机后，只要返回参考点，建立的工件坐标系依然有效。因此，这种方法特别适用于批量生产且工件有固定装夹位置的零件加工。

如图 6 - 23 所示，Q 点为机床坐标系零点，编程时采用程序段 G54 来设定工件坐标系。其对刀方法如下：

（1）手动返回机床参考点。

（2）分别移动 X 轴、Y 轴和 Z 轴，将标准棒靠近工件毛坯的基准面 A。

（3）将进给倍率调到 $1\mu\text{m}$ 或 $10\mu\text{m}$ 挡，使标准棒向基准面 A 移动，并用塞尺检查其间隙，直到塞尺通不过为止，记录此时 CRT 屏幕上机床坐标系的 X 坐标值，记为 X。

（4）按同样方法进行 Y 轴对刀操作，这时应使标准棒向基准面 B 移动，直到塞尺通不过为止，记录此时 CRT 屏幕上机床坐标系的 Y 坐标值，记为 Y。

（5）按同样方法进行 Z 轴对刀操作，这时应换上加工刀具，使刀具垂直下降接近工件上表面，直到塞尺通不过为止，记录此时 CRT 屏幕上机床坐标系的 Z 坐标值，记为 Z。

（6）计算工件坐标系零点在机床坐标系的位置：

$X_0 = X + 10/2 + 0.1 + 10(\text{mm})$

$$Y_0 = Y + 10/2 + 0.1 + 15 (\text{mm})$$

$$Z_0 = Z - 0.1 (\text{mm})$$

（7）在 MDI 方式下，按"坐标系"键，进入零点偏置界面，选择 G54，输入 X_0、Y_0、Z_0，并确认，完成工件坐标系零点偏置值的存储设定，对刀操作完成。

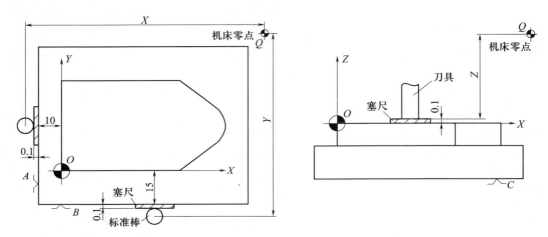

图 6-23　G54~G59 设定工件坐标系对刀示例

本节我们介绍了数控铣床常用的两种对刀方法，操作者应熟练掌握，在实际加工中根据具体情况灵活使用。对于加工中心，若加工中使用刀具不多，只需重复 Z 轴对刀操作，并正确设定每把刀具的刀补参数，若加工中使用刀具较多，一般采用机外对刀仪与机内对刀相结合的办法进行。

6.5　零件加工实例

如图 6-24 所示，加工一凸台零件，毛坯尺寸为 56mm × 56mm × 20mm，材料为 45 钢，要求完成凸台轮廓及凸台平面的加工。

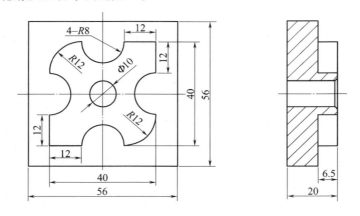

图 6-24　数控铣床加工实例

1）确定加工方案

分析零件图，拟先粗后精、由外向内并分层铣削来完成该零件的凸台轮廓及凸台平面的加工。利用数控系统的刀具半径补偿功能，粗、精加工均按照凸台轮廓的基点走刀，深度方向分两层进行铣削，凸台平面精加工余量0.2mm，凸台轮廓精加工余量0.5mm。

（1）粗加工：铣深6.3mm，先铣44mm×44mm方，去除余量，再分两刀粗铣轮廓，留精加工余量0.5mm。

（2）精加工：铣深6.5mm，先精铣44mm×44mm周边平面，再精铣轮廓。

2）零件装夹

该零件毛坯为方料，要求加工凸台平面及轮廓，可采用平口钳装夹毛坯，毛坯高出钳口约10mm。

3）刀具选择切削用量

根据该零件尺寸、加工精度、加工余量及毛坯材料等，选择Φ12mm硬质合金铣刀进行加工，粗、精加工采用同一把刀具，其切削用量参见表6-7。

表6-7　刀具与切削用量

工序内容	刀具名称	刀补号	主轴转速 /(r/min)	进给速度 /(mm/min)	切削深度 /mm
粗加工凸台	Φ12mm 立铣刀	D01 = 7.8mm D02 = 6.5mm	1000	100	6.3
精加工凸台	Φ12mm 立铣刀	D03 = 6mm	1500	200	0.2

4）工件坐标系设定与基点坐标计算

如图6-25所示，以毛坯上表面中心O为零点建立工件坐标系，落刀点P设在毛坯外（-40，-40）处。轮廓各基点的坐标计算如下：

$A(-20,-20)$，$B(-20,-8)$，$C(-20,8)$，$D(-8,20)$，$E(8,20)$，$F(20,20)$，$G(20,8)$，$H(20,-8)$，$I(8,-20)$，$J(-8,-20)$

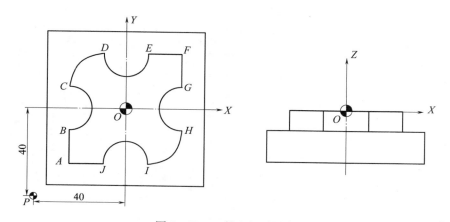

图6-25　工件坐标系设定

5）加工路线的确定

为获得较光滑的加工表面，考虑粗加工与精加工均采用顺铣方法规划走刀路线，即按

181

$A \rightarrow B \rightarrow C \rightarrow D \rightarrow E \rightarrow F \rightarrow G \rightarrow H \rightarrow I \rightarrow J \rightarrow A$ 切削。

6）程序编制

由于粗、精加工均按照凸台轮廓的基点走刀，为精简程序可编一子程序供调用。

参考程序：

程　　　序	说　　明
％1200	主程序
N010 G90 G54 G00 X − 40 Y − 40 Z10	选择工件坐标系 G54,快速定位
N020 S1000 M03	
N030 Z − 6.3	落刀
N040 G01 X − 28 Y − 28 F100	铣44mm×44mm方,去除周边余量
N050 Y28	
N060 X28	
N070 Y − 28	
N080 X − 28	
N090 G41 D01 X − 20 Y − 20	调用子程序,粗铣轮廓,D01＝7.8mm
N100 M98 P1000	
N110 G40 X − 28 Y − 28	
N090 G41 D02 X − 20 Y − 20	调用子程序,粗铣轮廓,D02＝6.5mm
N100 M98 P1000	
N110 G40 G00 X − 40 Y − 40	
N120 G01 Z − 6.5 F200 S1500	落刀
N130 X − 28 Y − 28	精铣44mm×44mm周边平面
N140 Y28	
N150 X28	
N160 Y − 28	
N170 X − 28	
N180 G41 D03 X − 20 Y − 20	调用子程序,精铣轮廓,D03＝6 mm
N190 M98 P1000	
N200 G40 G00 X − 40 Y − 40	
N210 Z10	
N220 M05	
N230 M30	程序结束
％1000	子程序
N010 G01 Y − 8	A→B
N020 G03 Y8 R8	B→C
N030 G02 X − 8 Y20 R12	C→D
N040 G03 X8 R8	D→E

程　　序	说　　明
N050　G01　X20	E→F
N060　Y8	F→G
N070　G03　Y－8　R8	G→H
N080　G02　X8　Y－20　R12	H→I
N090　G03　X－8　R8	I→J
N100　G01　X－20	J→A
N110　M99	子程序结束返回

第7章　加工中心的操作与加工

7.1　加工中心概述

加工中心是一种高效、高精度的数控机床，与一般数控机床的最大区别在于加工中心具有自动交换加工刀具的能力。它可在一次装夹中自动完成铣、钻、扩、铰、镗、攻螺纹等多种工序的加工，从而大大减少工件装夹、测量和机床调整时间，使机床的切削时间利用率显著提高，尤其是在加工形状比较复杂、精度要求较高、品种更换频繁的工件时，更具有良好的经济性。

7.1.1　加工中心的组成

加工中心的外形结构各异，但从总体来看主要由以下几大部分构成。

1）基础部件

它是加工中心的基础结构，由床身、立柱和工作台等组成，主要是承担加工中心的静载荷以及在加工时产生的切削负载，因此需有足够的刚度。

2）主轴部件

主轴部件是加工中心的关键部件，由主轴箱、主轴电机、主轴和主轴轴承等零部件组成。主轴是加工中心切削加工的功率输出部件，它的起动、停止、变速等动作均由数控系统控制。主轴部件其结构的好坏，对加工中心的性能有很大的影响。

3）数控系统

加工中心的数控系统由 CNC 装置、可编程序控制器、伺服驱动系统以及面板操作系统组成，它是执行顺序控制动作和加工过程的控制中心。

4）自动换刀系统

自动换刀系统主要由刀库、自动换刀装置等部件组成。需要更换刀具时，由数控系统发出换刀指令自动地更换装在主轴上的刀具。

5）辅助装置

辅助装置包括润滑、冷却、排屑、液压、气动和检测系统等几部分。它们对加工中心的工作效率、加工精度和可靠性起着保障作用。

7.1.2　加工中心的分类

加工中心品种繁多，形态各异，根据加工中心的结构、功能、换刀形式的不同，可分为以下几类。

1. 按机床形态分类

1）立式加工中心

立式加工中心的主轴在空间处于垂直状态设置，一般具有三个直线运动坐标，并可在工作台上安装一个水平轴的数控转台用以加工螺旋线零件。多用于盖、板、套类零件的加工,具有结构简单、占地面积小、价格低的优点。立式加工中心的结构简单,占地面积小,价格相对较低。

2)卧式加工中心

卧式加工中心的主轴在空间处于水平状态设置,一般具有三至五个坐标轴,常配有一个数控分度回转工作台,能够使工件一次装夹完成除安装面和顶面以外的其余四个面的加工,特别适宜加工复杂的箱体类零件。卧式加工中心较立式加工中心应用范围广,但占地面积大,结构复杂,价格也较高。

3)万能加工中心

万能加工中心又称五面加工中心,兼具立式和卧式加工中心的功能。常见的万能加工中心有两种形式,一种是主轴可旋转90°,实现水平和垂直的转换;另一种是主轴不改变方向,而工作台带着工件旋转90°。这样,零件通过一次装夹就能够完成除安装面外的所有面的加工,避免了由于二次装夹带来的安装误差,所以效率和精度高,但结构复杂、价格昂贵。

4)龙门加工中心

与龙门铣床类似,主轴多为垂直设置,除自动换刀装置外,还带有可更换的主轴附件,能够一机多用,适应于大型复杂的工件加工。

2. 按工作台结构特征分类

1)单工作台加工中心

单工作台加工中心即机床上只有一个工作台。这种加工中心与其他加工中心相比,结构较简单,价格及加工效率均较低。

2)双工作台加工中心

双工作台加工中心即机床上有两个工作台,这两个工作台可以相互更换。一个工作台上的零件在加工时,在另一个工作台上可同时进行零件的装、卸。当一个工作台上的零件加工完毕后,自动交换另一个工作台,并对预先装好的零件紧接着进行加工。因此,这种加工中心比单工作台加工中心的效率高。

3)多工作台加工中心

多工作台加工中心又称为柔性制造单元(FMC),有两个以上可更换的工作台,实现多工作台加工。工作台上的零件可以是相同的,也可以是不同的,这些可由程序进行处理。多工作台加工中心结构较复杂,刀库容量大,控制功能多,一般都是采用先进 CNC 系统,所以其价格昂贵。

3. 按自动换刀方式分类

1)带机械手的加工中心

这种加工中心的换刀装置由刀库、机械手及驱动机构组成,换刀动作由机械手来完成。

2)无机械手的加工中心

这种加工中心通过刀库和主轴箱配合动作来完成换刀过程。

3)转塔刀库式加工中心

一般应用于小型加工中心,有立式转塔加工中心和卧式转塔加工中心两种,主要以加工孔为主。

此外,还可按主轴种类分为单轴、双轴、三轴和可换主轴箱的加工中心等。

7.1.3　加工中心的加工对象

加工中心是一种工艺范围较广的数控加工机床,能进行铣削、镗削、钻削和螺纹加工等多项工作,特别适用于加工型面复杂、工序多、装夹次数多、精度要求高的零件。

1）箱体类零件

箱体类零件是指具有多工位的孔系,并有较多型腔的零件,这类零件在机械、汽车、飞机等行业较多,如发动机缸体、变速箱体、机床床头箱、主轴箱、齿轮泵壳体等。在加工中心上加工,一次装夹可以完成普通机床60% ~95%的工序内容,零件各项精度一致性好,质量稳定,同时可缩短生产周期,降低成本。对于加工工位较多,工作台需多次旋转角度才能完成的零件,一般选用卧式加工中心;当加工的工位较少,且跨距不大时,可选立式加工中心加工。

2）复杂曲面

复杂曲面零件如叶轮、螺旋桨、各种曲面成型模具等,一般可以采用球头铣刀进行三坐标联动加工,加工精度较高,但效率较低。如果工件存在加工干涉区或加工盲区,就必须考虑采用四坐标或五坐标联动的机床。

3）异形件

异形件是外形不规则的零件,大多需要点、线、面多工位混合加工,如支架、基座、样板、靠模等。异形件的刚性一般较差,夹压及切削变形难以控制,加工精度也难以保证,这时可充分发挥加工中心工序集中的特点,采用合理的工艺措施,一次或两次装夹,完成多道工序或全部的加工内容。

4）盘、套、板类零件

带有键槽、径向孔或端面有分布孔系以及有曲面的盘套或轴类零件,还有具有较多孔加工的板类零件,适宜采用加工中心加工。端面有分布孔系、曲面的零件宜选用立式加工中心,有径向孔的可选卧式加工中心。

7.2　加工中心的换刀系统

加工中心换刀系统主要由刀具交换装置、刀库及驱动机构等部件组成。当数控系统发出换刀指令后,由刀具交换装置(如换刀机械手)从刀库中取出相应的刀具装入主轴孔内,然后再把主轴上的刀具送回刀库中,完成整个换刀动作。

7.2.1　自动换刀装置

1. 自动换刀装置的形式

自动换刀装置的形式多种多样,换刀的原理及结构的复杂程度也各不相同,主要有回转刀架和带刀库的自动换刀装置两种形式,其结构取决于机床的类型、工艺范围及刀具的种类和数量等。

1）回转刀架

回转刀架换刀装置的刀具数量有限,但结构简单,维护方便,常用于数控车床及车削中心。根据不同的加工对象,可设计成四方刀架、六角刀架和多工位的圆盘式轴向装刀刀架等多种形式。

2）带刀库的自动换刀装置

带刀库的自动换刀装置是加工中心上应用最广的换刀装置,可按照加工需要自动地更换装在主轴上的刀具,其整个换刀过程较复杂,主要有机械手换刀和刀库—主轴换刀两种方式。

2. 刀库的形式

刀库是用于存放加工过程中所使用的全部刀具的装置,通常安装在主轴箱的侧面或上方,也可以作为独立部件安装在机床以外。刀库的形式多样,结构也各不相同,最常见的是鼓盘式刀库和链式刀库。

（1）鼓盘式刀库的结构简单、紧凑,但存放刀具少,多应用于小型加工中心。常见的有图7-1所示的几种形式。

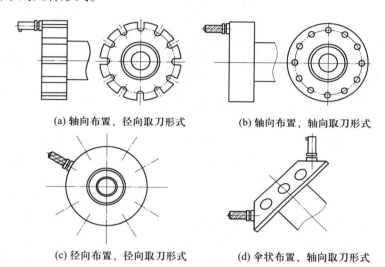

(a) 轴向布置、径向取刀形式　　　(b) 轴向布置、轴向取刀形式

(c) 径向布置、径向取刀形式　　　(d) 伞状布置、轴向取刀形式

图7-1　鼓盘式刀库形式

（2）链式刀库多为轴向取刀,有单环链式和多环链式等几种形式,如图7-2(a)、(b)所示,适用于要求刀库容量较大的场合。当链条较长时,可以增加支承链轮的数目,使链条折叠回绕,提高空间利用率,如图7-2(c)所示。

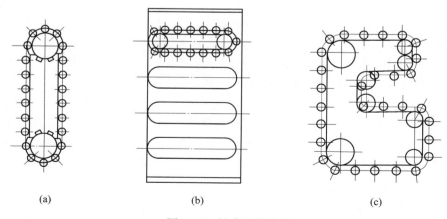

(a)　　　　　　　　(b)　　　　　　　　(c)

图7-2　链式刀库形式

187

除此之外,还有格子盒式刀库、直线式刀库、多盘式刀库等其他刀库形式。

7.2.2　加工中心的自动换刀

加工中心自动换刀装置的换刀过程由选刀和换刀两部分组成。选刀是刀库按照选刀指令自动将要用的刀具移动到换刀位置,为下面换刀做好准备,换刀即把主轴上用过的刀具取下,将选好的刀具安装在主轴上。

1. 选刀

根据选刀指令从刀库中挑选各工序所需要的刀具的操作称为自动选刀。常用的选刀方式有顺序选刀方式和任选方式两种。

顺序选刀方式是将加工所需要的刀具按照预先确定的加工顺序依次安装在刀座中,换刀时刀库按顺序转位。这种方式的驱动控制及刀库运动等比较简单,但刀库中刀具排列的顺序不能搞错,否则将造成事故,并且改变加工工件时,必须重新排列刀库中的刀具,操作很不方便。此外,同一工件上的相同刀具不能重复使用,因而刀具数量增加,降低了刀具和刀库的利用率。

任选方式是对刀具或刀座进行编码,并根据编码选刀,它可分为刀具编码、刀座编码和计算机记忆三种方式。

(1)刀具编码方式是利用安装在刀柄上的编码元件(如编码环、编码螺钉等),并预先对每把刀具进行编码。换刀时通过编码识别装置根据刀具编码选刀。由于每一把刀具都有自己的代码,因而刀具可以放入刀库的任何一个刀座内,这样不仅刀库中的刀具可以在不同的工序中多次重复使用,而且换下来的刀具也不必放回原来的刀座中。

(2)刀座编码方式是对刀库各刀座预先编码,每把刀具放入相应刀座之后,就具有了相应刀座的编码,即刀具在刀库中的位置是固定的。采用这种编码方式中必须将用过的刀具放回原来的刀座内,不然会造成事故。由于这种编码方式取消了刀柄中的编码环,使刀柄结构大大简化。

(3)计算机记忆式选刀是将刀具号和存刀位置或刀座号对应地记忆在计算机的存储器或可编程控制器内。换刀时新旧刀具的刀具号均被相应地存储记忆,使刀号数据表与刀具实际位置始终保持一致。在刀库上设有零点,每次选刀运动正反向都不会超过180°的范围。这种方式不需设置编码元件,结构大为简化,同时也增加了可靠性,目前应用最为广泛。

2. 换刀

由于刀库结构、机械手类型、选刀方式的不同,加工中心的换刀方式也各不相同,较为常见的有机械手换刀和刀库—主轴换刀两种方式。

1)机械手换刀

机械手的结构根据刀库与主轴的相对位置及结构的不同也有多种形式,如单臂式、双臂式、回转式和轨道式等等。如图7-3中为回转式机械手,其换刀过程如下:

(1)刀库回转,将欲更换刀具转到换刀所需的预定位置;

(2)主轴箱回换刀点,主轴准停;

(3)机械手抓取主轴上和刀库上的刀具;

(4)活塞杆推动机械手下行,卸下刀具;

（5）机械手回转180°，交换刀具位置；

（6）活塞杆缩回，将更换后的刀具装入主轴与刀库。

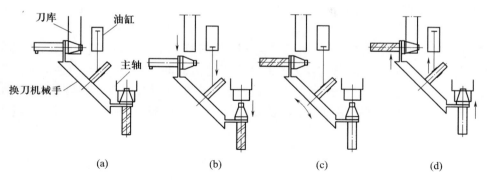

图7－3　机械手换刀示意图

2）刀库—主轴换刀

这种换刀方式通过刀库和主轴箱配合动作来完成换刀过程，由于无换刀机械手，换刀时间较长，如图7－4所示，其换刀过程如下：

（1）刀库回转，将刀盘上接收刀具的空刀座转到换刀所需的预定位置；

（2）主轴箱回换刀点，主轴准停；

（3）活塞杆推出，将空刀座送至主轴下方，并卡住刀柄定位槽；

（4）主轴松刀，主轴箱上移至参考点；

（5）刀库再次分度回转，将预选刀具转到主轴正下方；

（6）主轴箱下移，主轴抓刀，活塞杆缩回，刀盘复位。

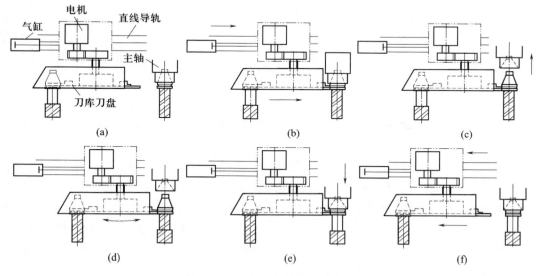

图7－4　刀库—主轴换刀示意图

3. 换刀程序

不同的加工中心，其换刀程序是不同的，通常选刀和换刀分开进行。选刀动作由T指令调用，可与机床加工重合进行，即利用切削时间进行选刀。换刀动作由M06指令完

189

成,必须在主轴停转条件下进行,多数加工中心都规定了换刀点位置,主轴只有移到这个位置,才能执行换刀动作,换刀完毕启动主轴后,方可进行后面程序段的加工内容。以下为两种常用换刀程序的编制方法。

方法1:

先选后换,即选刀和换刀先后进行。在上一把刀具加工结束后,刀库旋转进行选刀,同时主轴返回换刀点、准停,若回换刀点时间小于选刀时间,则直到需要更换的刀具转至换刀位置后,才执行 M06 指令进行换刀。这种方法占用机床时间较长,但由于 M06 指令紧跟 T 指令之后,各工序所用刀具清晰明了,便于编写、检查与调试程序,因此也较多采用。例如:

```
…
N010  G01  X ~  Y ~  Z ~
…
N020  M05
N030  T02                    /刀库旋转,选出 T02 号刀
N040  M06                    /主轴返回换刀点、准停,换上 T02 号刀
…
```

方法2:

选刀与切削时间重合,即选刀是在上一把刀具加工过程中进行的。当主轴返回换刀点、准停后立即换刀。这种方法整个换刀过程所用的时间较短,但当使用刀具较多时,编制与调试程序时容易造成混乱。例如:

```
…
N010  G01  Z ~  T02          /切削过程同时选 T02 号刀
…
M05
N030  M06                    /换上 T02 号刀
N040  G01  Z ~  T03          /选出下次要用的 T03 号刀
…
```

7.3 SINUMERIK 802D 系统加工中心的操作

SINUMERIK 802D 数控系统由计算机、液晶显示器、操作面板和控制软件等组成,采用中英文切换显示,可实现刀具几何/磨损补偿、工件刀具测量、恒速切削、数据传输备份及 DNC 加工等。该系统编程功能丰富,除插补、镜像、缩放、旋转、倒角/圆角过渡及子程序调用外,还具有轮廓编程、图形循环编程、菜单编程和直接图纸编程等多种编程功能。

本节以 TH5650 型立式加工中心为例介绍 SINUMERIK 802D 系统加工中心的基本操作内容,该机床的主要技术参数如下:

工作台面积	1000mm × 520mm
工作台 T 型槽(槽数 × 槽宽)	5 × 18mm
工作台允许负载	500kg
主轴锥孔	ISO40 7:24

主轴孔径	Φ75mm
主轴电机功率	11/15kW
主轴转速	20～8000r/min
刀柄型号	BT40
刀库容量	24
定位精度	0.02mm/0.016mm/0.02mm
重复定位精度	0.008mm/0.006mm/0.008mm
X、Y、Z 轴行程	800mm/500mm/600mm
切削进给速度	1～12000mm/min
快速进给速度	24m/min
进给电机功率	5kW
机床外形尺寸(长×宽×高)	3320mm×2650mm×3500mm

7.3.1　操作面板

SINUMERIK 802D 系统加工中心的操作面板由数控系统操作面板(NC 面板)和机床操作面板(MCP)组成。

如图 7-5 所示,NC 面板的主要作用是对系统的各种功能进行调整,调试机床和系统,对零件程序进行编辑,选择需要运行的零件加工程序,控制和观察程序的运行等。其上各按键与前述 SINUMERIK 802S 系统基本相同,这里只对个别与之不同的按键加以说明,如图 7-6 所示。

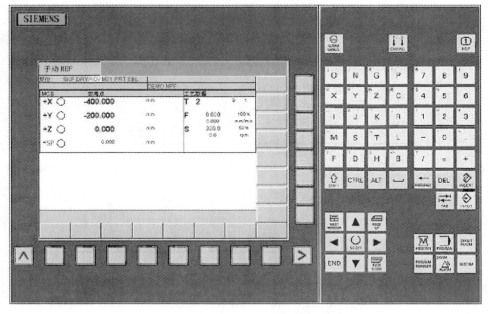

图 7-5　SINUMERIK 802D 数控系统操作面板

机床的操作面板(MCP)主要用来控制机床的运行方式、动作及运行状态等。其上各按键的功能可参考前述 SINUMERIK 802S 机床操作面板的介绍。

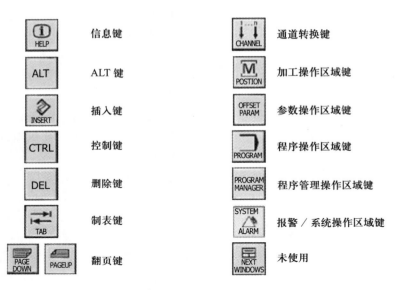

信息键		通道转换键	
ALT 键		加工操作区域键	
插入键		参数操作区域键	
控制键		程序操作区域键	
删除键		程序管理操作区域键	
制表键		报警／系统操作区域键	
翻页键		未使用	

图 7-6　NC 面板按键图标及含义

7.3.2　软件功能

　　SINUMERIK 802D 数控系统的软件操作界面可划分为状态区(1～5)、应用区(6)、说明及软键区(7～10)三个区域,如图 7-7 所示。

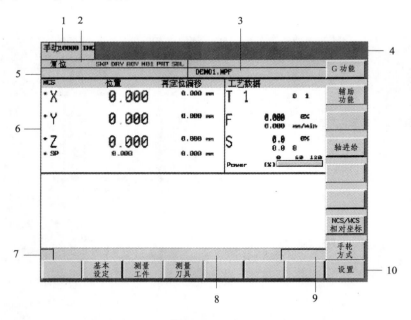

图 7-7　SINUMERIK 802D 系统的软件操作界面

　　1) 当前操作区域

　　用于加工(JOG、JOG 方式下增量大小、MDA、AUTOMATIC)、参数、程序、程序管理器、系统、报警及 G291 标记的外部语言(非西门子的 NC 语言)的显示。

2）显示程序状态及自动方式下的程序控制状态

程序运行状态分为程序停止、运行、复位三种状态,缩略符分别用 STOP、RUN、RESET 来表示。自动方式下的程序控制状态分为:

SKP—程序段跳跃　前面有斜线的程序段在运行时跳过不执行,如"/N100"。

DRY—空运行　进给轴以空运行设定数据中的设定参数运行,此时编程指令无效。

ROV—快进修调有效　修调开关对快速进给也生效。

M01—有条件停止　程序在执行到有 M01 指令的程序段时停止运行。

PRT—程序测试　在此方式下所有进给轴和主轴的给定值被禁止输出,此时给定值区域显示当前运行数值。

SBL—单段运行　程序逐段执行但在没有空运行进给的螺纹程序段无效。

3）显示所选择的零件程序名(主程序)

4）报警显示信息行

用于显示报警号、报警文本及信息内容等。

5）NC 信息显示

6）应用窗口

在此窗口显示数控系统位置值、进给值、主轴转速、刀号、刀补号以及当前程序段数据、图形模拟等。

7）返回键符显示

在软键菜单中出现返回键符时,表明存在上一级菜单,按下"返回"键后直接回到上一级菜单。

8）提示、说明信息显示

9）显示菜单扩展、大小写字符转换(按"ALT + L"键转换)、正在执行数据传送及链接 PLC 编程工具等图符

10）垂直和水平软键栏

返回:退出当前执行的窗口。

中断:中断输入,退出该窗口。

接收:中断输入,进行计算。

确认:中断输入,接收输入的值。

SINUMERIK 802D 系统的软件基本功能可以划分为以下几个操作区,通过相应软键可转换到其他操作区。

（1）加工操作区域——机床加工,包括手动、MDA 及自动方式。

（2）参数操作区域——设置刀具补偿值,零点偏置及设定数据、参数等。

（3）程序操作区域——创建、编辑零件程序。

（4）程序管理操作区域——零件程序目录及文件管理。

（5）系统操作区域——诊断与调试。

（6）报警操作区域——报警信息和信息表。

7.3.3　基本操作

有关机床开机、回参考点、手动及程序输入、编辑等操作可参考前述 SINUMERIK

802S 系统的操作方法进行,下面介绍其他一些操作功能。

1. 参数设置

1）输入刀具参数与刀具补偿参数

刀具参数包括刀具几何参数、磨损量参数和刀具型号参数。刀具补偿参数分刀具长度补偿和刀具半径补偿。参数表结构因刀具类型的不同而不同,其输入方法如下:

（1）按"参数操作区域"键(OFFSET PARAM),打开刀具补偿参数窗口,显示所使用的刀具清单,如图7-8所示;

（2）通过"光标"键和"翻页"键选出所要求的刀具;

（3）在输入区定位光标,输入数值,按"输入"键确认。对于一些特殊刀具可以使用"扩展键"填入全套参数。

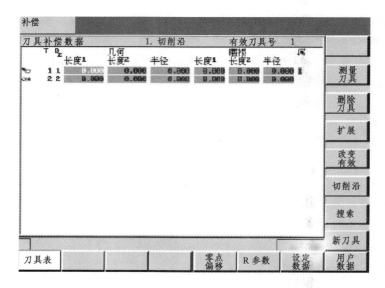

图7-8 刀具补偿参数窗口

各软键含义介绍如下:

"测量刀具"键:手动确定刀具补偿参数。

"删除刀具"键:清除一个刀具所有刀沿的刀具补偿参数。

"扩展"键:按此键显示刀具的所有参数。

"改变有效"键:刀沿的补偿值立即生效

"切削沿"键:按此键打开一子菜单,提供所有的功能,用于建立和显示其他的刀沿。

" <<D"或" >>D"键:选择下一级较低或较高的刀沿号。

"新刀沿"键:用于建立一个新的刀沿,设立刀补参数。

"复位刀沿"键:将所有的刀具补偿值复位为零。

"新刀具"键:建立一个新刀具,刀具类型分铣刀和钻削类刀具。

"搜索":输入待查找的刀具号,按"确认"键,如果所查找的刀具存在,则光标会自动移到相应的行。

194

2）确定刀具补偿值

此功能用于确定刀具 T 未知的几何长度和半径。

系统利用刀具参考点的实际位置和一个已知坐标值的机床位置（可使用一个已计算出的零点偏置作为已知的机床坐标，如 G54，在这种情况下，如果刀沿可直接定位于工件零点，则偏移值为零）可以在所预选的坐标轴方向计算出刀具补偿值长度 1 或刀具半径。图 7-9 为计算刀具长度补偿值的示意图。

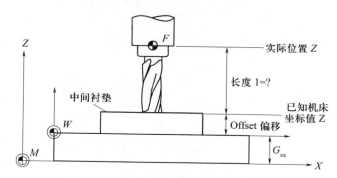

图 7-9　计算铣刀长度补偿值示意图

F—刀具参考点；M—机床坐标系零点；W—工件坐标系零点。

操作方法如下：

（1）在 JOG 方式下，移动该刀具使其切削刃到达一个已知坐标值的机床位置。

（2）在参数操作区域下，按"测量刀具"键，打开刀具测量窗口，如图 7-10、图 7-11 所示。可通过"长度"和"直径"键选择相应窗口。

（3）在 X0，Y0 或 Z0 处输入刀具当前所在位置值，该值可以是当前机床坐标值，也可以是一个零点偏置值。

（4）按软键"设置长度"或"设置直径"，系统根据所选的坐标轴计算出相应的几何长度 1 或直径，计算出的补偿值被存储。

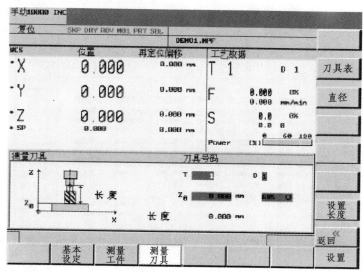

图 7-10　刀具长度测量窗口

195

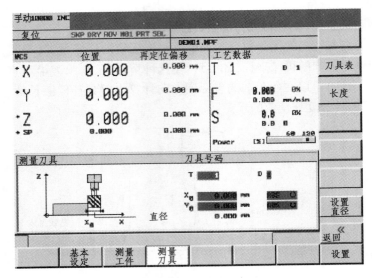

图 7-11 刀具直径测量窗口

3）输入/修改零点偏置值

在回参考点之后,实际值存储器及实际值的显示均以机床零点为基准,而工件的加工程序则以工件零点为基准,这之间的差值就作为可设定的零点偏移量输入。

操作方法如下:

（1）按"参数操作区域"键、"零点偏移"键,打开零点偏置窗口,如图 7-12 所示,窗口显示可设定零点偏置的情况,包括已编程的零点偏置值、缩放系数、镜像有效及所有的零点偏置。

（2）把光标移到待修改的输入区,输入零点偏置量。

（3）按"输入"或"光标"键确认。

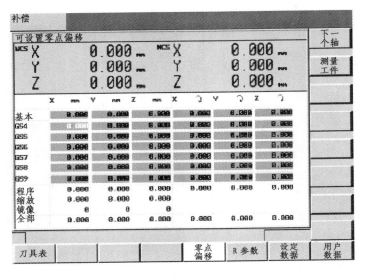

图 7-12 设置零点偏置窗口

4）编程数据设定

在参数操作区域下,按"设定数据"键,进入设定数据窗口,如图7－13所示。在此窗口可以对运行状态参数进行设定,并在需要时进行修改。其中可设置的数据包括:

（1）JOG方式下的进给率:如果该进给率为零,则系统使用机床数据中存储的数值。

（2）主轴转速(最大/最小值):对主轴转速的限制(G26最大/G25最小)只可在机床数据所规定的极限范围内进行。

（3）G96限制:在恒定切削速度(G96)时,可编程的最大主轴速度。

（4）空运行进给率:在自动方式下,若选择空运行进给功能,则程序不按编程的进给率执行,而是执行在此输入的进给率。

（5）螺纹起始角:在加工螺纹时,主轴有一起始位置作为开始角,当重复进行该加工过程时,可以通过改变此开始角的值来切削多头螺纹。

在设置、更改以上数据时,移动光标到所要设定的位置,输入新的值,按"输入"或"光标"键确认即可。

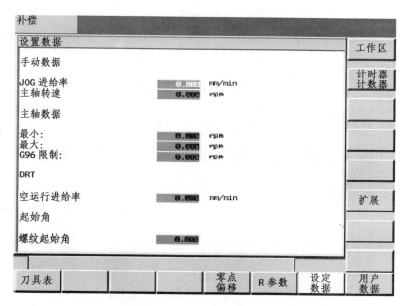

图7－13　编程数据设定窗口

2. 加工操作

1）手轮的选通

（1）在JOG运行状态下,按下"手轮方式"软键,出现手轮窗口,如图7－14所示在坐标轴栏显示所有的坐标轴名称,同时也在垂直软键菜单中显示,在手轮号栏显示所连接的手轮标号;

（2）按软键"机床坐标"或"工件坐标"选择手轮使用的坐标系,设定状态显示在手轮窗口中;

（3）移动光标到欲选通的手轮标号下;

（4）按动相应坐标轴的垂直菜单软键,窗口中出现符号☑,即选通生效;

（5）按"退出"键关闭该窗口。

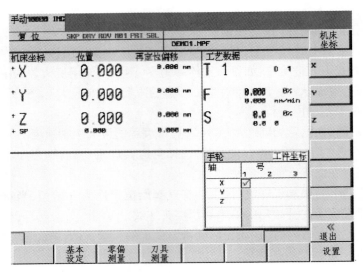

图 7 - 14 手轮设置窗口

2）端面铣削

此功能可以为后续加工准备好工件毛坯,而无需编写专门的加工程序。在输入所有的参数后自动生成一零件程序,按"循环启动"键就可执行此程序。

操作方法如下:

（1）在 MDA 方式下,按"端面加工"软键,进入端面铣削窗口,如图 7 - 15 所示;

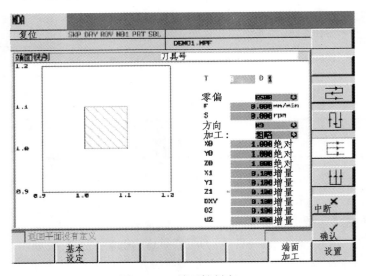

图 7 - 15 端面铣削窗口

（2）按"设置"键,打开特性窗口,输入退回平面及安全距离值(以刀具不与工件或夹具发生碰撞为准,并要有一定的安全量);

（3）选择手动方式,移动坐标轴到加工起始点;

（4）在 MDA 方式下,按垂直菜单中铣削方向软键以选择走刀方式,可以选择横坐标(或纵坐标)平行方向的单向或双向的走刀方式;

（5）在参数栏输入铣削加工参数；

（6）按"循环启动"键,机床开始端面铣削。

铣削加工参数包括：

T、D：输入所要使用的刀具；

零偏：选择工件棱边的基准点；

F：输入进给率,单位 mm/min；

S：输入主轴转速；

方向：输入 M03 或 M04 选择主轴旋向；

加工：确定加工表面质量,可选择粗加工或精加工；

X0,Y0,Z0、X1,Y1：输入工件毛坯的几何尺寸（绝对、增量）；

Z1：输入 Z 轴方向成品尺寸；

DXY：输入 X、Y 轴方向最大进刀量；

DZ：输入 Z 轴方向最大进刀量；

UZ：输入粗加工余量。

3）自动加工

在启动程序之前要调整好系统和机床,并设置必要的参数如刀具补偿、零点偏移等。在自动方式下,选择和启动零件程序的方法如下：

（1）按机床操作面板上的"自动方式"键选择自动运行方式；

（2）按"程序管理操作区域"键,屏幕上显示系统中所有的程序目录；

（3）通过光标移动键将光标定位到所选的程序上；

（4）按"执行"键,选择待加工的程序,被选择的程序名显示在屏幕上"程序名"显示区,如图 7-16 所示；

（5）如有必要,可按下"程序控制"键选择程序的运行状态,如单段、程序测试等；

（6）按下"循环启动"键,执行零件加工程序。

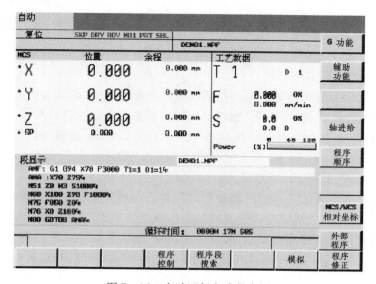

图 7-16　自动运行方式状态图

4) 中断之后再定位加工

加工程序在自动执行过程中需要停止和中断时,可用"复位"键中断加工的零件程序,再按下"循环启动"键,程序重新从头开始执行;也可用"循环停止"键停止加工的零件程序,然后通过按"循环启动"键恢复被中断的程序运行。

当用"循环停止"键中断程序后,控制器将保存中断点坐标,并能显示离开轮廓的坐标值,这时可以用手动方式从加工轮廓退出刀具,进行测量、检查等工作。中断之后再定位的操作方法如下:

(1) 按"自动方式"键选择自动运行方式;

(2) 按"程序段搜索"键,打开搜索窗口(图 7 – 17),准备装载中断点坐标;

(3) 按"搜索断点"键,装载中断点坐标,光标定位到中断程序段;

(4) 按"计算轮廓"键,启动中断点搜索,使机床回到中断点;

(5) 按"循环启动"键,继续开始加工。

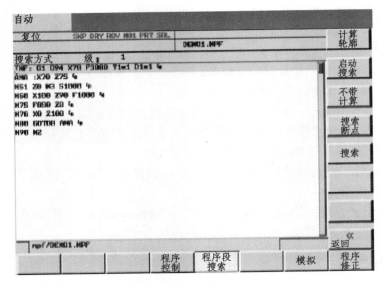

图 7 – 17　程序段搜索窗口

5) 执行外部程序(DNC 加工)

通过 RS232 串行接口可把一个外部程序输入控制系统,一般由一台装有数据传送软件的计算机来执行该任务,当按下"循环启动"键后,系统立即执行该程序。

在执行 DNC 加工之前,控制系统应处于复位状态,RS232 接口参数设置应与控制系统匹配,且此时该接口不可用于其他数据输入或输出等工作。

操作方法如下:

(1) 在自动运行方式下,按"外部程序"键,进入等待外部程序输入状态;

(2) 在外部设备上,选择要传送的程序文件并激活输出;

(3) 程序被传送到缓冲存储器,并被自动选择,显示在程序选择栏内;

(4) 按"循环启动"键,开始执行该程序。对于较长的程序,当缓冲存储器中的内容被处理后,程序再被自动连续装入,即边输入边加工。

(5) 程序运行结束或按"复位"键后,程序会自动从控制系统退出。

RS232 接口参数可在系统操作区域设置,其参数说明见表 7-1。

表 7-1 RS232 接口参数说明

参　数	说　　　明
设备	·XON/XOFF 使用控制符 XON 和 XOFF 可以控制传送过程。如果设备缓冲器已经存满,给出控制符 XO-FF;一旦又可以接受数据,则给控制符 XON。 ·RTS/CTS 信号 RTS,请求发送。信号激活时进行数据传送;信号不激活,待所传送的数据发送结束后停止传送过程。 信号 CTS 用作 RTS 的应答信号,表明传送设备已作好运行准备
XON	开始传送的标志符,只适用于使用 XON/XOFF 的设备
XOFF	传送结束的标志符
传送结束符 EOF	表示文本文件传送结束,在传送二进制数据时"遇 EOF 停止"处于不激活状态
波特率	选择接口传送速度:300 波特、600 波特、……、115200 波特
数据位	异步传送时的数据位数:7 位、8 位
停止位	异步传送时的停止位数:1 位、2 位
奇偶校验位	利用奇偶校验可以判别是否出错,它附加到编码的符号上: 无奇偶性、偶校验、奇校验

7.4　SINUMERIK 840D 系统操作面板简介

SINUMERIK　840D 是德国西门子公司开发的用于各种复杂加工的数字式数控系统,应用于众多数控加工领域,能实现钻、车、铣、磨等数控功能。它的硬件结构更加简单、紧凑、模块化,软件内容更加丰富,功能更加强大。其特点是计算机化、驱动的模块化、控制与驱动接口的数字化。它与 SINUMERIK 611 数字驱动系统及 SIMATIC S7 可编程控制器一起,构成全数字控制系统,具有优越的动态品质和控制精度,特别适用于各种复杂型面与型腔零件的加工。840D 数控系统的主要性能及特点有以下几个方面:

1) 控制类型

采用 32 位微处理器,实现 CNC 控制,可完成 CNC 连续轨迹控制及内部集成式 PLC 控制。

2) 机床配置

最多可控制 31 个轴。其插补功能有样条插补、三阶多项式插补、控制值互联和曲线表插补,这些功能为加工各类曲线曲面类零件提供了便利条件。此外还具备进给轴和主轴同步操作的功能。

3) 软件功能

SINUMERIK　840D 可以实现加工(Machine)、参数(Parameter)、服务(Services)、诊断(Diagnosis)及安装启动(Start-up)等几大软件功能。操作方式主要有 AUTOMAIC(自动)、JOG(手动)、TEACH IN(交互式程序编制)、MDA(手动过程数据输入)。

4) 轮廓和补偿

840D 系统可根据用户程序进行轮廓的冲突检测、刀具半径补偿的接近和退出及交点计算、刀具长度补偿、螺距误差补偿和测量系统误差补偿、反向间隙补偿、过象限误差补偿等。

5）安全保护功能

数控系统可通过预先设置软极限开关的方法，进行工作区域的限制，当超程时可以触发程序进行减速，对主轴的运行还可以进行监控。

6）NC 编程

NC 编程符合 DIN66025 标准，具有高级语言编程特色的程序编辑器，可进行公制、英制尺寸或混和尺寸的编程，程序编程与加工可同时进行。

7）PLC 编程

840D 的集成式 PLC 完全以标准 SIMATIC S7 模块为基础，PLC 程序和数据内存可扩展到 288KB，I/O 模块可扩展到 2048 个输入/输出点，PLC 程序可以极高的采样速率监视数字输入，向数控机床发送运动停止/启动等命令。

8）操作部分硬件

840D 系统提供有标准的 PC 软件、硬盘、奔腾处理器，用户可在 Windows 98/2000 下开发自定义的界面。此外，2 个通用接口 RS – 232 可使主机与外设进行通信，用户还可通过磁盘驱动器接口和打印机并行接口完成程序存储、读入及打印工作。

9）数据通信部分

840D 系统加工过程中可同时通过通用接口进行数据输入/输出。此外，用 PCIN 软件还可以进行串行数据通讯，通过 RS – 232 接口可方便地使 840D 与西门子编程器或普通的个人电脑连接起来，进行加工程序、PLC 程序、加工参数等各种信息的双向通讯。用 SINDNC 软件可以通过标准网络进行数据传送，还可以用 CNC 高级编程语言进行程序的协调。

SINUMERIK 840D 系统的操作面板可分为 CNC 面板与机床控制面板。

1. CNC 面板

常见的 SINUMERIK 840D 系统的 CNC 面板有以下两种形式，如图 7 – 18 所示，其按键功能说明如下：

加工区域键
直接指向"加工"。

返回键
回到上一级菜单，恢复关闭一个窗口。

扩展键
在同一个菜单里扩展软键条。

区域切换键
可以在任何操作区域通过按下此键来调出基本菜单，连续两次按下该键可以实现从当前的操作区域切换到前一个或后一个操作区域。标准的基本菜单包括 Machine（加工）、Parameters（参数）、Program（程序）、Services（服务）、Diagnosis（诊断）区域。

换挡键
用于在具有双重用途的键上切换，按下此键输入按键表面标在上面一行的字符。

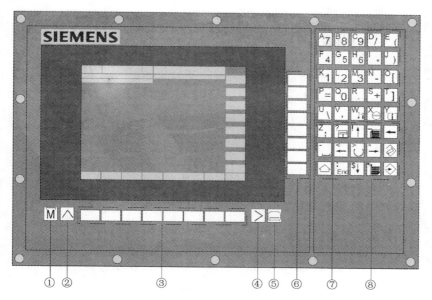

(a) OP031 CNC 面板

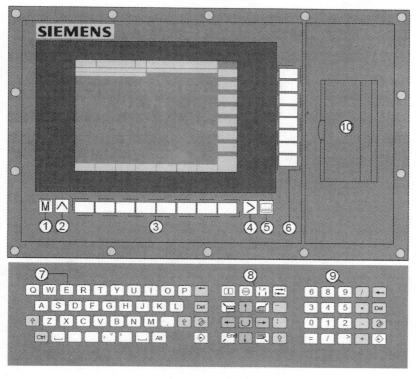

(b) OP032CNC面板

图 7 - 18　SINUMERIK　840D 系统 CNC 面板

①—加工区域键；②—返回键；③—横向软键；④—扩展键；⑤—区域切换键；⑥—纵向软键；
⑦—字母/数字键；⑧—编辑/光标/控制键；⑨—数字/控制键；⑩—PCMCIA 卡插槽。

通道切换键
当使用几个通道时,可以在它们之间切换(从通道 1 至通道 n)。

报警应答键
按下这个键,可以应答标有删除符号的报警。

信息键
按下这个键可以调出与当前操作状态有关的解释内容和信息。

窗口选择键
如果屏幕上显示几个窗口,可以用这个窗口选择键去激活下一个窗口(激活窗口具有厚边框)。键盘输入(比如页码键)只适用于激活窗口内。

光标上移键

向下翻页键
用这个键每次向下翻页一屏显示的内容,在零件程序里你可以向下翻页到程序的尾部或向上到程序的开始处。

退格键
删除光标左边字符。

空格键

光标左移键

选择/触发键
用于在输入区域赋值和选择标有这个键符号的列表;
激活或还原一个区域。

光标右移键

编辑/取消键
在桌面上和输入区域切换到编辑模式(在该情况下,在输入区域设置插入模式);用于桌面元素和输入区域的取消功能(当退出一个带有编辑键的区域,值不被保存并且这个区域恢复到以前的值等同于取消键);
袖珍式计算器模式。

行结束键
移动光标到输入区域的行结尾或在编辑状态的显示页面的行结尾;
在一组相关的输入区域内快速定位光标。

鼠标下移键

向上翻页键
显示屏向前翻页,通过这个页面键可以滚动激活窗口的可见显示区域,滚动条指示被选择的程序/文件/……的那一部分。

204

输入键

接受一个编辑值;

打开或关闭一个路径;

打开文件。

2. 机床控制面板

SINUMERIK 840D 系统的机床控制面板如图 7 – 19 所示,其按键功能说明如下:

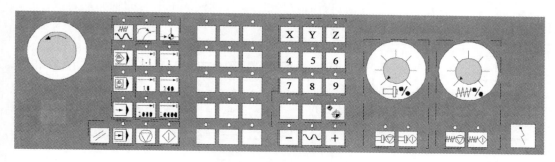

图 7 – 19　SINUMERIK 840D 系统机床控制面板

1)急停按钮

在紧急状态(危及人身安全或可能损坏工件和机床)时使用此按钮。急停操作将使所有驱动装置在尽可能大的刹车转矩下停止。

2)操作方式选择与加工功能

手动模式

使用方向键或手轮按预设进给速率使坐标轴移动。

MDA 模式

在此操作状态下,可通过操作面板将程序段输入控制系统缓冲器内存。控制系统先执行输入的程序段,然后清理缓冲器内存,准备接受新的程序段。

自动模式

在此操作状态下,通过自动执行程序来实现对机床的控制。

增量进给方式

可在"JOG"或"MDA/Teach in"模式下激活增量功能。

示教(Teach in);

在"MDA"模式下,在机床对话框里创建程序。

重定位(Repos)

在手动方式下重新接近零件轮廓。

回参考点(Ref)

在手动方式下接近参考点。

3）进给速度控制

进给速率和快速移动修调开关

转动该钮可以减少或增加已编程的进给速率值 F（相对于 100% 而言），设定的进给速率值 F 以百分数显示在 CRT 屏幕上。其控制范围为编程进给速度的 $0 \sim 120\%$，快速移动则不能超过 100%。

进给保持

按下此键，当前执行程序停止，在控制模式下所有的轴驱动装置停止，相应的灯亮。

进给启动

按下此键，当前程序继续执行，进给速度增至程序段中定义的值，相应的指示灯亮

 轴选择键，选择要移动的轴。

正向键

按下此键相应的轴正向移动。

负向键

按下此键相应的轴负向移动。

快速运动修调键

此键和上面的"+"或"-"键同时按下，则相应的轴在快速方式下运动。

机床坐标系/工件坐标系切换键

在机床操作区域内用软键 MCS/WCS 或机床操作面板上的相应键在机床坐标系和工件坐标系之间切换。

4）主轴控制

主轴速度修调开关

转动此旋钮可降低或升高已编程主轴转速（相对于 100% 而言），设定的主轴转速的值以绝对值和百分比显示在主轴显示区内。其控制范围为已编程主轴转速的 $50\% \sim 120\%$。

主轴停止键

按下此键主轴停止，相应的指示灯亮。在换刀、调试过程中输入 S、T、H、M 功能等情况下均可使用此键。

主轴启动键

按下此键，主轴转速加速至程序中定义的值，相应的指示灯亮。

5）自动运行控制

复位键

使用此键时当前程序被终止，同时可以清除相关报警和诊断信息，控制系统处于复位状态。

循环启动键

按下此键,程序连续执行。

循环停止键

按下此键,程序停止。

单段执行键

逐段运行加工程序,每按一次该键执行一程序段。

7.5 HEIDENHAIN iTNC 530 系统五轴加工中心的操作

HEIDENHAIN(海德汉)iTNC 530 数控系统是面向车间应用的轮廓加工数控系统,操作人员可以在机床上采用易用的对话格式编程语言编写常规加工程序。它适用于铣床、钻床、镗床和加工中心。该系统的数据处理时间比以前的 TNC 系列产品快 8 倍,所配备的"快速以太网"通信接口能以 100Mb/s 的速率传输程序数据,比以前快了 10 倍,新型程序编辑器具有大型程序编辑能力,可以快速插入和编辑信息程序段。机械师不必记忆 G 代码,只需要用组合键按键就可以编制线段、弧段、循环程序。在强大硬件的支持下,iTNC 530 采用了全数字化驱动技术,其位置控制器、速度控制器和电流控制器全部实现数字控制。数字电机控制技术能获得非常高的进给速率。iTNC 530 在同时插补多达五轴时,还能使转速高达 40000r/min 的数控主轴达到要求的切削速度。该系统通用性好并适合五坐标控制,在需要优化刀具轨迹控制的情况下,其强大的控制能力可计算实际坐标系,因而简化了加工循环的编程。

本节以 DMG 公司的 DMU 60 monoBLOCK 型五轴加工中心(如图 7 - 20 所示)为例介绍 HEIDENHAIN iTNC 530 系统加工中心的基本操作内容,该机床的主要技术参数如下:

X / Y / Z 轴	630/560/560mm
最大快移和进给速度	30m/min
机床质量	6300kg
刀柄	SK40
刀库	盘式
刀库刀位数量	24 个
换刀时间	9s
功率(40 /100% DC)	15/10kW
最大扭矩(40 /100% DC)	130/87nm
最大主轴转速	12000r/min
数控摆头铣头(B 轴)摆动范围	+30/ -120°
摆动时间	1.5s
快移	35r/min
回转工作台尺寸	φ600mm
固定工作台尺寸	1000 ×600mm
最大载重	500kg
回转工作台最大快移和进给速度	40r/min
显示屏	19 寸液晶屏
测量系统	直接测量系统(绝对值式测量)

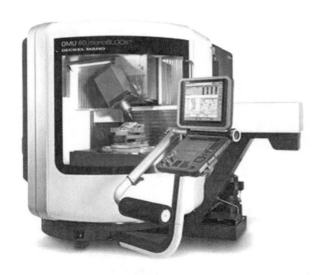

图 7 - 20   DMU 60 monoBLOCK 型五轴加工中心

7.5.1 操作面板

HEIDENHAIN iTNC 530 系统加工中心的操作面板如图 7 - 21 所示,包括能输入字母和符号的 ASCII 键盘、坐标轴和编号的输入和编辑键、箭头键和 GOTO 跳转指令键、功能键和轴运动键、触摸屏等。

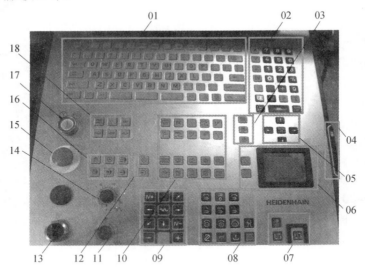

图 7 - 21   HEIDENHAIN iTNC 530 数控系统操作面板
01—字母键盘；02—坐标轴和编号的输入和编辑键；
03—smarT. NC 导航键；04—SmartKey,电气运行方式开关;05—方向键和跳转指令键；
06—触摸屏(鼠标)；07—进给停止,主轴停止,程序启动键；08—功能键;09—轴运动键；
10—对话式编程的开启键;11—进给倍率按钮；12—编程运行方式键;13—松刀或拉紧旋钮；
14—快移倍率按钮;15—急停按钮;16—机床操作模式键;17—系统电源开关;18—程序/文件管理功能键。

208

下面对各操作键的功能、用途作一些具体介绍。

1. 字母键盘

字母键盘用于输入文本和文件名以及 ISO 编程，还有些 Windows 操作按键。

2. 坐标轴和编号的输入和编辑键

X Y Z IV V 选择坐标轴或将其输入到程序中

0 1 … 8 9 数字输入

. 小数点

% 正负号

+ 由计算器获取实际位置或值

Q Q 参数编程/Q 参数状态

P 极坐标

I 增量尺寸

CE 清除输入或清除 TNC 出错信息

DEL 中断对话，删除程序块

NO ENT 跳过对话问题、删除字

ENT 确认输入项及继续编程对话

END 结束程序段，退出输入

3. smarT. NC 导航键

smarT. NC：选择下一个表格

smarT. NC：前一个/下一个选择框架

4. SmartKey，电气运行方式开关

1）授权钥匙 TAG

用来作为授权的钥匙和数据存储。

2）运行方式选择键

选择运行方式：

Ⅰ：在加工间关闭状态下安全运行模式，可进行绝大多数操作，为系统默认状态；

Ⅱ：可在加工间开启状态下运行的调整运行模式，系统限制主轴转速最高 800r/min，进给速度最大 2m/min；

Ⅲ：可在加工间开启状态下运行，与调整运行模式相同，系统限制主轴转速最高 5000r/min，进给速度最大 5 m/min；

Ⅳ:扩展的手工干预模式,可获得更大权限,需要特殊授权。

授权钥匙和运行方式选择键见图 7 – 22。

图 7 – 22　授权钥匙和运行方式选择键

5. 方向键和跳转指令键

← → ↑ ↓　左、右、上、下方向键,可用来移动高亮区

6. 触摸屏(鼠标)

一个触摸屏和两个按键,提供触摸以移动控制光标的方式,类似于笔记本电脑中的触控区操作。

7. 进给停止,主轴停止,程序启动键

　循环启动键

　循环停止

　循环停止,且主轴停转

8. 功能键

　主轴左转

　主轴右转

　主轴停转

　主轴倍率升

　主轴倍率 100%

　主轴倍率降

　冷却液接通/关闭

　内部冷却液接通/关闭

　刀库右转

　刀库左转

210

▦ 托盘放行

⬆ 解锁机床门

FCT FCT 或 FCT A 屏幕切换

⬚ 手动换刀

9. 轴运动键

→ X + 方向运行键

← X − 方向运行键

↗ Y + 方向运行键

↙ Y − 方向运行键

↑ Z + 方向运行键

↓ Z − 方向运行键

— B − 方向运行键

+ B + 方向运行键

IV+ C + 方向运行键

IV− C − 方向运行键

10. 对话式编程的开启键

1）编程路径运动

APPR/DEF 接近/离开轮廓

FK FK 自由轮廓编程

L 直线

+CC 圆的中心/极坐标极心

C 圆及圆心

CR 圆及半径

CT 相切连接的圆弧

CHF 倒角

RND 圆角

2）刀具功能

TOOL DEF TOOL CALL 刀具定义、刀具调用

3）循环、子程序和程序段重复

CYCLE DEF / CYCLE CALL 循环定义、循环调用

LBL SET / LBL CALL 输入和调用子程序和程序段重复标号

STOP 中断程序运行

TOUCH PROBE 循环测头定义

11. 进给倍率旋钮

用来调节切削进给速度,实际的进给速度应该为 F 的给定值与倍率旋钮给定倍率（在 0 ~ 150% 之间）的乘积。

12. 编程运行方式键

程序储存/编辑

程序模拟测试

13. 松刀或拉紧旋钮

对于不能存入刀库中的大尺寸刀具,只能从主轴上装刀和拆刀,在装拆时可旋转此旋钮来松开或拉紧刀具。

14. 快移倍率旋钮

快速移动的速度是由机床参数给定的,可通过调节快移倍率旋钮来加上 0 ~ 100% 的倍率。

15. 急停按钮

出现紧急情况时,可按下此急停按钮来中止机床的运动,以确保安全。如屏幕上提示"外部紧急停止",说明急停按钮被按下去了,需旋转急停按钮来释放急停操作。

16. 机床操作模式键

手动

电子手轮

手动数据输入定位（MDI）

smart. NC

单段/自动运行模式

17. 系统电源开关

系统启动时,当屏幕顶端出现"外部继电器直流电压中断"信息时,按下此按钮,即可开启系统电气电源。

18. 程序/文件管理功能键

PGM MGT 选择或删除程序或文件外部数据传输

MOD MOD 功能

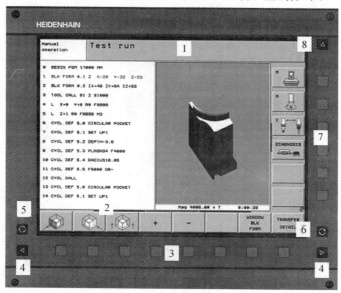 袖珍计算器

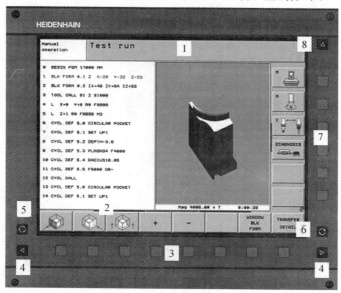 错误功能键,显示当前全部出错信息

 帮助功能键,显示 NC 出错的帮助信息

7.5.2 显示单元和屏幕布局

HEIDENHAIN iTNC 530 数控系统的显示单元由 8 部分组成,如图 7 – 23 所示。

图 7 – 23　HEIDENHAIN iTNC 530 数控系统的显示单元

1. 显示单元的各个部分

1）标题区

启动 TNC 后,屏幕标题区将显示所选定的操作模式:加工模式显示在左侧,编程模式显示在右侧。当前所用的模式显示在大框中,弹出的对话框和 TNC 信息(除非 TNC 将整个显示屏都用于图形显示)也显示在这里。

2）软键区

在屏幕底部有一行提供其他功能的软键,可通过按其正下方的按键选择这些功能。软键正上方的线条用来显示可被右侧和左侧黑色箭头按键调用的软键行的数量。当前软键行由高亮条显示。

3）软键选择键

4）软键行切换键

5）设置屏幕布局

6）加工和编程模式切换键

7）预留给机床制造商的软键选择键

8）预留给机床制造商的软键行切换键

2．显示单元的实体按键说明

分屏键,切换主副页面

加工模式和编程模式切换

在显示屏幕中选择功能的软键

◁ ▷ △ 切换软键行

HEIDENHAIN iTNC 530 数控系统的屏幕画面布局如图 7 - 24 所示。

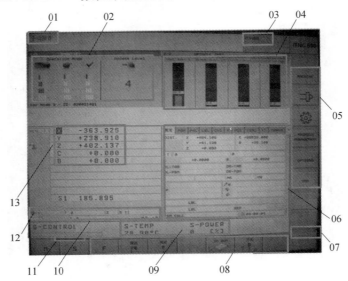

图 7 - 24 HEIDENHAIN iTNC 530 数控系统的屏幕画面布局

屏幕画面的布局如下：

（1）左侧标题行。将显示当前选中的机床运行方式（手动操作、MDI、电子手轮、单段运行、自动运行、smarT. NC 等）。

（2）授权运行状态。显示当前机床的运行方式及 SmartKey 状态。

（3）右侧标题行。显示当前选中的程序运行方式（程序保存/编辑、程序测试等）。

（4）主轴监控。显示机床在当前的监控状态（主轴温度、振动、倍率等）。

（5）垂直功能键。显示机床功能。

（6）状态表格。表格概况：位置显示可达 5 个轴，刀具信息，正在启用的 M 功能，正在启用的坐标变换，正在启用的子程序，正在启用的程序循环，用 PGM CALL 调用的程序，当前的加工时间，正在启用的主程序名。

（7）用户文档资料。在 TNC 引导下浏览。

（8）水平功能键。显示编程功能。

（9）监控显示。显示轴的功率和温度。

（10）工艺显示。显示刀具名，刀具轴，转速，进给、旋转方向和冷却润滑剂的信息。

（11）功能键层。显示功能键层的数量。

214

（12）显示零点。来自预设值表正启用的基准点编号。

（13）位置显示。可通过 MOD – 模式键来设置显示实际值、参考点、设定值、剩余行程等。

7.5.3 基本操作

1. 开机和关机

1）开机

将机床侧面的主开关转到"ON"位置，开启控制系统和机床电源，TNC 将自动进行如下初始化：

（1）内存自检。自动检查 TNC 内存。

（2）电源掉电。TNC 显示出错信息"电源中断"，则按 CE 键两次，清除出错信息。

（3）转换 PLC 程序。自动编译 TNC 的 PLC 程序。

（4）外部直流电源故障检查。如屏幕上提示"外部紧急停止"，说明"急停按钮" 被按下去了，需释放急停按钮。如屏幕上提示"外部继电器直流电压中断"时，按下"电气电源按钮" 开启外部直流电源。

（5）手动操作，让参考点回零。配有绝对编码器的话例如本书举例的 DMU60 mono-BLOCK，则不需执行参考点回零，接通机床控制系统的电源就可立即使用 TNC 系统。

对于没有配绝对编码器的系统，则需按屏幕显示顺序手动操作参考点回零（对各轴，按机床的启动按钮），或者按任意顺序进行参考点回零（对各轴，按住机床轴方向键，直到移过参考点为止）。

需要说明的是，只有需要移动机床轴时才需参考点回零。如果只想编辑或测试程序，接通控制系统电源后就可立即选择"程序编辑"或"测试运行"操作模式。然后，在"手动操作"模式下按 PASS OVER REFERENCE（参考点回零）软键来进行参考点回零。

现在，TNC 已启动完毕，可以在"手动操作"模式下工作了。

2）关机

为防止关机时发生数据丢失，需要用如下方法关闭操作系统：

（1）选择"手动操作"模式。

（2）在显示屏右下角点击左软键左翻，当页面左下角出现 标志时，点击其对应的软键按钮，选择关机功能。系统会提示"Do you really wish to switch off the control？"，用［YES］（是）软键再次确认。

（3）当 TNC 的弹出窗口显示"Now you can switch off the TNC"（现在可以关闭 TNC）字样时，把机床侧面的主开关扳到"OFF"位置，切断 TNC 电源。

注意：

（1）不正确地关闭 TNC 系统将导致数据丢失！

（2）控制系统关机后，如果按 END 键的话，将重新起动控制系统。重新起动过程中关机的话,也能造成数据丢失!

2. 手动操作

1）手动操作移动机床轴

（1）选择"手动操作"模式 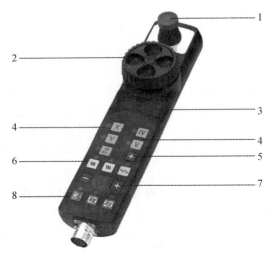 。

（2）按住机床轴方向键直到轴移动到所要的位置为止,或者连续移动轴:按住机床轴方向键,然后按住机床启动（START）按钮,停止移动按下停止（STOP）按钮;

（3）在轴移动时,可以用 F 软键或进给倍率修调按钮改变进给倍率。

2）电子手轮操作移动机床轴

在程序运行过程中,也可以用手轮移动机床轴。如图 7 - 25 所示,电子手轮具有如下 8 种操作功能:

（1）紧急停止按钮;

（2）手轮;

（3）激活按钮;

（4）轴选键;

（5）实际位置获取键;

（6）进给速率选择键（慢速、中速、快速;进给速率由机床制造商设置）;

（7）TNC 移动所选轴的方向;

（8）机床功能（由机床制造商设置）。

图 7 - 25　电子手轮

单轴移动操作步骤:

（1）选择"电子手轮"操作模式；

（2）选择屏幕右侧"MACHINE",手轮打开,按　软键切换到"ON";

（3）按住"激活"按钮（注:在机床门处于打开状态时使用）;

216

（4）选择轴,比如 X 轴 **X** ;

（5）选择进给速率 **ᗃ** **ᗃ** **᙮** ;

（6）在正、负方向移动当前所选机床轴 **+** **−** 。

3）增量方式点位定位移动机床轴

采用增量式点动定位方式,可按预定的距离移动机床轴。

（1）选择"手动操作"或"电子手轮"操作模式;

（2）切换软键行 **◁** 。

（3）选择增量式点动定位,将 INCREMENT(增量)软键置于 ON(开) ;

（4）输入以 mm 为单位的点动增量,比如 8mm, **8** **ENT** 。

（5）根据具体需要决定按下机床轴方向键的次数,比如 X 轴。

注意:最大允许进给量为 10 mm。

2. 手动数据输入(MDI)定位

用"手动数据输入定位"(MDI)操作模式能非常方便地执行简单加工操作或刀具预定位。在该模式下可以用 HEIDENHAIN 对话格式编程语言或 ISO 格式编写小程序并立即执行。还可以调用 TNC 固定循环。编写的程序被保存在 $MDI 文件中。在"手动数据输入定位"操作模式下,还可以显示附加状态信息。

（1）选择"手动数据输入定位"操作模式 **◉▶** 。

（2）编写 $MDI 程序文件。

（3）按机床的 START (启动)按钮执行程序。

需要注意的是,MDI 方式有两个限制:

（1）不能使用 FK 自由轮廓编程、编程图形和程序运行图形显示功能。

（2）$MDI 文件中不能包含程序调用(PGM CALL)。

3. 工件原点设置(不用 3 − D 测头)

确定工件原点的方法是将 TNC 显示的位置设置为工件上已知位置的坐标,其原理如图 7 – 26 所示。准备工作如下:

（1）将工件夹紧并对正。

（2）将已知半径的标准刀具装于主轴上。

（3）确保 TNC 上显示实际位置值。

1）用轴键设置工件原点

（1）如果工件表面不能被划伤,可将一已知厚度为 d 的金属片覆在工件表面上。然后输入刀具轴原点值,它应比所定的原点大 d。

（2）选择"Manual Operation"(手动操作)模式 **🖑** 。

（3）缓慢移动刀具直到它接触(划到)到工件表面为止 **X** **Y** **Z** 。

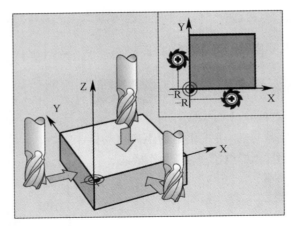

图 7 - 26   工件原点设置原理图

（4）选择一个轴（也可用 ASCII 字符键盘选择各轴）。比如 Z 轴 **Z**，工件原点设置 $Z =$ **0** **ENT**。对于主轴上的标准刀具：将屏幕显示值设置到已知的工件位置处（此例为 0）或输入薄片厚度 d。在刀具轴方向，则需考虑刀具半径补偿。

（5）对其他各轴，重复以上步骤。

如用预设的刀具，需将刀具轴的屏幕显示值设置为刀具长 L，或输入总和 $Z = L + d$。

2）用预设表管理工件原点

海德汉 530 系统使用预设表管理工件原点，其界面如图 7 - 27 所示。对于如下情况，必须使用预设表：

（1）有旋转轴的机床（倾斜工作台或倾斜主轴头）以及使用倾斜加工面功能；

（2）有主轴头切换系统的机床；

（3）此前一直使用老型号的、采用基于 REF 原点表的 TNC 控制系统；

（4）虽工件对正不同但希望加工完全相同的工件。

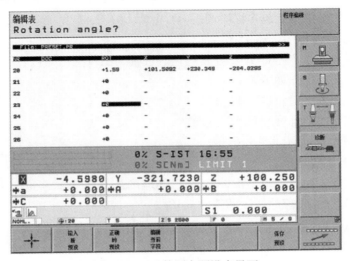

图 7 - 27   工件原点预设表界面

预设表中可有任意多行(原点)。为优化文件大小和处理速度,应在满足原点管理情况下使用尽可能少的行数。

为安全起见,应将新行只插在预设表尾。

工件原点预设表的文件名为"PRESET. PR,",它保存在"TNC:\."目录下。仅在"手动操作"和"电子手轮"操作模式下才能编辑"PRESET. PR"预设表。在"程序编辑"模式下,只能读该表而不能编辑它。

可以将预设表复制到其他目录中(用于数据备份)。在被复制的预设表中,机床制造商所编写的预设表中的行都是写保护的。因此是不可编辑的。

注意:

(1)禁止在复制的预设表中更改行号!否则将在重新启用该表时产生问题。

(2)要启用被复制到其他目录的预设表,必须将其复制回"TNC:\"目录下。

在工件原点预设表中设置原点的操作步骤如下:

(1)选择"Manual Operation"(手动操作)模式 。

(2)缓慢移动刀具直到它接触(划到)到工件表面为止或相应地放一个测量表 。

(3)显示预设表:TNC 打开预设表并将当前光标定位在当前表行中 。

(4)选择输入预设原点功能 ,TNC 在该软键行中显示每一个可用于输入的功能。有关各输入功能信息,参见下表。

(5)选择要改变的预设表中的一行(行号为预设表号) 。

(6)根据需要,选择要改变的预设表中的列(轴) 。

(7)用软键选择可用的输入功能之一(参见表7-2)。

表7-2 管理原点预设表的主要软键功能定义表

软键	功 能
	直接将刀具(或测量表)实际位置转为新原点,该功能只能保存当前高亮轴的原点。
	给刀具(测量表)的实际位置指定一个任意值,该功能只能保存当前高亮轴的原点。在弹出窗口中输入所需值。
	增量平移已保存在表中原点,该功能只能保存当前高亮轴的原点。在弹出窗口中输入所需正确值并带代数符号。
	直接输入新原点不计算运动特性(特定轴),该功能只适用于使用旋转工作台的机床,输入 0 使原点设置在旋转工作台的中心,且只能保存当前高亮轴的原点。在弹出窗口中输入所需值。

软键	功　　能
保存预设	将当前原点写入表中所选行中，该功能保存所有轴的原点，然后自动启动表中相应行。
改变预设	选择预设原点输入功能
启用预设	启动预设表选定行的原点

4. 使用文件管理器

TNC 具有专门的文件管理器，用它可以方便地查找和管理文件，可以用文件管理器调用、复制、重命名和删除文件。

1）文件命名

在 TNC 系统上编写零件程序时，必须先输入文件名。TNC 将用该文件名将程序保存在硬盘上。TNC 还可以将文本和表保存为文件。一个文件名称由文件名和文件类型组成。将程序、文本和表保存为文件时，TNC 将给文件名添加扩展名并用点号分隔，扩展文件名代表文件类型，如"prog20. h"。

（1）文件名。文件名应当不多于 25 个字符，否则将不能完整显示。文件名可达到一定长度，但不得超过 256 个字符的最长路径长度。此外，空格；＊ ＼ " ？ ＜ ＞ 都不允许使用。

（2）文件类型。文件类型显示由何种格式组成文件，HEIDENHAIN 系统中的文件类型如表 7 - 3 所列。

表 7 - 3　HEIDENHAIN 系统中的文件类型

TNC 中的文件		类型
数控程序	HEIDENHAIN 格式	. h
	ISO 格式	. i
smarT. NC 文件	主程序单元	. hu
	轮廓描述	. hc
	加工位置点表	. hp
表	刀具表	. t
	刀盘表	. tch
	托盘表	. p
	原点表	. d
	点表	. pnt
	预设表	. pr
	切削数据表	. cdt
	切削材料表、工件材料表	. tab
	关联数据（如结构项等）	. dep

TNC 中的文件		类型
文本	文本文件	. a/. txt
	帮助文件	. chm
图纸数据文件	文本文件	. dxf

2）文件管理

为便于查找文件,TNC 将硬盘分成不同目录。目录可被进一步细分为子目录。可用 −/ + 键或 ENT 键显示或隐藏子目录。如图 7 −28 所示为 TNC 的文件管理界面。

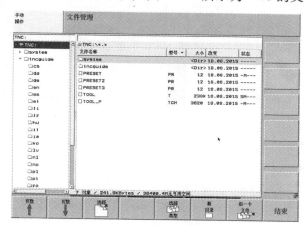

图 7 −28　TNC 的文件管理界面

TNC 最多可管理 6 级目录,一个目录总是通过文件夹符号和目录名标识。子目录是向右展开的。如果在文件夹符号前有一个三角形,则表示还有进一步可以用 −/ + 键或 ENT 键打开的子目录。

路径是指保存文件驱动器及其各级目录和子目录。路径名间用反斜线"\"分隔。

例如,在驱动器 TNC:\ 上创建子目录 AUFTR1。然后,在目录 AUFTR1 中创建目录 NCPROG,并将零件程序 PROG1. H 复制到这个目录下,则零件程序的路径为 TNC:\ AUFTR1\NCPROG\PROG1. H

建立好的文件在"状态"显示列中会显示文件的特性:

（1）E——在运行方式"程序保存/编辑"中选中程序。

（2）S——在运行方式"程序测试"中选中程序。

（3）M——程序运行方式中选中程序。

（4）P——文件为防止删除并被修改而写保护。

（5） +——有其他相关文件。

3）选择驱动器、目录和文件

（1）按下键 PGM MGT ,调用文件管理器。

（2）用箭头键或软键,将高亮区移至屏幕中的所需位置。移动高亮区的方法如下:

←　→　在窗口中由左向右移动高亮区,也可以由右向左。

在窗口中上下移动高亮区。

 在一个窗口中将高亮区移至上一页或下一页。

（3）将高亮区移至左侧窗口中所需的驱动器。

（4）要选择驱动器，按下［SELECT］（选择）软键 ，或者按下 ENT 键。

（5）将高亮区移至左侧窗口中所需的目录，右侧窗口将自动显示高亮目录中的全部文件。

（6）按下［SELECT TYPE］（选择类型）软键 。按下所需文件类型的软键 ；或者按下［SHOW ALL］（全部显示）软键 显示所有文件。或者使用通配符，例如显示以 4 开头的所有 . h 类型文件，可以分别输入 4 * . h，再按［ENT］键。

（7）移动高亮区至右侧窗口中所需的文件上，按下［SELECT］（选择）软键 ，或者按下［ENT］键。

TNC 会打开文件管理器所调用的操作模式中选择的文件。

4）新建文件夹和文件

（1）在文件管理界面左侧的目录树中，由所在文件夹中建立新的文件夹，用箭头方向键移动到驱动器下或根目录中的文件夹。例如，在 TNC 文件夹下建立名为"myprog"文件夹，用箭头方向键将光标移动到 TNC 驱动器上，然后按界面下方"新目录"软键 。在弹出的"新目录"对话框中输入文件夹名"myprog"，按下［YES］（是）软键确认，或者用［NO］（否）软键取消。

（2）如果要在文件夹下建立一个新文件，例如，要建立一个名为"aaa. h"的文件，可点按界面下方［新文件］软键 。在弹出的"新文件"对话框中输入文件名"aaa. h"，注意必须添上文件类型后缀，然后按下［YES］（是）软键确认，或者用［NO］（否）软键取消。之后会弹出一个对话框（如图 7 - 29 所示），提示所建文件选择的单位米制或英制，默认是米制（MM）。选择好后回车确认，进入文件编辑界面。

图 7 - 29 "新目录"对话框

5）文件重命名

（1）用方向箭头移动光标选择待重命名的文件；

（2）按下屏幕下方［重命名］软键 ；

222

图 7 - 30   建立新文件

（3）出现"重新命名文件"对话框,输入目标文件名;

（4）检查无误后确认,按下[YES]（是）软键确认,或者用[NO]（否）软键取消。

6）文件删除

（1）用方向箭头移动光标选择待删除的文件或文件夹;

（2）切换功能键层,按下屏幕下方[删除]软键 ;

（3）系统会弹出一个对话框,提示是否删除文件夹里所有文件及其子文件夹;

（4）检查无误后确认,按下[YES]（是）软键确认,或者用[NO]（否）软键取消。

7）文件复制

（1）用方向箭头移动光标选择待复制的文件;

（2）切换功能键层,按下屏幕下方[复制]软键 ;

（3）出现"复制"对话框,输入复制的目标文件名;

（4）点击屏幕下方[目录树]软键 ;

（5）用方向箭头选择目标文件的文件夹;

（6）按下[YES]（是）软键确认后,文件被复制到目标文件夹中;

8）USB 存储设备的使用

当连接上 USB 设备时,TNC 会自动检测 USB 设备类型。TNC 不支持其他文件格式的 USB 设备（例如 NTFS）,如果连接一个这类设备的话,TNC 显示"USB:TNC 不支持该设备"出错信息。

将所有被支持格式文件系统的 USB 设备连接在 TNC 上后,在目录树中 USB 设备显示为一个单独驱动器,因此可以使用前面介绍的文件管理功能。

为了取消 USB 设备,可进行如下操作:

（1）调用文件管理器;

（2）移动光标至 USB 驱动器上;

（3）滚动软键行,按[更多功能]软键 ,选择取消 USB 设备的功能软键

,按下后即可移除 USB 存储设备。

移除 USB 设备后,为了重新建立与已被取消的 USB 设备连接,可按一下软键 。

5. 刀具数据管理

海德汉 530 系统使用刀具表来管理刀具相关数据。通常路径轮廓坐标的编程都与工

件图纸标注的尺寸一样。要使 TNC 能计算刀具中心路径,即刀具补偿,还必须输入所用每把刀具的长度和半径。

用 TOOL DEF(刀具定义)可以在零件程序中直接输入刀具数据,也可以输入在单独刀具表中。在刀具表中,还可以输入特定刀具的附加信息。执行零件程序时,TNC 将考虑输入给刀具的全部相关数据。

1)刀具编号与刀具名称

每把刀都有一个 0～32767 之间的标识号。如果使用刀具表,还可以为每把刀输入刀具名。刀具名称最多可由 16 个字符组成。刀具编号 0 被自动定义为标准刀具,其长度 L =0,半径 R =0。在刀具表中,刀具 T0 也被定义为 L =0 和 R =0。

2)刀具长度 L

刀具长度 L 的确定方法有两种:第一种方法是确定刀具长度与标准刀具长度 L0 之差。代数符号的含义如下:

L > L0:刀具比标准刀具长;

L < L0:刀具比标准刀具短;

确定长度:

(1)将标准刀具移至刀具轴的参考位置(即工件表面 Z =0 处)。

(2)将刀具轴的原点设为 0(原点设置)。

(3)插入所需刀具。

(4)将刀具移至与标准刀具相同的参考位置处。

(5)TNC 显示当前刀具与标准刀具之差。

(6)按实际位置获取键将值输入到 TOOL DEF(刀具定义)程序段或刀具表中。

第二种方法是用刀具预置器确定长度 L。直接在 TOOL DEF(刀具定义)程序段或刀具表中输入已确定的值,无需进一步计算。

执行零件程序期间所用的刀具表被指定为 TOOL.T。只能在机床操作模式之一中编辑 TOOL.T。其他用于存档或测试运行的刀具表使用不同文件名,扩展名都是".T"。

3)刀具半径 R

可以直接输入刀具半径 R。

4)长度和半径的差值

差值是刀具长度和刀具半径的偏移量。

正差值表示刀具尺寸大(DL,DR,DR2 >0)。如果所编程序中的加工数据留有加工余量,在零件程序的 TOOL CALL(刀具调用)程序段中输入正差值。

负差值表示刀具尺寸小(DL,DR,DR2 <0)。在刀具表中输入负差值来代表刀具的磨损量。

通常都是用数字值来输入差值。在 TOOL CALL(刀具调用)程序段中,也可以将这些值指定给 Q 参数。

注意:输入的差值最大为 ±99.999mm。

5)在程序中输入刀具数据

可在零件程序的 TOOL DEF(刀具定义)程序段中定义特定刀具的编号、长度和半径。

(1)要选择刀具定义,按 TOOL DEF(刀具定义)键 。

（2）刀具编号：每把刀都用刀具编号作它的唯一标识。

（3）刀具长度：刀具长度的补偿值。

（4）刀具半径：刀具半径的补偿值。

在编程对话中，通过按所需轴的软键可以将刀具长度值和半径值直接传到输入行中。例如，可按下面的形式定义一把刀具：

5TOOL DEF 5 L＋10 R＋5

行首的 5 为行号。

6）在表中输入刀具数据

刀具表中最多可定义并保存 30000 把刀及其刀具数据。在机床参数 7260 中，可决定确定创建新表时要保存的刀具数。为了给刀具设置不同的补偿数据（刀具索引编号），MP7262 不能等于 0。

以下情况，必须使用刀具表。

（1）要用的索引刀具有一个以上的长度补偿值，如阶梯钻。

（2）机床有自动换刀装置。

（3）想用 TT 130 测头自动测量刀具。

（4）想用循环 22 粗铣轮廓。

（5）想用循环 22 精铣轮廓。

（6）想用自动计算切削数据功能。

编辑刀具表中刀具数据的步骤如下。

（1）选择"手动操作"模式 ；

（2）选择"刀具表"TOOL. T ；

（3）将［EDIT］（编辑）软键设置在 ON（开启）位置 ；

（4）用光标键选择需要修改的值，进行修改，如图 7 - 31 所示。

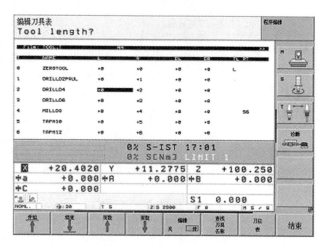

图 7 - 31 编辑刀具表

在将软键切换到[EDIT OFF]（编辑关闭）或退出刀具表前，修改不生效。如果修改当前刀具的刀具数据，该刀具的下一个 TOOL CALL 后生效。

刀具表中各参数（标准刀具数据）的含义及屏幕对话的说明文字如表7-4所列。

表7-4 刀具表中各标准刀具数据参数的含义表

参数缩写	输入	屏幕对话标题
T	在程序中调用的刀具编号（例如5，检索:5.2）	-
NAME	程序中调用的刀具名称（不超过12个字符，全大写，无空格）	刀具名称？
L	刀具长度 L 补偿值	刀具长度？
R	刀具半径 R 补偿值	刀具半径 R？
R2	盘铣刀半径 R2（仅用于球头铣刀或盘铣刀加工时的 3-D 半径补偿或图形显示）	刀具半径 R2？
DL	刀具长度 L 的差值	刀具长度正差值？
DR	刀具半径 R 的差值	刀具半径正差值？
DR2	刀具半径 R2 的差值	刀具半径正差值 R2？
LCUTS	循环22 刀具的刀刃长度	刀刃沿刀具轴的长度？
ANGLE	循环22 和208 往复切入加工时刀具的最大切入角	最大切入角？
TL	设置刀具锁定（TL:代表刀具锁定）	刀具锁定？ 是 = ENT / 否 = NO ENT
RT	替换刀编号，如果有的话	替换刀？
TIME1	以分钟为单位的刀具最长使用寿命。本功能对各机床可能有所不同。	刀具最长寿命？
TIME2	TOOL CALL:（刀具调用）期间以分钟为单位的刀具最长使用寿命:如果当前刀具使用时间超过此值，TNC 将在下一个 TOOL CALL（刀具调用）期间换刀（参见 CUR. TIME）。	刀具调用的刀具最长寿命？
CUR. TIME	以分钟为单位的当前刀具使用时间:TNC 自动计算当前刀具使用寿命（CUR. TIME）。输入已用刀具的起始值。	当前刀具寿命？
DOC	刀具注释（最多16个字符）	刀具说明？
PLC	传给 PLC 的有关该刀的信息	PLC 状态？
PLC VAL	传给 PLC 的有关该刀的值	PLC 值？
PTYP	评估刀位表中的刀具类型 刀位表的刀具类型	？
NMAX	该刀的主轴转速限速。监视编程值（出错信息）并通过电位器提高轴速。禁用功能:输入 -	最高转速［转/ 分］？
LIFTOFF	用于确定 NC 停止时，TNC 是否沿刀具轴的正向退刀以免在轮廓上留下刀具停留的痕迹。如果选择 Y（是）的话，只要 NC 程序用 M148 启用了该功能，TNC 将使刀具退离轮廓0.1 毫米。	是否退刀？
P1 ... P3	与机床相关的功能向 PLC 传输值。请参见机床手册。	值？
KINEMATIC	与机床相关的功能:立式铣头的运动特性说明，TNC 添加到当前机床运动特性中。	附加运动特性说明 ？

226

参数缩写	输入	屏幕对话标题
T – ANGLE	刀具的点角。用于定心循环（循环 240），以便用直径信息计算定心孔深度。	点角（类型钻孔 + 沉孔）?
PITCH	刀具的螺纹螺距（现在还不可用）	螺纹螺距（仅限攻丝类型）?
AFC	可调进给给控制 AFC 的控制设置，在 AFC. TAB 表中定义了 NAME（名称）列。它用 ASSIGN AFC CONTROL SETTING（指定 AFC 控制设置）软键（第 3 软键行）启用反馈控制法	反馈控制法?

7）编辑刀位表

对自动换刀装置，需要使用刀位表 TOOL_P. TCH。TNC 可以管理使用任何文件名的多个刀位表。要为程序运行激活特定刀位表，必须在"程序运行"操作模式（状态 M）的文件管理器中选择该刀位表。为了能在刀位表（刀位索引编号）中管理不同的刀库，机床参数 7261.0 到 7261.3 则不能为 0。TNC 可以控制刀位表中的 9999 个刀库刀位。刀位表主要是用来刀库装刀。

主要步骤如下。

（1）选择［手动操作］模式 ；

（2）选择［刀具表］TOOL. T ；

（3）按［POCKET TABLE］（刀位表）软键 ；

（4）将［EDIT］（编辑）软键设置在 ON（开启）位置 （注:有的机床可能没有该功能或不能用）；

（5）用光标键选择需要修改的值，进行修改，如图 7 – 32 所示。主要参数的含义简介如下：

P:刀具在刀库中的刀槽（刀位）号。

T:刀具表中的刀具号，用于定义刀具。

TNAME:如果在刀具表中输入了刀具名称，TNC 自动创建名称。

ST:特殊刀具，半径较大的特殊刀具需要占用刀库中的多个刀位。如果特殊刀具占用本刀位之前或之后的刀位的话，那么这些增加的刀位必须在列 L 中被锁定（状态 L）。

F:固定刀具编号。刀具只返回刀具库中的同一刀位。

L:锁定刀位（参见列 ST）。

注意:在将软键切换到［EDIT OFF］（编辑关闭）或退出刀具表前，修改不生效。

8）调用刀具数据

可用［TOOL CALL］（刀具调用）键 选择刀具调用功能，需要输入的信息如下:

（1）刀具编号:输入刀具编号或名称。输入的刀具必须在 TOOL DEF（刀具定义）程序段

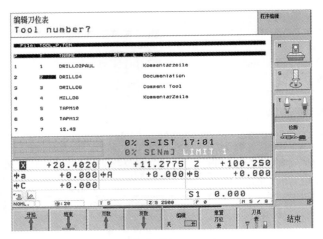

图7-32　编辑刀位表

或刀具表中已有定义。TNC 自动给刀具名加上引号。刀具名称仅指当前刀具表 TOOL. T 中的输入名。如果要调用其他补偿值的刀具,也可以在小数点后输入刀具表中定义的索引编号。

（2）工作主轴:输入刀具轴(为 X/Y/Z),默认为 Z。

（3）主轴转速 S:直接输入主轴转速,如果使用切削数据表的话也可以让 TNC 计算主轴转速。按[S CALCULATE AUTOMAT](自动计算主轴转速) 软键。TNC 将用 MP 3515 设置的最高转速限制主轴转速。或者,也可以用 m/min 定义切削速度 Vc。按 VC 软键。

（4）进给速率 F:直接输入进给速率,如果使用切削数据表的话也可以让 TNC 计算进给速率。按[F CALCULATE AUTOMAT](自动计算进给速率) 软键。TNC 将用最慢轴(由 MP1010 设置的)最快进给速率限制进给速率。进给速率 F 将一直保持有效至定位程序段或 TOOL CALL(刀具调用)程序段有新的进给速率为止。

（5）刀具长度正差值 DL:输入刀具长度的差值。

（6）刀具半径正差值 DR:输入刀具半径的差值。

（7）刀具半径正差值 DR2:输入刀具半径 2 的差值。

例如,在刀具轴 Z 调用 5 号刀具,主轴转速为 2500r/min,进给速率为 350mm/min。用正差值 0.2mm 给刀具长度编程、刀具半径 2 的正差值为 0.05mm,刀具半径负差值为 1mm。则调用程序为

20 TOOL CALL 5. 2 Z S2500 F350 DL +0.2 DR -1 DR2 +0.05

20 为行号,字符 D 后的 L 和 R 代表差值。

6. 装刀与拆刀

在海德汉 530 系统中,装刀与拆刀包括两种情况,一是在刀库中装入或拆除刀具,二是在主轴上装入或拆除刀具(超长超大规格的刀具,这类刀具只能直接装到主轴上,具体的规格标准一般可在刀库门上面找到相关说明)。下面分别予以介绍。

1）从刀库中装刀和拆刀

（1）如前所述,选择手动模式,按软键进入刀具表后,把[EDIT](编辑) 软键设置在

ON（开启）位置，然后建立一把新刀具（即输入要装入的刀具参数，如刀具名称、长度、直径等），设置完毕后按面板上的［END］键。

（2）在刀具表中进入刀位表，将光标移动到刚才所建的刀号上，点击面板右侧"Tool Store"（刀具存储），在弹出的对话框中选择刀位。

（3）之后有两种方式选择刀具的位置：

① 自动方式：Tool Position Automatic → 系统提示可安装刀具的刀位位置，例如 5 号位置。

② 手动方式：手动输入用户所需要的位置（比如 24）后，［ENT］确认。

（4）如要手动选择刀具位置，可按"刀具位置手动"软键，出现选择刀座编号位置的提示，用光标选择相应的刀位，待出现是否把刀具装入刀库（刀盘）的提示时，按"刀具插入"，完成后按［END］。

（5）打开刀库门，将刀具装入刀库中的 24 号刀具位置（注意刀具装入的位置，刀柄上的小缺口朝里，如图 7 - 33 所示，按入后稍往右旋转一下）。

图 7 - 33　刀具装入刀库的缺口方向

（6）装好刀后，关上刀库门。

（7）在 MDI 方式下，输入"Tool Call 24 …"（修改用光标移动，输入相应的值），按［END］键结束输入，再按［循环启动］键执行，系统会自动进行换刀操作，把刀库中的 24 号刀具安装到主轴上，刀具安装完毕。

（8）刀具使用完毕后，可将其进行拆除。在 MDI 方式下，输入"Tool Call 0 …"，按［循环启动］键执行，把刀具放回到刀库中。

（9）刀具不再需要使用时，要拆除刀具。可在手动方式下，进入刀具表，将光标移动到要删除的刀具位置，可点击右侧的［Tool Remove］（刀具拆除）"软键，系统会自动把该刀具转到靠近刀库门外侧的位置。

（10）打开刀库门，从对应刀位处拔掉刀具，然后关上门，然后在系统界面右侧的"Delete Tool - Data"软键中选择 NO 或 YES（NO 保留原有刀具参数、YES 删除刀具参数）。完成后按［END］键。

2）从主轴上装刀和拆刀

对于超出标准规格的刀具，例如直径大于 135 时，只能直接装在主轴上，提示类型时，可直接选非 1、2 的。

（1）与前面类似，选择手动模式，按软键进入刀具表后，在刀具表中建立一把新刀具，例如刀具号为20。输入完毕后，关闭编辑。

（2）进入MDI方式，输入"Tool Call 20 …"（修改用光标移动，输入相应的值），按［END］键结束输入，再按循环启动键执行，屏幕上提示更换刀具，点开门键 ![门键] 打开机床门，再点换刀键 ![换刀键]，一手持刀柄，另一手手动旋转刀具拉紧键，将刀具装入主轴（注意方向），松开拉紧键，再点循环启动键。即完成了刀具的安装。

（3）拆刀时，进入MDI方式，输入"Tool Call 0 …"（调用0号刀具或别的刀具）后按循环启动。

（4）点开门键 ![门键] 打开机床门，握住刀具，旋转夹紧键，取下刀具，点击循环启动。即完成了刀具的拆除。

7. 探头的标定

（1）把标准刀定义到刀具表中（尺寸在刀具上）。

（2）定义探头到刀具表中，注意：其刀具的PLC参数数值的倒数3、5位应为1，例如00010100。

（3）进入MDI方式，调出标准刀。

（4）工作台上升，距刀尖较近时，使用机床附带的50mm量块，放在工作台与刀具中间，用手轮调节令其与标准刀接触，输入Z50。

（5）调出探头，转速不可过高，取S20就够了。

（6）使用千分表校正探头，探针放在探头上，如图7-34所示，左右上下移动，找到最大值，不允许超过$50\mu m$，否则调节探头上的4个螺丝。

图7-34 使用千分表校正探头

（7）将探头移动到位于工作台上方20~50mm处。

（8）进入手动模式，点［探测功能］软键，［标定L］软键，点［循环启动］键，即标定好了长度。

（9）标定半径时使用基础配置的50mm内径的环规，放在工作台上，探头放在环规内，点［探测功能］软键，［标定R］软键，点［循环启动］键，即标定好了直径。

（10）在 MDI 模式下，重新调用一下探头，其 L、R 值会显示在屏幕上，否则尚未启动探头新数据。

8．工件的找正（使用探头）

在加工时一般要把工件的一边与某坐标轴对齐，以利于对刀和加工，即常说的找正工件。利用五轴机床的旋转工作台配合探头的使用，找正工件比三轴机床要方便不少。

（1）装夹好工件。

（2）进入手动模式，把 C 回零，或设置 C 为零。

（3）在手动/手轮模式，点［探测功能］软键，再点［测量 ROT］软键 。

（4）把探头移动到工件的一侧，选 X＋，X－，Y＋或 Y－，具体运动方向选择看向哪个方向运动可以接触到工件，例如这里选 Y＋，打 2 个点，然后把探头移动到上方安全位置。

（5）在屏幕上的"Number in table"中输入要设定到哪个坐标系，如 1 号坐标系；在"Rotation angle ＝"后会自动出现当前找正的边与坐标轴的夹角，例如＋1.8307。点［设定原点］软键，则会写入到坐标系 0；点"键入预设表"软键则写入到所设定的坐标系中。

（6）点［回转工作台定位］软键，按［循环启动］键，工作台会自动旋转到与 X 轴平行方向，完成工件的找正。

7.5.4 HEIDENHAIN 数控编程基础

1．程序的构成

零件程序是由一系列程序段组成，各程序段的各构成元素由行号、路径功能及其他功能字组成。

TNC 按升序为程序段编号。

程序的第一个程序段标记为 BEGIN PGM，并有程序名和当前尺寸单位。

后续程序段包含以下信息：

（1）工件毛坯；

（2）刀具调用；

（3）接近安全位置；

（4）进给速率和主轴转速；

（5）路径轮廓、循环及其他功能。

程序的最后一个程序段被标记为 END PGM，并有程序名和当前尺寸单位。

例如，"10 L X＋20 Y＋30 R0 F200 M3"为某程序中的一个程序段，其含义如下：

（1）10 为行号；

（2）L 为程序段起始键（Linear 表示直线）；

（3）X＋20 Y＋30 代表终点坐标；

（4）R0 为不用半径补偿；

（5）F200 表示进给速率（注，用 FMAX 表示快移速度，仅在程序段内有效）；

（6）M3 为辅助功能，主轴正转。

2．定义毛坯形状 – BLK FORM

一旦初始化新程序后，可立即定义一个工件毛坯。如果想稍后定义毛坯，按 BLK

FORM(毛坯形状)软键。定义工件毛坯主要为了满足 TNC 的图形模拟功能。工件毛坯的边与 X、Y 和 Z 轴平行,最大长度为 100000mm。毛坯形状由它的两个角点来确定:

MIN(最小)点:毛坯形状的 X、Y 和 Z 轴最小坐标值,用绝对量输入。

MAX(最大)点:毛坯形状的 X、Y 和 Z 轴最大坐标值,按绝对或增量值输入。

例如,可用如下语句定义一个对角点为 $(0,0,-40)$ 和 $(100,100,0)$ 的长方体毛坯:

1 BLK FORM 0.1 Z X + 0 Y + 0 Z - 40;主轴坐标轴,最小点坐标

2 BLK FORM 0.2 X + 100 Y + 100 Z + 0;最大点坐标

只有想对程序进行图形测试才需要定义毛坯形状。如果不想定义毛坯形状的话,可以按 DEL 键取消主轴的坐标轴 X/Y/Z 对话框。TNC 可显示的图形最小范围:最短边为 50μm,最长边为 99 999.999mm。

3. 输入刀具相关数据

1) 进给速率 F

进给速率 F 是指刀具中心运动(毫米/分或英寸/分)。每个机床轴的最大进给速率可以各不相同,并能通过机床参数设置。

可以在 TOOL CALL(刀具调用)程序段中输入进给速率,也可以在每个定位程序段中输入。

如果想编程快速移动,可输入 FMAX。要输入 FMAX,当 TNC 屏幕显示对话提问"FEED RATE F = ?"(进给速率 F = ?)时,按 ENT 或 FMAX 软键。

提示:要快速移动机床,也可以使用相应的数值编程,如 F 30000。与 FMAX 不同,快速移动不仅对当前程序段有效,而且适用于所有后续程序段直至编写新的进给速率。

程序运行期间,可以用进给速率倍率调节旋钮调整进给速率。

2) 主轴转速 S

在 TOOL CALL(刀具调用)程序段中,用转/分(r/min)输入主轴转速 S。在零件程序中,要改变主轴转速只能在 TOOL CALL(刀具调用)程序段中。

输入主轴转速方法实现:

(1) 要编写刀具调用程序,按[TOOL CALL]键。

(2) 用 NO ENT(不输入)键忽略 Tool number? (刀具编号?)对话提问。

(3) 用 NO ENT(不输入)键忽略 Working spindle axis X/Y/Z? (工作主轴的坐标轴 X/Y/Z?)提问。

(4) 显示 Spindle speed S = ? (主轴转速 S = ?)对话提问时,输入新的主轴转速并按 END 键确认。

程序运行期间,可以用主轴转速倍率调节旋钮调整主轴转速。

3) 刀具补偿

系统使用刀具长度 L(刀具与标准刀具的长度差值)作为刀具补偿值,一旦调用了刀具且开始移动刀具轴时刀具长度补偿会自动生效。要取消长度补偿,用长度 L = 0 调用刀具。

对于刀具半径补偿,编程刀具运动的 NC 程序段包括:

(1) 半径补偿 RL 或 RR;

(2) 单轴运动的半径补偿 R + 或 R;

232

（3）如果没有半径补偿，为 R0；

（4）一旦调用刀具并用 RL 或 RR 在工作面上用直线程序段移动刀具，半径补偿将自动生效。

以下情况，TNC 将自动取消半径补偿：

（1）以 R0 编写直线程序段的程序；

（2）用 DEP 功能使刀具离开轮廓；

（3）编写 PGM CALL(程序调用)程序；

（4）用 PGM MGT 选择新程序。

4）在程序中输入刀具数据

可在零件程序的 TOOL DEF(刀具定义)程序段中定义特定刀具的编号、长度和半径。

（1）要选择刀具定义，按 TOOL DEF (刀具定义)键。

（2）输入刀具编号：每把刀都用刀具编号作它的唯一标识。

（3）输入刀具长度：刀具长度的补偿值。

（4）输入刀具半径：刀具半径的补偿值。

4．轮廓加工编程

1）路径功能

工件轮廓通常由多个元素构成，如直线和圆弧等。用路径功能可对刀具的直线运动和圆弧运动编程。主要的路径功能见表 7 - 5。

表 7 - 5　主要的路径功能

功能	路径功能键	刀具运动	必输入项
直线 L		直线	直线终点的坐标
倒角 CHF		两条直线间的倒角	倒角边长
圆心 CC		无	圆心或极点的坐标
圆 C		以 CC 为圆心至圆弧终点的圆弧	圆弧终点坐标，旋转方向
圆弧 CR		已知半径的圆弧	圆弧终点坐标、圆弧半径和旋转方向
相切圆弧 CT		相切连接上一个和下一个轮廓元素的圆弧	圆弧终点坐标
倒圆 RND		相切连接上一个和下一个轮廓元素的圆弧	倒圆半径 R
FK 自由轮廓编程		连接任一前一个轮廓元素的直线或圆弧路径	

按顺序对各轮廓元素用路径编程功能编写程序，以此创建零件程序。这种编程方法

通常是按工件图纸要求输入各轮廓元素终点的坐标。

　　TNC 根据刀具数据和半径补偿由这些坐标计算刀具的实际路径,TNC 将在一个程序段中同时移动编入程序中的各轴。根据机床的不同,零件程序可能移动刀具或者固定工件的机床工作台。不管怎样,路径编程时只需假定刀具运动,工件固定。

　　TNC 在相对工件圆弧路径上同时移动两个轴。通过输入圆心 CC 可以定义圆弧运动。

　　对圆编程时,数控系统将其指定在一个主平面中。在 TOOL CALL(刀具调用)中设置主轴时将自动定义该平面:

　　如果圆弧路径不是沿切线过渡到另一轮廓元素上,需输入圆弧方向 DR:

　　顺时针旋转:DR −

　　逆时针旋转:DR +

　　2)轮廓接近和离开

　　轮廓接近功能 APPR 和离开功能 DEP 用[APPR/DEP]键 ⬚ 激活。然后可以用相应软键选择所需路径功能,见表 7 − 6。

表 7 − 6　接近与离开轮廓的路径类型

功能	接近	离开
相切直线	APPR LT	DEP LT
垂直于轮廓点的直线	APPR LN	DEP LN
相切圆弧	APPR CT	DEP CT
相切轮廓的圆弧。沿切线接近和离开轮廓外的辅助点	APPR LCT	DEP LCT

　　刀具沿与轮廓相切的圆弧运动,在其延伸线上接近和离开螺旋线。用 APPR CT 和 DEP CT 功能对螺旋线接近与离开编程。

　　接近与离开的关键位置点:

　　(1)起点 PS。要在 APPR 程序段之前编写该位置程序段。PS 位于轮廓之外,无半径补偿(R0)地接近该点。

　　(2)辅助点 PH。有些接近和离开路径穿过辅助点 PH,该点是 TNC 在 APPR 或 DEP 程序段中计算的。TNC 从当前位置以上各编程进给速率移至辅助点 PH。

　　(3)第一轮廓点 PA 和最后轮廓点 PE。在 APPR 程序段中编程第一轮廓点 PA。用任意路径功能编程最后一个轮廓点 PE。如果 APPR 程序段中也有 Z 轴坐标的话,TNC 先在加工面上将刀具移至 PH 位置,然后再将其移至刀具轴上所输入的深度处。

　　(4)终点 PN。终点 PN 位于轮廓之外,它是 DEP 程序段中的输入值决定的。如果

DEP 程序段中也有 Z 轴坐标的话,TNC 先在加工面上将刀具移至 PH 位置,然后再将其移至刀具轴上所输入的深度处。

下面以沿相切直线接近的 APPR LT 为例简要介绍一下接近与离开轮廓的编程,其他几种的用法与此类似。如图 7-35 所示,刀具由起点 PS 沿直线移到辅助点 PH。然后,沿相切于轮廓的直线移到第一个轮廓点 PA。辅助点 PH 与第一轮廓点 PA 的距离为 LEN。方法是:用任一路径功能接近起点 PS;然后,用[APPR/DEP]键和[APPR LT]软键启动对话:

(1)第一轮廓点 PA 坐标;

(2)LEN:辅助点 PH 与第一轮廓点 PA 间的距离;

(3)用半径补偿 RR/RL 加工;

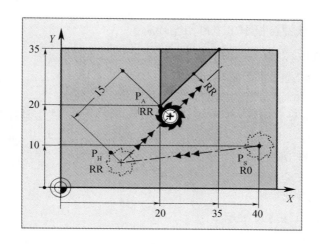

图 7-35　沿相切直线接近的 APPR LT 示例

NC 程序段举例如下:

7 L X +40 Y +10 RO FMAX M3;无半径补偿接近 PS

8 APPR LT X +20 Y +20 Z -10 LEN15 RR F100;PA 点处半径补偿为 RR,PH 至 PA 距离: LEN =15

9 L Y +35 Y +35;第一轮廓元素终点

10 L . . .;下一轮廓元素

5. 编程循环

对于由多个加工步骤组成的、经常重复使用的加工过程,可将其保存为标准循环存放在 TNC 存储器中。此外,坐标变换和其他特殊循环也可以用作标准循环。

编号为 200 以及 200 以上的固定循环用 Q 参数作传递参数。需要在多个循环中使用的、具有特殊功能的参数总使用相同编号:例如,Q200 只用于设置安全高度;Q202 只用于切入深度等。

除 HEIDENHAIN 循环外,许多机床制造商还为 TNC 系统提供他们自己的循环。这些循环使用单独循环编号范围:

(1)循环 300 至 399。机床相关循环用[CYCLE DEF](循环定义)键定义。

（2）循环 500 至 599。机床相关循环用［TOUCH PROBE］（测头）键定义。

1）用软键定义循环

（1）点 CYCLE DEF 键，软键行显示多个可用循环组。

（2）按所需循环组的软键，例如选择钻孔循环的 DRILLING（钻孔）。

（3）选择所需循环，例如 THREAD MILLING（铣螺纹）。TNC 将启动编程对话，并提示输入全部所需数值。同时，在右侧窗口显示输入参数的图形。在对话中提示输入的参数以高亮形式显示。

（4）输入 TNC 所需的全部参数，每输入一个参数后用［ENT］键结束。

（5）输入完全部所需参数后，TNC 结束对话。

2）用 GOTO 功能定义循环

（1）点 CYCLE DEF 键，软键行显示多个可用循环组。

（2）点［GOTO］键，TNC 在弹出窗口中显示可用循环清单。

（3）用"箭头"键选择所需循环；或者。

（4）用［CTRL］和"箭头"键（翻屏）选择所需循环；或者。

（5）输入循环编号并用［ENT］键确认。TNC 将按上述方式启动循环对话。

NC 程序段举例：

7 CYCL DEF 200 DRILLING

  Q200 = 2 ；安全高度

  Q201 = 3 ；深度

  Q206 = 150 ；切入进给速率

  Q202 = 5 ；切入深度

  Q210 = 0 ；在顶部停顿时间

  Q203 = +0 ；表面坐标

  Q204 = 50 ；第二安全高度

  Q211 = 0.25 ；在孔底的停顿时间

循环组主要有如下几种：

（1）啄钻、铰孔、镗孔、锪孔、攻丝和铣螺纹循环；

（2）铣型腔、凸台和槽的循环；

（3）加工阵列点的循环，如圆弧阵列或直线阵列孔；

（4）SL（子轮廓列表）循环，用于并列加工由多个重叠的子轮廓、圆柱面插补组成的较为复杂的轮廓；

（5）平面或曲面的端面铣循环；

（6）坐标变换循环，用于各轮廓的原点平移、旋转、镜像、放大和缩小；

（7）特殊循环，如停顿时间、程序调用、定向主轴停转和公差控制。

3）调用循环的途径

（1）用 CYCL CALL（循环调用）调用一个循环。CYCL CALL（循环调用）功能将调用上一个定义的固定循环。循环起点位于 CYCL CALL（循环调用）程序段之前最后一个编程位置处。

（2）用 CYCL CALL PAT 调用一个循环。CYCL CALL PAT 功能为在点表中定义的所有位置处调用刚定义的固定循环。

（3）用 CYCL CALL POS 调用一个循环。CYCL CALL POS 功能将调用上一个定义的固定循环。循环起点位于 CYCL CALL POS 程序段中定义的位置处。

（4）用 M99/89 调用循环。M99 功能仅在其编程程序段中有效，它调用最后定义的固定循环一次。可以将 M99 编程在定位程序段的结束处。TNC 移至该位置后，再调用最后定义的固定循环。

6. 标记子程序与程序块重复

利用子程序和程序块重复功能，只需对加工过程编写一次程序，之后可以多次调用运行。

零件程序中的子程序及程序块重复的开始处由标记作其标志。标记由 1 至 999 之数字来标识或自定义一个名称。每个标记号或标记名在程序内只能用 LABEL SET 设置一次。标记名数量只受内存限制。如果设置了标记名或标记号一次以上，TNC 将在 LBL SET 程序段结尾处显示出错信息。

LABEL 0（LBL 0）只能用于标记子程序的结束，因此可以使用任意次。

子程序的操作顺序：

（1）TNC 顺序执行零件程序直到用 CALL LBL 调用子程序的程序段为止。

（2）然后从子程序起点执行到子程序结束。子程序由 LBL 0 标记结束。

（3）TNC 从子程序调用之后的程序段开始恢复运行零件程序。

1）编程子程序

（1）按 LBL SET 键标记子程序开始。

（2）输入子程序号。

（3）按 LBL SET 键并输入标记号"0"标记子程序的结束。

2）调用子程序

（1）要调用一个子程序，按［LBL CALL］键。

（2）标记编号：输入要调用的子程序的标记编号。如要使用标记名的话，按"""键切换为输入文字。

（3）重复 REP：用［NO ENT］键忽略对话提问。重复 REP 只能用于重复运行的程序块。

注意：不允许 CALL LBL 0（标记 0 只能被用于标记子程序的结束）。

3）程序块重复的编写与调用

编写、调用程序块重复的方法与子程序类似，只是编写程序块重复时，按［LBL SET］键并输入"LABEL NUMBER"（标记编号）标记要重复的运行程序块。如要使用标记名的话，按［"］键切换为输入文字。

7. 编程实例

用多次进给铣削如图 7 - 36 所示轮廓。

从图中可以看出，编程的重难点是确定直线与圆弧相切点的坐标，如果单纯靠普通的手工编程，计算量很大，利用海德汉系统的 FK 轮廓功能可避免繁复的计算。然后向下重复此轮廓的切削进给即可。程序执行顺序如下：

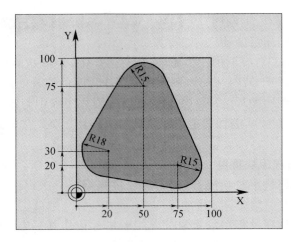

图 7 – 36　编程实例轮廓图

（1）将刀具预定位至工件表面；

（2）以增量值输入进给深度；

（3）铣轮廓；

（4）重复向下进给及铣轮廓。

程序如下：

0 BEGIN PGM PGMWDH MM

1 BLK FORM 0.1 Z X + 0 Y + 0 Z – 40

2 BLK FORM 0.2 X + 100 Y + 100 Z + 0

3 TOOL DEF 1 L + 0 R + 10；定义刀具

4 TOOL CALL 1 Z S500；刀具调用

5 L Z + 250 R0 FMAX；退刀

6 L X – 20 Y + 30 R0 FMAX；预定位在加工面上

7 L Z + 0 R0 FMAX M3；预定位至工件表面

8 LBL 1；设置程序块重复标记

9 L IZ – 4 R0 FMAX；增量表示的进给深度（空间）

10 APPR CT X + 2 Y + 30 CCA90 R + 5 RL F250；接近轮廓。

11 FC DR – R18 CLSD + CCX + 20 CCY + 30；轮廓

12 FLT

13 FCT DR – R15 CCX + 50 CCY + 75

14 FLT

15 FCT DR – R15 CCX + 75 CCY + 20

16 FLT

17 FC DR – R18 CLSD + CCX + 20 CCY + 30

18 DEP CT CCA90 R + 5 F1000；离开轮廓

19 L X – 20 Y + 0 R0 FMAX；退刀

20 CALL LBL 1 REP 4；返回至 LBL 1,重复执行程序块共 4 次。

21 L Z + 250 R0 FMAX M2；沿刀具轴退刀,结束程序

22 END PGM PGMWDH MM

7.6 零件加工实例

如图 7 – 37 所示的一壳体零件,材料为铸铁。要求铣削上平面,保证尺寸 $60^{+0.2}$ mm,铣槽保证宽 10mm,深 $6^{+0.1}$ mm,并加工 4 – M10 × 1.5 螺纹孔。壳体内腔、外形不加工,中间 $\Phi 80^{+0.054}$ mm 孔及底面已在前道工序加工完毕。

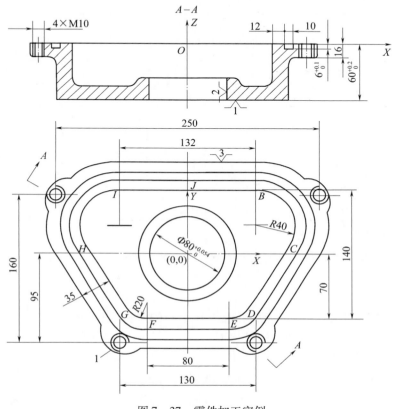

图 7 – 37 零件加工实例

1)确定加工方案

该零件加工工序的内容较多,包括铣平面、铣槽、攻螺纹孔及螺纹孔倒角,换刀频繁。所以,采用在加工中心上一次装夹来加工全部内容效率较高。按照先平面后孔的原则,其加工工序安排如下:

(1)铣平面,保证尺寸 $60^{+0.2}$ mm;

(2)预钻 4 – M10 螺纹中心孔;

(3)预钻铣槽工艺孔;

(4)钻 4 – M10 螺纹底孔;

(5)4 – M10 螺纹口倒角;

(6)攻 4 – M10 × 1.5 螺纹孔;

(7)铣 10mm 槽。

2）零件装夹定位

以零件底面为第一定位基准,定位元件采用支承板;$\Phi80^{+0.054}$ mm 孔为第二定位基准,定位元件采用短圆柱定位销;零件后侧为第三定位基准,定位元件采用移动定位板。

找正、找孔中心后,通过螺钉、压板压紧中间 $\Phi80^{+0.054}$ mm 孔的上端面。

3）选择刀具和工艺参数

所用刀具和工艺参数的具体内容参见表 7-7。

表 7-7 刀具和工艺参数选择

工序内容	刀具名称	刀具号	主轴转速 /(r/min)	进给速度 /(mm/min)	长度补偿	半径补偿
铣平面	$\Phi80$ 端铣刀	T01	600	100	H01	D01 = 0mm
预钻螺纹中心孔	$\Phi3$ 中心钻	T02	1000	50	H02	
钻螺纹底孔及预钻铣槽工艺孔	$\Phi8.5$ 钻头	T03	800	50	H03	
螺纹口倒角	$\Phi18$ 钻头(90°)	T04	800	50	H04	
攻螺纹孔	M10×1.5 丝锥	T05	60	90	H05	
铣 10mm 槽	$\Phi10$ 立铣刀	T06	800	30	H06	D06 = 17mm

4）确定工件坐标系零点

如图 7-37 所示,以距零件底面上方 $60^{+0.1}$ mm 与 $\Phi80^{+0.054}$ mm 孔轴线的交点 O 为零点建立工件坐标系。

5）数值计算

根据零件图,求出内轮廓各节点及螺纹孔中心的坐标值,可通过手工计算或 CAD 绘图辅助查询的办法来获得。计算结果如下:

四段圆弧的圆心坐标分别为(66,30);(40,-50);(-40,-50);(-66,30)

基点坐标:J(0,70);B(66,70);C(100.04,8.946);D(57.01,-60.527);E(40,-70);F(-40,-70);G(-57.01,-60.527);H(-100.04,8.946);I(-66,70)

螺纹孔的中心坐标分别为(-65,-95);(65,-95);(125,65);(-125,65)

6）程序编制

为简化编程,编写两个子程序,即钻孔子程序和以零件内轮廓编制的铣槽子程序。铣上平面和铣槽时均调用铣槽子程序顺铣,分别采用刀具半径补偿 D01 = 0 与 D06 = 17;钻孔、倒角、攻丝均可调用钻孔子程序,按逆时针从左下角 1 号孔开始加工 1 号~4 号孔。

参考程序:

程　　　序	说　　　明
O3000	主程序
N010 T01 M06	调 1 号刀
N020 G90 G54 G00 X0 Y0	采用绝对坐标,选择工件坐标系 G54,快速定位
N030 G43 H01 Z20	1 号刀长度补偿
N040 S600 M03	

240

程　　序	说　　明
N070 G01 Z0 F100	
N080 G41 D01 Y70	1 号刀半径补偿,D01 = 0
N090 M98 P1000	调用子程序 O1000,铣平面
N100 G40 Y0	1 号刀取消半径补偿
N110 G28 Z20	Z 轴返回参考点
N120 T02 M06	换 2 号刀
N130 G43 H02 Z20	2 号刀长度补偿
N140 S1000 M03	
N150 G99 G81 X – 65 Y – 95 Z – 3 R3 F50	钻 1 号中心孔
N160 M98 P2000	调用子程序 O2000,钻 2 号 ~4 号中心孔
N170 G80	
N180 G28 Z20	
N190 T03 M06	换 3 号刀
N200 G43 H03 Z20	3 号刀长度补偿
N210 S800 M03	
N220 G99 G81 X0 Y87 Z – 5.5 R3 F50	预钻铣槽工艺孔
N230 X – 65 Y – 95 Z – 20	钻 1 号螺纹底孔
N240 M98 P2000	调用子程序 O2000,钻 2 号 ~4 号孔螺纹底孔
N250 G80	
N260 G28 Z20	
N270 T04 M06	换 4 号刀
N280 G43 H04 Z20˙	4 号刀长度补偿
N290 S800 M03	
N300 G99 G82 X – 65 Y – 95 Z – 6 R3 F50 P1	1 号螺纹底孔倒角
N310 M98 P2000	调用子程序 O2000, 2 号 ~4 号螺纹底孔倒角
N320 G80	
N330 G28 Z20	
N340 T05 M06	换 5 号刀
N350 G43 H05 Z20	5 号刀长度补偿
N360 S60 M03	
N370 G99 G84 X – 65 Y – 95 Z – 20 R10 F90	攻 1 号螺纹孔
N380 M98 P2000	调用子程序 O2000, 攻 2 号 ~4 号螺纹孔
N390 G80	
N400 G28 Z20	
N410 T06 M06	换 6 号刀
N420 G43 H06 Z20	6 号刀长度补偿

程　　序	说　　明
N430　X0　Y0	
N440　S800　M03	
N450　G01　G41　D06　Y70　F30	6 号刀半径补偿,D06 = 17
N460　G01　Z − 6.06	
N470　M98　P1000	调用子程序 O1000,铣槽
N480　G40　G00　Z50	6 号刀取消半径补偿
N490　M05	
N500　M30	程序结束
O1000	铣平面、铣槽子程序
N010　X66　Y70	J→B
N020　G02　X100.04　Y8.946　R40	B→C
N030　G01　X57.01　Y − 60.527	C→D
N040　G02　X40　Y − 70　R20	D→E
N050　G01　X − 40	E→F
N060　G02　X − 57.01　Y − 60.527　R20	F→G
N070　G01　X − 100.04　Y8.946	G→H
N080　G02　X − 66　Y70　R40	H→I
N090　G01　X0	I→J
N100　M99	子程序结束返回
O2000	钻孔、倒角、攻丝子程序
N010　X65	2 号孔定位
N020　X125　Y65	3 号孔定位
N030　X − 125	4 号孔定位
N040　M99	子程序结束返回

第8章　数控电火花线切割机床操作与加工

8.1　数控电火花线切割机床概述

数控电火花线切割加工既是数控加工也属特种加工。所谓特种加工是指将电、磁、声、光、化学等能量或其组合施加在工件的被加工部位上,从而实现材料被去除、变形、改变性能或被镀覆等的非传统加工方法。数控电火花线切割加工是直接利用电能与热能对工件进行加工的。它可加工一般切削加工方法难以加工的各种导电材料,如高硬、高脆、高韧、高热敏性的金属或半导体,常用于加工冲压模具的凸、凹模、电火花成形机床的工具电极、工件样板、工具量规和细微复杂形状的小工件或窄缝等,并可以对薄片重叠起来加工以获得一致尺寸。自20世纪50年代末开始应用以来,数控电火花线切割加工凭着自己独特的特点获得了极其迅速的发展,已逐步成为一种高精度高自动化的加工方法。

8.1.1　数控电火花线切割机床的加工原理与特点

1. 加工原理

数控电火花线切割加工简称"线切割"。它是利用移动的细金属丝(电极丝)作为工具电极,并在电极丝与工件间加以脉冲电压,利用脉冲放电的腐蚀作用对工件进行切割加工的,其工作原理见图8-1。

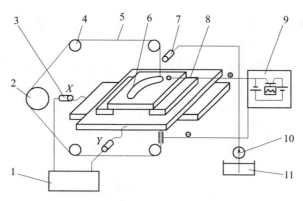

图 8-1　线切割加工原理

1—数控装置;2—储丝筒;3—控制电机;4—导丝轮;5—电极丝;6—工件;
7—喷嘴;8—绝缘板;9—脉冲电源;10—液压泵;11—工作液箱。

电火花线切割加工时,电极丝接脉冲电源的负极,经导丝轮在走丝机构的控制下沿电极丝轴向作往复(或单向)移动。工件接脉冲电源的正极,安装在与床身绝缘的工作台上,并随由控制电机驱动的工作台沿加工轨迹移动。

在正负极之间施加脉冲电压,并不断喷注具有一定绝缘性能的工作液,当两电极间的间隙小到一定程度时，由于两电极的微观表面是凹凸不平的，其电场分布不均匀，离得最近凸点处的电场度最高，极间液体介质被击穿，形成放电通道，电流迅速上升。在电场作用下，通道内的电子高速奔向阳极，正离子奔向阴极形成火花放电，电子和离子在电场作用下高速运动时相互碰撞，阳极和阴极表面分别受到电子流和离子流的轰击，使电极间隙内形成瞬时高温热源，通道中心温度可达到10000℃以上，以致局部金属材料熔化和气化。气化后的工作液和工件材料蒸气瞬间迅速膨胀，并具有爆炸的特性。在这种热膨胀、热爆炸以及工作液冲压的共同作用下，熔化和气化了的工件材料被抛出放电通道，至此完成一次火花放电过程。此时两极间又产生间隙，工作液也恢复绝缘强度。当下一个电脉冲来到时，继续重复以上火花放电过程，这样在保持电极丝与工件之间恒定放电间隙的条件下，一边蚀除工件材料，一边控制工件不断向电极丝进给就可沿预定轨迹逐步将工件切割成形。

由以上电火花线切割的加工原理可知，实现放电加工必须具备下列几个条件：

（1）必须使用脉冲电源，即必须是间歇性的脉冲火花放电；

（2）电极丝与工件的被加工表面之间必须保持一定间隙；

（3）必须在有一定绝缘性能的液体介质中进行。

2．加工特点

数控电火花线切割能加工机械加工方法无法加工或难以加工的的各种材料和复杂形状的工件，具有机械加工无法比拟的特点，具体有以下几点：

（1）采用线状电极切割工件，无需制造特定形状的工具电极，降低工具电极的设计和制造费用，缩短了加工周期。

（2）直接利用电能进行脉冲放电加工，便于实现自动化控制。

（3）加工时电极丝和工件不接触，两者之间宏观作用力极小，无产生毛刺和明显刀痕等缺陷，有利于加工低刚度零件及微细零件。

（4）电极丝材料无需比工件材料硬，不受工件热处理状况限制，只要是导电或半导电的材料都能进行加工。

（5）加工中电极丝的损耗较小，加工精度高，无须刃磨刀具，缩短辅助时间。

（6）切缝窄，材料利用率高，能有效节约贵重材料。

（7）采用乳化液或去离子水的工作液，不易引燃起火，可实现安全无人运转，但工作液的净化和加工中产生的烟雾污染处理比较麻烦。

（8）可加工锥度、上下截面异形体、形状扭曲的曲面体和球形体等零件，但不能加工盲孔及纵向阶梯表面。

（9）加工后表面产生变质层，在某些应用中须进一步去除。

（10）加工速度较慢，大面积切割时花费工时长，不适合批量零件的生产。

8.1.2　数控电火花线切割机床的组成

数控电火花线切割机床主要由床身、工作台、走丝机构、锥度切割装置、立柱、供液系统、控制系统及脉冲电源等部分组成。

（1）床身是机床主机的基础部件，作为工作台、立柱、储丝筒等部件的支承基础。

（2）工作台由工作台面、中拖板和下拖板组成。工作台面用以安装夹具和切割工件，中拖板和下拖板是由步进电机、变速齿轮、滚珠丝杆副和滚动导轨组成的一个 X 向、Y 向坐标驱动系统,完成工件切割的成形运动。工作台的移动精度直接影响工件的加工质量,因此各拖板均采用滚珠丝杠传动副和滚动导轨,便于实现精确和微量移动,且运动灵活、平稳。

(3)走丝机构是电火花线切割机床的重要组成部分,用于控制电极丝沿 Z 轴方向进入与离开放电区域,其结构形式多样,根据走丝速度可分为快走丝机构和慢走丝机构。

快走丝机构主要由储丝筒、走丝滑座、走丝电机、张丝装置、丝架和导轮等部件组成。

储丝筒是缠绕并带动电极丝做高速运动的部件,安装在走丝滑座上,电极丝一般采用钼丝,其传动系统见图 8－2。它采用钢制薄壁空心圆柱体结构,装配后整体精加工制成,精度高、惯性小,通过弹性联轴器由走丝电机直接带动高速旋转,走丝速度等于储丝筒直径上的线速度,速度可调,同时通过同步齿形带以一定传动比带动丝杆旋转使走丝滑座沿轴向移动。为使丝筒自动换向实现连续正、反向运动,走丝滑板上置有左、右行程限位挡块,当储丝筒轴向运动到接近电极丝供丝端终端时,行程限位挡块碰到行程开关,立即控制储丝筒反转,使供丝端成为收丝端,电极丝则反向移动,如此循环即可实现电极丝的往复运动。

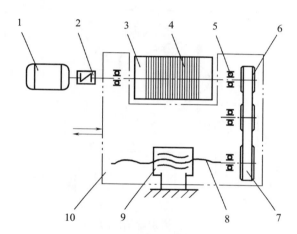

图 8－2　快走丝机构的储丝筒传动系统

1—走丝电机;2—联轴器;3—储丝筒;4—电极丝;5—轴承;
6—齿轮;7—同步齿形带;8—丝杠;9—床身螺母;10—走丝滑座。

快走丝机构的张丝装置由紧丝重锤、张紧轮和张丝滑块等构成。如图 8－3 所示,紧丝重锤在重力作用下带动张丝滑块和张紧轮沿导轨产生预紧力作用,从而使加工过程中电极丝始终处于拉紧状态,防止电极丝因松驰、抖动造成加工不稳定或脱丝。

慢走丝机构主要包括供丝绕线轴、伺服电机恒张力控制装置、电极丝导向器和电极丝自动卷绕机构。电极丝一般采用成卷的黄铜丝,可达数千米长、数十千克重,预装在供丝绕线轴上,为防止电极丝散乱,轴上装有力矩很小的预张力电机。如图 8－4 所示,切割时电极丝的走行路径为:整卷的电极丝由供丝绕线轴送出,经一系列轮组、恒张力控制装置、上部导向器引至工作台处,再经下部导向器和导轮走向自动卷绕机构,被拉丝卷筒和压紧卷筒夹住,靠拉丝卷筒的等速回转使电极丝缓慢移动。在运行过程中,电极丝由丝架支撑,通过电极丝自动卷绕机构中两个卷筒的夹送作用,确保电极丝以一定的速度运行;并

245

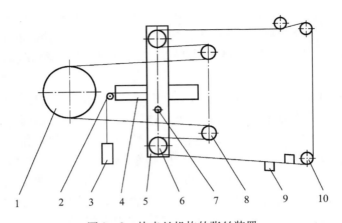

图 8 - 3　快走丝机构的张丝装置

1—储丝筒；2—定滑轮；3—重锤；4—导轨；5—张丝滑块；

6—张紧轮；7—固定销孔；8—副导轮；9—导电块；10—主导轮。

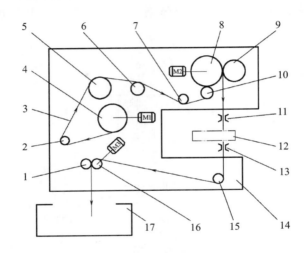

图 8 - 4　慢走丝机构的组成

M1—预张力电机；M2—恒张力控制伺服电机；M3—电极丝自动卷绕电机；

1、9、10—压紧卷筒；2—滚筒；3—电极丝；4—供丝绕线轴；5、6、7、15—导轮；8—恒张力控制轮；

11—上导向器；12—工件；13—下导向器；14—丝架；16—拉丝卷筒；17—废丝回收箱。

依靠伺服电机恒张力控制装置,在一定范围内调整张力,使电极丝保持一定的直线度,稳定地运行。电极丝经放电后就成为废弃物,不再使用,被送到专门的收集器中或被再卷绕至收丝卷筒上回收。

（4）锥度切割装置用于加工某些带锥度工件的内外表面,在线切割机床上广泛采用,其结构形式也有多种,比较常见的是数控四轴联动锥度切割装置。它是由位于立柱头部的两个步进电机直接与两个滑动丝杠相连带动滑板做 U 向、V 向坐标移动,与坐标工作台的 X、Y 轴驱动构成数控四轴联动,使电极丝倾斜一定的角度,从而达到工件上各个方向的斜面切割和上下截面形状异形加工的目的。进行锥度切割时,保持电极丝与上、下部导轮(或导向器)的两个接触点之间的直线距离一定,是获得高精度的重要前提。为此,有的机床具有 Z 轴设置功能以设置这一导向间距。

246

（5）立柱是走丝机构、Z轴和锥度切割装置的支承基础件,它的刚度直接影响工件的加工精度。在立柱头部装有滑枕、滑板等部件,滑枕通过手轮、齿轮、齿条可使其在滑板上作Z轴坐标移动,它带动斜度切割装置及上导轮部件上下移动,以适应对薄厚不同工件的加工。

（6）供液系统是线切割机床不可缺少的组成部分。电火花线切割加工必须在有一定绝缘性能的液体介质中进行,以利于产生脉冲性的火花放电。另外,线切割加工切缝窄且火花放电区的温度很高,因此排屑和防止电极丝烧断是非常重要的问题。加工时必须充分连续地向放电区域供给清洁的工作液,以保证脉冲放电过程持续稳定地进行。

工作液的主要作用是:及时排除其间的电蚀产物;冷却电极丝和工件;对放电区消电离;冲刷导轮、导电块上的堆积物。

工作液种类很多,常见的有乳化液、去离子水、煤油等。快走丝线切割时采用的工作液一般是油酸钾皂乳化液,液压泵抽出储液箱里的工作液,流经上、下供液管被压送到加工区域,随后经坐标工作台中的回液管流回储液箱,经分级过滤后继续使用;慢走丝线切割时一般采用去离子水做工作液,即将自来水通过离子交换树脂净化器去除水中的离子后供使用。

（7）控制系统是机床完成轨迹控制和加工控制的主要部件,现大多采用计算机数控系统,其作用是控制电极丝相对工件的运动轨迹以及走丝系统、供液系统的正常工作,并能按加工要求实现进给速度调整、接触感知、短路回退、间隙补偿等控制功能。从进给伺服系统的类型来说,快走丝电火花线切割机床大多采用较简单的步进电机开环系统,慢走丝电火花线切割机床则大多是伺服电动机加码盘的半闭环系统,仅在一些少量的超精密线切割机床上采用伺服电动机加磁尺或光栅的全闭环系统。

（8）脉冲电源是线切割机床最为关键的设备之一,对线切割加工的表面质量、加工速度、加工过程的稳定性和电极丝损耗等都有很大影响。采用脉冲电源是因为放电加工必须是脉冲性、间歇性的火花放电,而不能是持续性的电弧放电。如图8-5所示,T为脉冲周期,在脉冲间隔时间T_{OFF}内,放电间隙中的介质完成消电离,恢复绝缘强度,使下一个脉冲能在两极间击穿介质放电,一般脉冲间隔T_{OFF}应为脉冲宽度T_{ON}的5倍以上。此外,受加工表面粗糙度和电极丝允许承载电流的限制,线切割加工总是采用正极性加工,即工件接脉冲电源正级,电极丝接脉冲电源负极。

常用的脉冲电源类型有晶体管脉冲电源、并联电容式脉冲电源、高频交流式脉冲电源、自适应控制脉冲电源等。

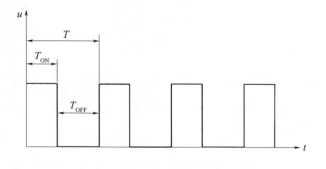

图8-5 脉冲周期波形

8.1.3　数控电火花线切割机床的分类与加工对象

1. 线切割机床分类

通常按电极丝的运行速度快慢,数控电火花线切割机床可分为快走丝线切割机床和慢走丝线切割机床。快走丝线切割机床在我国应用广泛,具有结构简单、操作方便、可维护性好,加工费用低、占地面积小、性价比高等特点;慢走丝线切割机床采用一次性电极丝,可多次切割,有利于提高加工精度和降低表面粗糙度,属于精密加工设备,它是国外生产和使用的主流机种,已成为电火花线切割机床的发展趋势。表8-1列出了两种机床的主要区别。

表 8 - 1　快走丝与慢走丝线切割机床对比

机床类型\比较项目	快走丝线切割机床	慢走丝线切割机床
走丝速度/(m/s)	6～12	0.2 左右
电极丝材料	钼、铜钨合金、钼钨合金	黄铜、镀锌材料
电极丝直径/mm	0.04～0.25 常用值 0.12～0.20	0.003～0.3 常用值 0.20
电极丝长度/mm	几百	数千
电极丝运行方式	往复供丝,反复使用	单向供丝,一次性使用
电极丝张力	固定	可调
电极丝抖动	较大	较小
电极丝损耗	加工$(3～10)×10^4$mm^{2}损耗 0.01mm	不计
走丝机构	较简单	较复杂
导丝方式	导轮	导向器
穿丝方式	手工	手工或自动
切割次数	通常 1 次	多次
放电间隙(单边 mm)	0.01～0.03	0.01～0.08
工作液	乳化液、水基工作液	去离子水、煤油
工作液电阻率/(kΩ/cm)	0.5～50	10～100
切割速度/(mm^2/min)	20～160	20～240
加工精度/mm	±0.01～0.02	±0.005～0.002
表面粗糙度 Ra/μm	3.2～1.25	1.6～0.8
重复定位精度/mm	±0.01	±0.002

此外,线切割机床可按电极丝位置分为立式线切割机床和卧式线切割机床,按电极丝倾斜状态可分为直壁线切割机床与锥度线切割机床,按工作液供给方式分为冲液式线切割机床和浸液式线切割机床。

2. 加工对象

数控电火花线切割加工为模具制造、精密零件加工以及新产品试制开辟了一条新的工艺途径,已在生产中获得广泛应用。

1）模具制造

适用于加工各种形状的冲模，通过调整不同的间隙补偿量，只需一次编程就可以切割出凸模、凸模固定板、凹模及卸料板等，模具配合间隙、加工精度通常都能达到要求。此外，还可加工挤压模、粉末冶金模、弯曲模、塑压模等带有锥度的模具。

2）电火花成形工具电极的加工

使用线切割机床制造电火花成形工具电极特别经济、方便。可加工穿孔加工用、带锥度型腔加工用及微细复杂形状的电极，以及铜钨、银钨合金之类的电极材料。

3）各种特殊材料和复杂形状零件的加工

电火花线切割可加工各种高硬度、高强度、高脆性的金属或半导体材料，如淬火钢、工具钢、硬质合金、钛合金等。在零件制造方面，可用于各种型孔、特殊齿轮凸轮、样板、材料试验样件、成形刀具等复杂形状的零件以及微细件、异形件的加工。

此外，在试制新产品时，可直接用线切割加工某些零件，不需另行制造模具，可大大缩短试制周期，降低加工成本。

8.2　数控电火花线切割加工工艺

数控电火花线切割加工属于特种加工。为使工件达到图样规定的尺寸、形状、位置精度和表面粗糙度要求，在确定其加工工艺时，应兼顾数控加工和电火花加工的特点与要求，认真考虑、分析各种可能影响加工精度的工艺因素，从而制定出合理的加工工艺方案。以下是数控电火花线切割加工工艺设计的几个主要内容。

8.2.1　模坯准备

线切割加工尤其在模具制造中通常是最后一道工序，因此模坯材料的选择与加工前的准备工序十分重要。

模具工作零件一般采用锻造毛坯，其线切割加工常在淬火与回火后进行。由于受材料淬透性的影响，当大面积去除金属和切断加工时，会使材料内部残余应力的相对平衡状态遭到破坏而产生变形，影响加工精度，甚至在切割过程中造成材料突然开裂。为减少这种影响，在设计时除应选用锻造性能好、淬透性好、热处理变形小的合金工具钢（如 Cr12、Cr12MoV、CrWMn）作模具工作零件材料外，对模具毛坯锻造及热处理工艺也应正确进行。

模坯的准备工序是指凸模或凹模在线切割加工之前的全部加工工序。凹模类工件的准备工序包括下料，锻造，退火，铣（车）表面，划线，加工型孔、螺孔、销孔、穿丝孔，淬火，磨平面，退磁。凸模类工件的准备工序可根据凸模的结构特点，参照凹模的准备工序，将其中不需要的工序去掉即可。

对凹模类封闭形工件的加工，加工起始点必须选在材料实体之内。这就需要在切割前预制工艺孔（即穿丝孔），以便穿丝。对凸模类工件的加工，起始点可以选在材料实体之外，这时就不必预制穿丝孔，但有时也有必要把起始点选在实体之内而预制穿丝孔，这是因为坯件材料在切断时，会在很大程度上破坏材料内部应力的平衡状态，造成工件材料的变形，影响加工精度，严重时甚至造成夹丝、断丝，使切割无法进行。

8.2.2 加工路线的选择

对于电火花线切割加工,在选择加工路线时应尽量保持工件或毛坯的结构刚性,以免因工件强度下降或材料内部应力的释放而引起变形,具体应注意以下几点:

(1)切割凸模类工件应尽量避免从工件端面由外向里进刀,最好从坯件预制的穿丝孔开始加工,如图8-6所示。

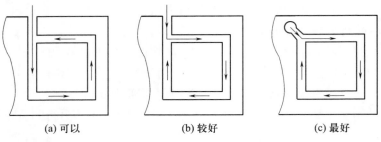

(a) 可以   (b) 较好   (c) 最好

图8-6 加工路线选择Ⅰ

(2)加工路线应向远离工件夹具的方向进行,即将工件与其装夹部位分离的部分安排在切割路线的末端。如图8-7(a)所示,若以 $O—A—D—C—B—A—O$ 路线切割,则加工至 D 点处工件的刚度就降低了,容易产生变形而影响加工精度,若以 $O—A—B—C—D—A—O$ 为加工路线,则整个加工过程中工件的刚度保持较好,工件变形小,加工精度高;图8-7(b)由于是从 B 点引入,则无论顺逆切割,工件变形都较大,加工精度也低。

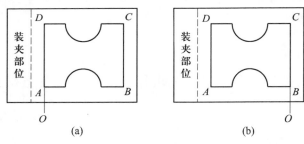

(a)   (b)

图8-7 加工路线选择Ⅱ

(3)在一块毛坯上要切出两个以上零件时,为减小变形应从不同的穿丝孔开始加工,如图8-8所示。

(4)加工轨迹与毛坯边缘距离应大于5mm,见图8-8,以防因工件的结构强度差而产生变形。

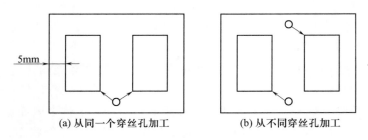

(a) 从同一个穿丝孔加工   (b) 从不同穿丝孔加工

图8-8 加工路线选择Ⅲ

（5）避免沿工件端面切割，这样放电时电极丝单向受电火花冲击力，使电极丝运行不稳定，难以保证尺寸和表面精度。

8.2.3　穿丝孔位置的确定

穿丝孔是电极丝相对工件运动的起点，同时也是程序执行的起点，故也称程序原点。

（1）穿丝孔应选在容易找正，并在加工过程中便于检查的位置。

（2）切割凹模等零件的内表面时，一般穿丝孔位置也是加工基准，其位置还必须考虑运算和编程的方便，通常设置在工件对称中心较为方便，但切入行程较长，不适合大型工件采用。此时，为缩短切入行程，穿丝孔应设置在靠近加工轨迹的已知坐标点上，如图8－9上 B 点所示。

（3）在加工大型工件时，还应沿加工轨迹设置多个穿丝孔，以便发生断丝时能就近重新穿丝，再切入断丝点。

（4）在切割凸模需要设置穿丝孔时，其位置可选在加工轨迹的拐角附近以简化编程。

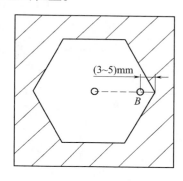

图8－9　穿丝孔位置设置

8.2.4　切入点位置的确定

由于线切割加工经常是封闭轮廓切割，所以切入点一般也是切出点。受加工过程中存在各种工艺因素的影响，电极丝返回到起点时必然存在重复位置误差，造成加工痕迹，使精度和外观质量下降。为了避免或减少加工痕迹，切入点应按下述原则选定：

（1）被切割工件各表面的粗糙度要求不同时，应在粗糙度要求较低的面上选择起点。

（2）工件各面的粗糙度要求相同时，则尽量在截面图形的相交点上选择起点。当图形上有若干个相交点时，尽量选择相交角较小的交点作为起点。当各交角相同时，起点的优先选择顺序是：直线与直线的交点、直线与圆弧的交点、圆弧与圆弧的交点。

（3）对于工件各切割面既无技术要求的差异又没有型面的交点的工件，切入点尽量选择在便于钳工修复的位置上。例如，外轮廓的平面、半径大的弧面，要避免选择在凹入部分的平面或圆弧上。

另外，工件切入处应干净，尤其对热处理工件，切入处要去积盐及氧化皮保证导电。

8.2.5　工件的装夹与找正

1. 工件的装夹

电火花线切割是一种贯穿加工方法，因此，装夹工件时必须保证工件的切割部位悬空于机床工作台行程的允许范围之内。一般以磨削加工过的面定位为好，装夹位置应便于找正，同时还应考虑切割时电极丝的运动空间，避免加工中发生干涉。与切削类机床相比，对工件的夹紧力不需太大，但要求均匀。选用夹具时应尽可能选择通用或标准件，且应便于装夹，便于协调工件和机床的尺寸关系。如图8－10是几种常见的装夹方式。

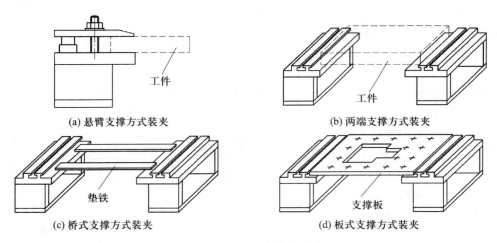

(a) 悬臂支撑方式装夹   (b) 两端支撑方式装夹

(c) 桥式支撑方式装夹   (d) 板式支撑方式装夹

图 8-10　工件装夹方式

1）悬臂支撑方式装夹

采用悬臂支撑方式装夹工件，装夹方便、通用性强，但由于工件一端悬伸，易出现切割表面与工件上下平面间的垂直度误差。一般仅在加工要求不高或悬臂较短的情况下使用。

2）两端支撑方式装夹

采用两端支撑方式装夹工件，装夹方便、稳定，定位精度高，但工件长度要大于台面距离，不适于装夹小型零件。

3）桥式支撑方式装夹

这种方式是在工作台面上放置两条平行垫铁后再装夹工件，装夹方便、灵活，通用性强，对大、中、小型工件都适用。

4）板式支撑方式装夹

这种方式是根据常规工件的形状和尺寸大小，制作带有通孔与装夹螺孔的支撑板来装夹工件，装夹精度高，但通用性较差。

此外，对于圆柱形工件，还可使用 V 型铁、分度头等辅助夹具；对于批量加工工件，选用线切割专用夹具可大大缩短装夹与找正时间，提高生产效率。

2. 工件找正

采用以上方式装夹工件，还必须配合找正法进行调整，才能使工件的定位基准面分别与机床的工作台面和工作台的进给方向 X、Y 保持平行，以保证所切割的表面与基准面之间的相对位置精度。常用的找正方法有：

1）用百分表找正

用磁力表架将百分表固定在丝架或其他位置上，百分表的测量头与工件基面接触，往复移动工作台，按百分表指示值调整工件的位置，直至百分表指针的偏摆范围达到所要求的数值。找正应在相互垂直的 X、Y、Z 三个方向上进行。

2）划线法找正

当工件切割轨迹与定位基准之间的相互位置精度要求不高时，可采用划线法找正。利用固定在丝架上的划针对准工件上划出的基准线，往复移动工作台，目测划针与基准间的偏离情况，将工件调整到正确位置。

252

8.2.6 电极丝的选择与对刀

1. 电极丝的选择

电极丝是线切割加工过程中必不可少的重要工具,合理选择电极丝是保证加工稳定进行的重要环节。

电极丝材料应具有良好的导电性、较大的抗拉强度和良好的耐电腐蚀性能,且电极丝的质量应该均匀,直线性好,无弯折和打结现象。快走丝线切割机床上用的电极丝主要是钼丝和钨钼合金丝,尤以钼丝的抗拉强度较高,韧性好,不易断丝,因而应用广泛。钨钼合金丝的加工效果比钼丝好,但抗拉强度较差,价格较贵,仅在特殊情况下使用;慢走丝线切割机床常使用黄铜丝,其加工表面粗糙度和平直度较好,蚀屑附着少,但抗拉强度差,损耗大。

电极丝直径小,有利于加工出窄缝和内尖角的工件,但线径太细,能够加工的工件厚度也将受限。因此,电极丝直径的大小应根据切缝宽窄、工件厚度及凹角尺寸大小等要求进行选择。通常,若加工带尖角、窄缝的小型模具宜选用较细的电极丝;若加工大厚度工件或大电流切割时应选较粗的电极丝。

2. 对刀

线切割加工对刀即将电极丝调整到切割的起始坐标位置上,其调整方法有以下几种:

1)目测法

对于加工要求较低的工件,在确定电极丝与工件基准间的相对位置时,可以直接利用目测或借助2~8倍的放大镜来进行观察。如图8-11所示,当确认电极丝与工件基准面接触或使电极丝中心与基准线重合后,记下电极丝中心的坐标值,再以此为依据推算出电极丝中心与加工起点之间的相对距离,将电极丝移动到加工起点上。

2)火花法

这种方法是利用电极丝与工件在一定间隙下发生火花放电来确定电极丝的坐标位置的。如图8-12所示,调整时,启动高频电源,移动工作台使工件的基准面逐渐靠近电极丝,在出现火花的瞬时,记下电极丝中心的相应坐标值,再根据电极丝半径值和放电间隙推算电极丝中心与加工起点之间的相对距离,最后将电极丝移到加工起点。此法简单易行,但往往因电极丝靠近基准面时产生的放电间隙与正常切割条件下的放电间隙不完全相同而产生误差。

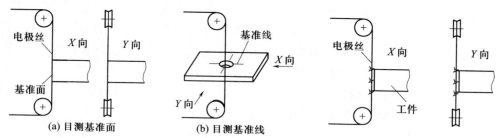

图8-11 目测法对刀   图8-12 火花法对刀

3)接触感知法

这种方法是利用电极丝与工件基准面由绝缘到短路的瞬间,两者间电阻值突然变化的特点来确定电极丝接触到了工件,并在接触点自动停下来,显示该点的坐标,即为电极丝中心的坐标值。目前装有计算机数控系统的线切割机床都具有接触感知功能,用于电极丝定位最为方便。如图8-13所示,首先启动X(或Y)方向接触感知.使电极丝朝工件基准面运动并感知到基准面,记下该点坐标,据此算出加工起点的X(或Y)坐标;再用同样的方法得到加工起点的Y(或X)坐标,最后将电极丝移动到加工起点(X_0,Y_0)。

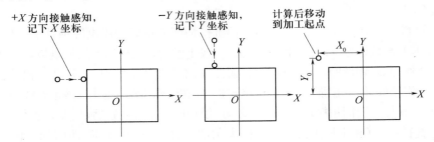

图8-13　接触感知法对刀

此外,利用接触感知原理还可实现自动找孔中心,即让电极丝去接触感知孔的四个方向,自动计算出孔的中心坐标,并移动到工件孔的中心。工件内孔可为圆孔或对称孔。如图8-14所示,启用此功能后,机床自动横向(X轴)移动工作台使电极丝与孔壁一侧接触,则此时当前点X坐标为X_1,接着反方向移动工作台使电极丝与孔壁另一侧接触,此时当前点X坐标为X_2,然后系统自动计算X方向中点坐标,并使电极丝到达X方向中点位置X_0;接着在Y轴方向进行上述过程,最终使电极丝定位在孔中心坐标$(X_0[X_0=(X_1+X_2)/2],Y_0[Y_0=(Y_1+Y_2)/2])$处。

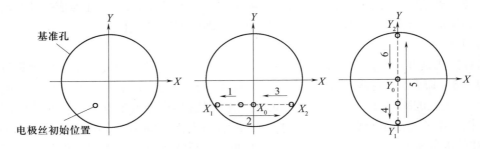

图8-14　自动找孔中心

在使用接触感知法或自动找孔中心对刀时,为减小误差,特别要注意以下几点:
(1) 使用前要校直电极丝,保证电极丝与工件基准面或内孔母线平行;
(2) 保证工件基准面或内孔壁无毛刺、脏物,接触面最好经过精加工处理;
(3) 保证电极丝上无脏物,导轮、导电块要清洗干净;
(4) 保证电极丝要有足够张力,不能太松,并检查导轮有无松动、窜动等;
(5) 为提高定位精度,可重复进行几次后取平均值。

8.2.7　脉冲参数的选择

脉冲参数主要包括脉冲宽度、脉冲间隙、峰值电流等电参数。在电火花线切割加工中,提高脉冲频率或增加单个脉冲的能量都能提高生产率,但工件加工表面的粗糙度和电极丝损耗也随之增大。因此,应综合考虑各参数对加工的影响,合理地选择脉冲参数,在保证工件加工精度的前提下,提高生产率,降低加工成本。

1) 脉冲宽度

脉冲宽度是指脉冲电流的持续时间,与放电能量成正比,在其他加工条件相同的情况下,脉冲宽度越宽切割速度就越高,此时加工较稳定,但放电间隙大,表面粗糙度大。相反脉冲宽度越小,加工出的工件表面质量就越好,但切割效率就会下降。

2) 脉冲间隔

脉冲间隔是指脉冲电流的停歇时间,与放电能量成反比,其他条件不变,脉冲间隔越大,相当于降低了脉冲频率增加的单位时间内的放电次数,使切割速度下降,但有利于排除电蚀物,提高加工的稳定性。当脉冲间隔减小到一定程度之后,电蚀物不能及时排除,放电间隙的绝缘强度来不及恢复,破坏了加工的稳定性,使切割效率下降。

3) 峰值电流

峰值电流是指放电电流的最大值。峰值电流对切割速度的影响也就是单个脉冲能量对加工速度的影响,它和脉冲宽度对切割速度和表面粗糙度的影响相似,但程度更大些,放电电流过大,电极丝的损耗也随之增大易造成断丝。

以上只是这些参数的基本选择方法,此外它与工件材料、工件厚度、进给速度、走丝速度及加工环境等都有着密切的关系,需在实际加工过程中多加探索才能达到比较满意的效果。

8.2.8 补偿量的确定

由于线切割加工是一种非接触性加工,受电极丝与火花放电间隙的影响,如图 8 - 15(a)所示,实际切割后工件的尺寸与工件所要求的尺寸不一致。为此编程时就要对原工件尺寸进行偏置,利用数控系统的线径补偿功能,使电极丝实际运行的轨迹与原工件轮廓偏移一定距离,如图 8 - 15(b)所示,这个距离即称为单边补偿量 F(或偏置量)。偏移的方向视电极丝的运动方向而定,分左偏与右偏两种,编程时分别用 G 代码 G41 和 G42 表示。补偿量的计算公式为

$$F = \frac{1}{2}d + \delta$$

式中:d 为电极丝直径;δ 为单边放电间隙(通常 δ 取 0.01 ~ 0.02mm)。

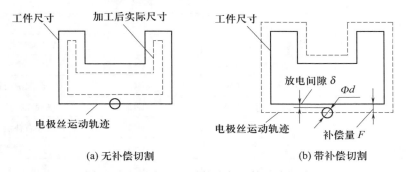

(a) 无补偿切割　　　　　　　　(b) 带补偿切割

图 8 - 15　电极丝运动轨迹与工件尺寸的关系

若当加工工件要求留有加工余量时,则补偿量的计算公式为

$$F = \frac{1}{2}d + \delta + t$$

式中:t 为工件的后续加工余量。

另外,在进行要求有配合间隙的冲裁模加工时,通过调整不同的补偿量,可一次编程实现凸模、凹模、凸模固定板及卸料板等模具组件的加工,节省编程时间。

8.2.9　工作液的选配

电火花线切割加工中,工作液的选配是十分重要的问题。它对切割速度、表面粗糙度、加工稳定性、电极丝损耗等都有较大影响,加工时必须注意正确选配与调整。

常用的工作液主要有乳化液和去离子水。对于快速走丝线切割加工,目前最常用的是乳化液。乳化液是由乳化油和工作介质配制而成的,工作介质可用自来水,也可用蒸馏水、高纯水和磁化水,一般配比浓度为 5% ~ 15% ,加工中应按工件材料、工件厚度及工件表面质量要求等的不同进行调整;慢速走丝线切割加工,目前普遍使用去离子水。为了提高切割速度,在加工时还要加进有利于提高切割速度的导电液,以增加工作液的电阻率。例如,加工淬火钢应使电阻率在 $2 \times 10^4 \Omega \cdot cm$ 左右,加工硬质合金使电阻率控制在 $30 \times 10^4 \Omega \cdot cm$ 左右。

8.3　数控电火花线切割编程指令

与其他数控机床一样,数控电火花线切割机床也是按预先编制好的数控程序来控制加工轨迹的。它所使用的指令代码格式有 ISO、3B 或 4B 等。目前的数控电火花线切割机床大都应用计算机控制数控系统,采用 ISO 格式,早期生产的机床常采用 3B 或 4B 格式。

8.3.1　ISO 代码

数控电火花线切割机床所使用的 ISO 代码编程格式与数控铣削类机床类似,具体可按机床说明书定义使用,表 8 − 2 是 HCKX320A 型机床的 G、M 代码功能定义,下面重点介绍一下线径补偿与锥度加工编程指令。

表 8 − 2　G、M 代码功能定义

代码	功能	代码	功能
G00	快速定位(移动)	G11	X、Y 轴镜像,X、Y 轴交换
G01	直线插补	G12	取消镜像
G02	顺时针圆弧插补(CW)	G40	取消线径补偿
G03	逆时针圆弧插补(CCW)	G41	线径左补偿　D 补偿量
G05	X 轴镜像	G42	线径右补偿　D 补偿量
G06	Y 轴镜像	G50	撤消锥度
G07	X、Y 轴交换	G51	锥度左偏　A 角度值
G08	X 轴镜像,Y 轴镜像	G52	锥度右偏　A 角度值
G09	X 轴镜像,X、Y 轴交换	G54	工件坐标系 1 选择
G10	Y 轴镜像,X、Y 轴交换	G55	工件坐标系 2 选择

(续)

代码	功能	代码	功能
G56	工件坐标系 3 选择	G92	建立工件坐标系
G57	工件坐标系 4 选择	M00	程序暂停
G58	工件坐标系 5 选择	M02	程序结束
G59	工件坐标系 6 选择	M05	接触感知解除
G80	接触感知	M96	主程序调用文件程序
G82	半程移动	M97	主程序调用文件结束
G84	微弱放电找正	M98	子程序调用
G90	绝对坐标	M99	子程序调用结束
G91	相对坐标		

1. 线径补偿指令(G41、G42、G40)

指令格式:

G41 D___ /左补偿,D 后为补偿量 F 的值

G42 D___ /右补偿,D 后为补偿量 F 的值

G40   /撤消补偿

由上一节补偿量的确定可知,电火花线切割加工时,为消除电极丝半径和放电间隙对加工尺寸的影响,需在编程时进行对工件尺寸进行补偿,偏移方向应视电极丝的运动方向而定。如图 8 – 16 所示,对于凸模类工件,顺时针加工时使用 G41,逆时针加工使用 G42;凹模类工件正好相反,顺时针加工使用 G42,逆时针加工使用 G41。

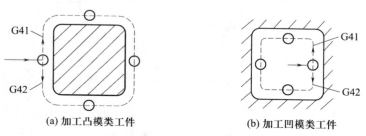

(a) 加工凸模类工件   (b) 加工凹模类工件

图 8 – 16   线径补偿指令

2. 锥度加工指令(G51、G52、G50)

指令格式:

G51 A___ /锥度左偏,A 后锥度值

G52 A___ /锥度右偏,A 后锥度值

G50   /撤消锥度

当加工带有锥度的工件时,需使用锥度加工指令使电极丝偏摆一定角度。若加工工件上大下小称为正锥,加工工件上小下大则称为负锥。电极丝的偏摆方向也应视电极丝的运动方向而定。如图 8 – 17 所示,对于正锥加工,顺时针加工时使用 G51,逆时针加工使用 G52;负锥加工正好相反,顺时针加工使用 G52,逆时针加工使用 G51。

锥度加工编程时应以工件下底面尺寸为编程尺寸,工件上表面尺寸由所加工锥度的大小自动决定。另外,在程序开头还必须输入下列参数,如图 8 – 18 所示。

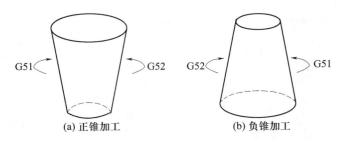

(a) 正锥加工   (b) 负锥加工

图 8 – 17　锥度加工指令

（1）S——上导轮中心到工作台面的距离（通过机床 Z 轴标尺观测得出）；

（2）W——工作台面到下导轮中心的距离（机床固定值）；

（3）H——工件厚度（通过实测得出）。

注意：在进行线径补偿和锥度加工编程时，进、退刀线程序段必须采用 G01 直线插补指令，并且进刀线与退刀线方向不能和第一条路径重合或夹角过小。

3. 编程举例

如图 8 – 19 所示，加工一底面为 16mm × 16mm 见方的四棱台（上小下大），锥度 A = 4°，工件厚度 H = 50mm，S = 90mm，W = 60mm，电极丝直径 Φ = 0.18mm，放电间隙 δ = 0.01 mm，试编写其加工程序。

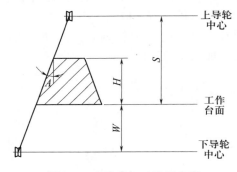

图 8 – 18　锥度加工编程参数

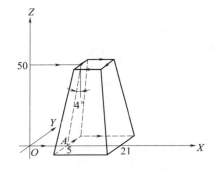

图 8 – 19　ISO 格式编程实例

以图中 O 点为加工起点，OA 为进刀线，按顺时针方向加工。工件上小下大，故锥度指令使用 G52，补偿指令使用 G41，补偿量 F = 0.18/2 + 0.01 = 0.1mm。

程序清单：

```
G92  X0  Y0                    /建立工件坐标系
W = 60000
H = 50000                      /工件厚度
S = 90000
G52A4                          /右偏摆,角度4°
G41D100                        /左补偿,F = 0.18/2 + 0.01 = 0.1
G01  X5000  Y0                 /进刀线
G01  X5000  Y8000
G01  X21000  Y8000
G01  X21000  Y – 8000
```

258

```
G01  X5000  Y - 8000
G01  X5000  Y0
G50                                    /撤消锥度
G40                                    /撤消补偿
G01  X0  Y0                            /退刀线
M02                                    /程序结束
```

8.3.2 3B、4B 代码

3B、4B 格式结构比较简单,是我国早期电火花线切割机床常使用的编程格式,目前仍在沿用,其中 4B 格式带有间隙补偿和锥度加工功能。下面对 3B 代码格式作一些简单介绍。

1. 编程格式

3B 指令编程采用"5 指令3B"格式:B X B Y B J G Z,其中:

B——分隔符,用来将 X、Y、J 数值区分开来;

X、Y——X、Y 坐标的绝对值;

J——加工轨迹的计数长度;

G——加工轨迹的计数方向;

Z——加工指令。

1) 坐标值与坐标原点

坐标值 X、Y 为直线段终点或圆弧起点坐标的绝对值,单位为 μm。3B 指令对每一直线段或圆弧建立一个基本的相对坐标,加工直线段时,坐标原点设在该线段的起点,X、Y 为该线段的终点坐标值或其斜率,对于与坐标轴平行的直线段,X、Y 取零,且可省略不写;加工圆弧时,以圆弧的圆心为坐标原点,X、Y 为该圆弧的起点坐标值。

2) 计数长度

计数长度是指加工轨迹(直线或圆弧)在计数方向坐标轴上投影的绝对值总和,亦以 μm 为单位,一般计数长度 J 应为 6 位,不够的前面补零。

3) 计数方向

计数方向是计数时选择作为投影轴的坐标轴方向。记作 GX 或 GY。无论是直线还是圆弧加工,计数方向均按终点位置确定。

(1) 直线加工。如图 8 – 20(a)所示,加工直线段的终点靠近哪个轴,计数方向就取该轴。若终点正好处在与坐标轴成 45°时,计数方向取 X、Y 轴均可。即:

|X| > |Y|时,取 GX;|Y| > |X|时,取 GY;|X| = |Y|时,取 GX 或 GY。

(2) 圆弧加工。如图 8 – 20(b)所示,加工圆弧的终点靠近哪个轴,计数方向就取另一轴。若终点正好处在与坐标轴成 45°时,计数方向取 X、Y 轴均可。即:

|X| > |Y|时,取 GY;|Y| > |X|时,取 GX;|X| = |Y|时,取 GX 或 GY。

4) 加工指令

加工指令 Z 用来确定轨迹形状、起点或终点所在象限及加工方向等信息,共有十二种加工指令。

(1) 直线加工指令共有四种,由直线段终点位置确定。如图 8 – 21(a)所示,当直线段的终点位于第 Ⅰ 象限或坐标轴 + X 上时,记作 L1;当直线段的终点位于第 Ⅱ 象限或坐

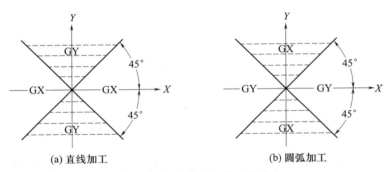

(a) 直线加工　　　　　　　　(b) 圆弧加工

图 8 - 20　计数方向的区域分布

标轴 + Y 上时,记作 L2;当直线段的终点位于第Ⅲ象限或坐标轴 - X 上时,记作 L3;当直线段的终点位于第Ⅳ象限或坐标轴 - Y 上时,记作 L4。

（2）圆弧加工指令共有八种,由圆弧起点位置与加工方向确定。如图 8 - 21(b)所示,顺时针圆弧加工,当圆弧起点位于第Ⅰ象限或坐标轴 + Y 时,记作 SR1,其他依此类推,分别记作 SR2、SR3、SR4;逆时针圆弧加工,当圆弧起点位于第Ⅰ象限或坐标轴 + X 时,记作 NR1,其他依此类推,分别记作 NR2、NR3、NR4。

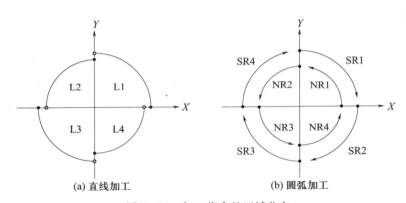

(a) 直线加工　　　　　　　　(b) 圆弧加工

图 8 - 21　加工指令的区域分布

2. 编程举例

（1）如图 8 - 22(a)所示,加工直线段 AB,终点 B 坐标 X = - 3mm,Y = 5mm,试写出其3B 编程指令。

以起点 A 为坐标原点,因终点 B 坐标 |5000| > | - 3000|,计数方向取 GY,计数长度 J 则为 B 点的纵坐标,即 J = 5000,又因终点 B 位于第Ⅱ象限,故该直线段的编程指令为

　　　B3000B5000B005000GYL2

（2）如图 8 - 22(b)所示,加工半径 5mm 的圆弧 PQ,起点 P 坐标为(- 5,0),终点 Q 坐标为(3,4),试写出其 3B 编程指令。

以圆心 O 为坐标原点,因终点 Q 坐标 |4000| > |3000|,计数方向取 GX,计数长度 J 则为圆弧 PQ 在 X 轴上投影的绝对值总和,即 J = 5000 + 5000 + 3000 = 13000,又因起点 P 位于 - X 轴上,故该圆弧的编程指令为

　　　B5000B0B013000GXNR3

以上介绍了数控电火花线切割加工的部分编程指令,如遇一些计算繁琐、手工编程困

260

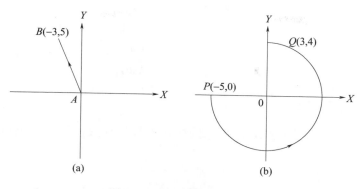

图 8-22　3B 格式编程实例

难或手工无法编出的程序时,则往往采用自动编程。编程人员只需用 CAD 功能绘出零件的几何图形,然后利用 CAM 功能设置工件坐标系零点、穿丝点、加工路线、电极丝直径、补偿量等工艺参数,计算机就可自动完成电极丝运动轨迹数据的计算,并生成 NC 代码(ISO 或 3B 格式),使得一些计算繁琐、手工编程困难或手工无法编出的程序都能够实现,同时也提高了编程效率。

现在比较常用的线切割 CAD/CAM 软件有 CAXA、MASTERCAM 或机床随机软件等,各种软件在功能及使用方式上基本类似,这里不予详细介绍,读者可参阅相关资料。

8.4　数控电火花线切割机床的操作

本节以国产 HCKX 系列 DK7732A 型快走丝线切割机床为例介绍数控电火花线切割机床的基本操作与加工,以下是该机床的主要技术参数:

X、Y 坐标工作台最大行程	320mm×400mm
Z 轴方向行程	150mm
工件最大加工尺寸(长×宽×高)	630mm×400mm×200mm
工件最大加工质量	200kg
U 轴方向行程	35mm±17.5mm
V 轴方向行程	35mm±17.5mm
切割最大锥度	±6°/50mm
脉冲当量	0.001mm
储丝筒最大行程	180mm
排丝距	0.30mm
电极丝直径	0.12~0.25mm
电极丝最大长度	约250mm
电极丝速度	2.5,4.6,5.9,7.6,9.2m/s
加工表面粗糙度	$Ra \geqslant 2.5\mu m$
X、Y 定位精度	0.016mm、0.018mm
加工电压	80V
电源	380V±5%　50Hz±1Hz

最大加工电流	5A
消耗功率	2.5kW
主机净重约	1500kg
电控柜净重约	250kg

8.4.1 操作面板

DK7732A 型数控电火花线切割机床的操作面板包括数控脉冲电源柜控制面板和储丝筒操作面板。

1. 数控脉冲电源柜

图 8-23 为 DK7732A 型数控电火花线切割机床的数控脉冲电源柜,其各组件的功能说明如下:

(1) 电压表。用于显示高频脉冲电源的加工电压,空载电压一般为 80V 左右。

(2) 电流表。用于显示高频脉冲电源的加工电流(加工电流应小于 5A)。

(3) 手动变频调整旋钮。加工中可旋转此旋钮调整脉冲频率以选择适当的切割速度。

(4) 鼠标。在绘图及 APT 自动编程时使用,操作与普通计算机相同。

(5) 启动按钮。按下后(灯亮),接通数控系统电源。

(6) 急停按钮。加工中出现紧急故障应立即按此按钮关机。

(7) 软盘插口。软盘从此插入,指示灯亮时不得退出磁盘以免损坏数据。

(8) 键盘。用于输入程序或指令,操作与普通计算机相同。

(9) 手控盒。用于在手动方式下移动机床坐标轴。如图 8-24 所示,其波段开关分0、1、2、3 四挡移动速度,即点动、低、中、高四挡,设定移动速度后按下移动坐标轴的对应方向键,机床工作台开始移动。

(10) 显示器。显示系统软件加工菜单、程序内容、加工轨迹及 NC 信息等。

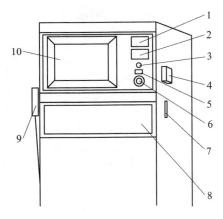

图 8-23　DK7732A 型线切割机床的数控电柜

1—电压表;2—电流表;3—手动变频调整旋钮;

4—鼠标;5—启动按钮;6—急停按钮;7—软盘插口;

8—键盘;9—手控盒;10—显示器。

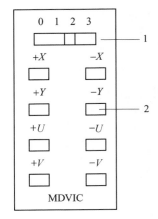

图 8-24　手控盒操作面板

1—波段选择开关;2—移动轴方向键。

2. 储丝筒操作面板

图 8 – 25 为 DK7732A 型数控电火花线切割机床的储丝筒操作面板,其主要是用于控制储丝筒和上丝电机的启动、停止以及断丝保护等。其各控制开关功能说明如下:

(1)断丝检测开关。此开关用来控制断丝检测回路,通过运丝路径上两个与电极丝接触的导电块作为检测元件。当运丝系统正常运转时,两个导电块通过电极丝短路,检测回路正常;当工作中断丝时,两个导电块之间形成开路,检测回路即发出信号,控制储丝筒及电源柜程序停止。

(2)上丝电机开关。开启此开关,可实现半自动上丝。丝盘在上丝电机带动下产生恒定反扭矩将丝张紧,使电极丝能均匀、整齐并以一定的张力缠绕在储丝筒上。

(3)储丝筒启、停按钮。此按钮控制储丝筒的开启和停止。用于在上丝、穿丝等非程序运行中控制储丝筒的运转。在进行手动上丝或穿丝操作时,务必按下储丝筒停止钮并锁定,防止误操作启动丝筒造成意外事故。开启丝筒前应先弹起停止按钮,再按启动按钮。

(4)储丝筒调速开关。储丝筒电机有五挡转速,用此旋钮调挡可使电极丝速在2.5 ~ 9.2m/s 间转换。“1”挡转速最低专用于半自动上丝,“2”“3”挡用于切割较薄的工件,“4”“5”挡用于切割较厚的工件。

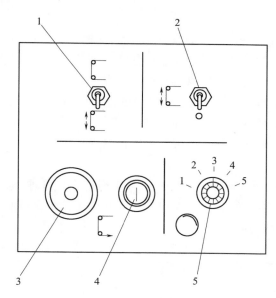

图 8 – 25　储丝筒操作面板

1—断丝检测开关;2—上丝电机开关;3—停转按钮;4—启动按钮;5—调速选择开关。

8.4.2　软件功能

1. 屏幕划分

DK7732A 型数控线切割机床开机后即自动进入软件操作界面,如图 8 – 26 所示,可划分为五个显示区域:

(1)运行状态区。X、Y、U、V:显示各轴的当前坐标位置(工件坐标系);起始时间:显

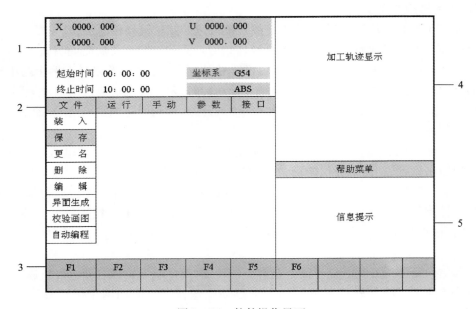

图 8 - 26　软件操作界面

1—运行状态区；2—系统菜单区；3—功能键区；4—图形显示区；5—操作帮助区。

示加工开始的时间；终止时间：显示系统当前时间；坐标系：显示当前所用工件坐标系。

（2）系统菜单区。软件的主要功能通过各菜单实现,选择相应菜单可进行如程序编辑、校验、自动运行、手动调整、设置参数及检测等操作。

（3）功能键区。选择功能键(F1 ~ F10)可进行各种功能设置与操作。

（4）图形显示区。在程序校验或加工时,三维显示工件加工轨迹。

（5）操作帮助区。可实时显示有关各种操作的提示信息。

2. 系统菜单

DK7732A 型数控线切割机床的软件系统菜单包括文件管理、加工运行、手动操作、机床参数、接口检测五个主菜单,每个主菜单又包含几个子菜单,分别对应不同的操作功能,表 8 - 3 为各菜单的功能说明。

表 8 - 3　系统菜单功能

文 件 管 理 菜 单	
装 入	从内存或磁盘调入加工程序
保 存	将内存中的程序保存到硬盘或软盘上,只能在内存中有程序的情况下操作
更 名	用于更改磁盘上的程序名,文件名可用字母或数字,不能超过 8 个字符,不加扩展名
删 除	将用户磁盘上不用的文件删除,保留更多磁盘空间。F1:删除一个文件,F2:删除全部文件
编 辑	用于编辑加工用的 ISO、3B 代码程序以及对已有的内存文件的修改或创建新文件。F1:编辑内存文件,F2:编辑磁盘文件,F3:创建新文件
异面生成	也称"拟合",用于上、下异形切割时轨迹的拟合处理,自动生成异面加工程序
校验画图	对加工程序的语法校验,以保证程序的正确,系统逐条检测加工程序,当发现错误时显示错误位置,如果正确系统会给出加工信息及立体图形

文 件 管 理 菜 单	
自动编程	调用自动编程软件,采用 CAD 作图方法将工件的形状用图形画出,并直接生成加工程序
加工运行菜单	
内存	运行新编程序,运行加工程序前要先画图校验,保证程序正确才能用于加工
磁盘	运行用户磁盘上的程序,操作同上
串行口	接受从 RS‐232 串口传送的加工程序并运行
模拟运行	加工程序运行前一般要进行模拟运行模拟实际加工,在此方式下机床不开强电(丝筒、水泵、高频电源)以较高速度按加工轨迹空运行
断点加工	在因停电或其他原因造成的加工中断时,此功能可实现从断点继续按加工轨迹的切割
手动操作菜单	
手控盒	将机床坐标移动控制权交给手控盒控制
移动	实现机床坐标的快速定位和简易加工等功能,F1:快速定位,F2:简易加工,F3:回加工零点,F4:回程序零点,F5:切回断点继续加工,F6:回机床零点
撞极限	选择此功能时,机床高速向指定极限撞去,完成后机床重新设极限值
接触感知	实现找基准点、电极丝找正、找圆孔中心功能
设零点	设置坐标零点及坐标系,F1~F4:在当前坐标系分别给 X、Y、U、V 轴设零点,F5:在当前坐标系给 X、Y、U、V 轴同时设零点,F6:选择坐标系,F7:选择绝对坐标系或增量坐标系,F8:查看机床坐标
机床参数菜单	
工艺参数	也称"加工条件",本功能可显示或修改加工参数,并能发出高频脉冲供加工程序调用,F1:发出当前设定参数的高频脉冲
机床参数	进行极限坐标、反向补偿设置和螺距补偿设置,一般不要随意修改
代码设置	选择编程、加工所用代码,F1:ISO 代码格式,F2:3B 代码格式
代码转换	将 3B 格式代码转换为 ISO 代码
接口检测菜单	
输入接口	检测系统主机及数控电源柜的硬件输入信号,系统规定输入信号无效时为"1",有效时为"0"
输出接口	检测系统主机及数控电源柜的硬件输出信号,系统规定平时为"0",发出信号时为"1"
系统调试	用于改变系统时间、电机转速和脉冲延时

8.4.3 基本操作

1. 开机、关机

（1）打开数控柜左侧的空气开关,接通机床总电源;

（2）释放急停按钮;

（3）按下绿色启动按钮,进入控制系统。

当出现死机或系统错误无法返回主菜单时,可以按"Ctrl + Alt + Del"键,重新启动计算机。关机时,先按急停按钮,再关闭左侧空气开关。

2. 上丝操作

上丝可半自动或手动操作进行,上丝的路径如图 8‐27 所示,具体操作方法如下:

（1）按下储丝筒停止按钮，断开断丝检测开关；

（2）将丝盘套在上丝电机轴上，并用螺母锁紧；

（3）用摇把将储丝筒摇至与极限位置或与极限位置保留一段距离；

（4）将丝盘上电极丝一端拉出绕过上丝介轮、导轮，并将丝头固定在储丝筒端部紧固螺钉上；

（5）剪掉多余丝头，顺时针转动储丝筒几圈后打开上丝电机开关，电极丝被拉紧；

（6）转动储丝筒，将丝缠绕至 10～15mm 宽度，取下摇把，松开储丝筒停止按钮，将调速旋钮调至"1"挡；

（7）调整储丝筒左右行程挡块，按下储丝筒开启按钮开始绕丝；

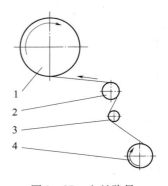

图 8-27 上丝路径
1—储丝筒；2—导轮；
3—上丝介轮；4—上丝电机。

（8）接近极限位置时，按下储丝筒停止按钮；

（9）拉紧电极丝，关掉上丝电机，剪掉多余电极丝并固定好丝头，半自动上丝完成。

如采用手动上丝，则不需开启丝筒，用摇把匀速转动丝筒将丝上满即可。

注意：在上丝操作中储丝筒上、下边丝不能交叉；摇把使用后必须立即取下，以免误操作使摇把甩出，造成人身伤害或设备损坏；上丝结束时一定要沿绕丝方向拉紧电极丝再关断上丝电机避免电极丝松脱造成乱丝。

3. 穿丝操作

（1）按下储丝筒停止按钮；

（2）将张丝支架拉至最右端并用插销定位；

（3）取下储丝筒一端丝头并拉紧，按穿丝路径依次绕过各导轮，最后固定在丝筒紧固螺钉处；

（4）剪掉多余丝头，用摇把转动储丝筒反绕几圈；

（5）拔下张丝滑块上的插销，手扶张丝滑块缓慢放松到滑块停止移动，穿丝结束。

如果电极丝是新丝，加工时电极丝表层氧化皮会脱落，且新丝具有较大的延展性，易被拉长，这时就需要进行紧丝操作，其方法类似于穿丝，操作时需要特别注意防止电极丝从导轮槽脱出，并要保证与导电块接触良好，一般新丝试运行期间需 2～3 次紧丝处理。另外，当加工中出现断丝，如果确信不是丝本身质量、使用寿命的问题，可抽掉丝筒上较少的一半电极丝，取下另一半丝的断头按穿丝路径重新穿好丝，然后调用系统断点加工功能继续加工。

4. 储丝筒行程调整

穿丝完毕后，根据储丝筒上电极丝的多少和位置来确定储丝筒的行程。为防止机械性断丝，在行程挡块确定的长度之外，储丝筒两端还应有一定的储丝量。具体调整方法是：

（1）用摇把将储丝筒摇至在轴向剩下 10mm 左右的位置停止；

（2）松开相应的限位块上的紧固螺钉，移动限位块至接近感应开关的中心位置后固定；用同样方法调整另一端，两行程挡块之间的距离即储丝筒的行程。

5. Z 轴行程的调整

（1）松开 Z 轴锁紧把手；

（2）根据工件厚度摇动 Z 轴升降手轮，使工件大致处于上、下主导轮中部；

（3）锁紧把手。

6. 电极丝找正

在切割加工之前必须对电极丝进行找正，其操作与火花法对刀类似（参见图 8 - 12），具体方法如下：

（1）保证工作台面和找正块各面干净无损坏；

（2）移动 Z 轴至适当位置后锁紧，将找正块底面靠实工作台面，长向平行于 X 轴或 Y 轴；

（3）用手控盒移动 X 轴或 Y 轴坐标至电极丝贴近找正块垂直面；

（4）选择"手动"菜单中的"接触感知"子菜单；

（5）按 F7 键，进入控制电源微弱放电功能，丝筒启动、高频打开；

（6）在手动方式下，调整手控盒移动速度，移动电极丝接近找正块，当它们之间的间隙足够小时即会产生放电火花；

（7）通过手控盒点动调整 U 轴或 V 轴坐标，直到放电火花上下均匀一致，电极丝即找正。

7. 建立机床坐标系

系统启动后，首先应建立机床坐标系，具体方法如下：

（1）在主菜单下移动光标选择"手动"菜单中的"撞极限"子菜单；

（2）按 F2 功能键，移动机床到 X 轴负极限，机床自动建立 X 坐标；

（3）采用相同方法建立另外几轴的机床坐标；

（4）选择"手动"菜单中"设零点"功能将各个坐标系设零，机床坐标系就建立起来了。

8. 工作台移动

1）手动盒移动

（1）在主菜单下移动光标选择"手动"菜单中的"手动盒"子菜单；

（2）通过手控盒上的移动速度选择开关选择移动速度；

（3）按下相应移动轴方向键移动工作台。

2）键盘输入移动

（1）在主菜单下移动光标选择"手动"菜单中的"移动"子菜单；

（2）从"移动"子菜单中选择"快速定位"功能；

（3）定位光标到要移动的坐标轴位置，输入移动数值；

（4）按"Enter"键，工作台开始移动。

9. 程序编辑、校验与运行

（1）在主菜单下移动光标选择"文件"菜单中"编辑"子菜单；

（2）按 F3 功能键编辑新文件，并输入文件名；

（3）输入源程序，并选择"保存"功能将程序保存；

（4）在主菜单下移动光标选择"文件"菜单中"装入"子菜单，调入上一步保存的文件；

（5）选择"校验画图"子菜单，系统自动进行校验并显示出图形轨迹；

（6）若图形显示正确，选择"运行"菜单的"模拟运行"子菜单，机床将进行模拟加工，即不放电空运行一次（工作台上不装夹工件）；

（7）装夹工件，开启工作液泵，移动光标选择"运行"菜单中"内存"子菜单，回车后机床即开始自动加工。

8.4.4 加工步骤及故障预防

1. 线切割加工步骤

加工前先准备好工件毛坯、压板、夹具等装夹工具。若需切割内腔形状工件，毛坯应预先打好穿丝孔，然后以下述步骤操作：

（1）启动机床电源进入系统，编制加工程序；

（2）检查系统各部分是否正常，包括高额、水泵、丝筒等的运行情况；

（3）进行储丝筒上丝、穿丝和电极丝找正操作；

（4）装卡工件，根据工件厚度调整 Z 轴至适当位置并锁紧；

（5）移动 X、Y 轴坐标确立切割起始位置；

（6）根据工件材料、厚度及加工表面质量要求等调整加工参数；

（7）开启工作液泵，调节喷嘴流量；

（8）运行加工程序，机床开始自动加工。

2. 常见故障与预防措施

线切割加工中常见的故障主要是断丝与短路。引起断丝与短路的原因较多，主要有下列几种。

1）常见的断丝原因

（1）电极丝的材质不佳、抗拉强度低、折弯、打结、叠丝或因使用时间过长，丝被拉长拉细且布满微小放电凹坑；

（2）导丝机构的机械传动精度低，绕丝松紧不适度，导轮与储丝筒的径向圆跳动和轴向窜动；

（3）导电块长时间使用或位置调整不好，加工中被电极丝拉出沟槽；

（4）导轮轴承磨损、导轮磨损后底部出现沟槽，造成导丝部位摩擦力过大，运行中抖动剧烈；

（5）工件材料的导电性、导热性不好并含有非导电杂质或内应力过大造成切缝变窄；

（6）加工结束时因工件自重引起切除部分脱落或倾斜，夹断电极丝；

（7）工作液的种类选择配制不当或脏污程度严重。

2）常见的短路原因

（1）导轮和导电块上的电蚀物堆积严重未能及时清洗；

（2）工件变形造成切缝变窄，使切屑无法及时排出；

（3）工作液浓度过高造成排屑不畅；

（4）加工参数选择不当造成短路。

为防止这些故障发生，用户必须采取合理的预防或补救措施。如选择高质量的电极丝、导电块和导轮并及时更换;对工件毛坯进行合理热处理、去磁等工艺处理减少残余应力,并采取一些减少工件变形的工艺措施,如预先去除工件部分余量、钻工艺孔等;加工快结束时,用磁铁吸住工件或从底部支撑以防止工件突然下落;正确调用加工参数保证运行稳定;及时清除加工中的电蚀物,合理配制工作液浓度并定期更换。

3. 机床的维护保养

线切割机床的维护和保养直接影响到机床的切割工艺性能,和一般机床比较线切割机床的维护和保养尤为重要。机床必须经常润滑、清理和维护,这是保证机床寿命、精度和提高生产率的必要条件。

1)机床的润滑

机床的润滑部位有工作台纵、横向导轨;滑枕上下移动导轨;储丝筒导轨副和丝杠螺母等。用户应按照机床使用说明定期注油(或油脂)润滑。

2)机床的清理

线切割机床工作时因其工作特性,产生的电蚀物和工作液会有一部分粘附在机床导丝系统的导轮、导电块和工作台内,应注意及时将其上的电蚀物去掉,否则加工时会引起电极丝的抖动,甚至会因电蚀物沉积过多造成电极丝与机床短接,不能正常切割。另外更换工作液时应用清洁剂擦洗液箱和过滤网,再注入干净的工作液。

3)机床的维护保养

机床维护的主要部位是导丝系统的导轮和导电块。导轮在切割加工过程中始终处于高速旋转运动状态,其内部轴承和导轮槽容易损坏,必须经常检查,如有损坏需立即更换;导电块长时间磨损会出现沟槽,应将导电块换一面后再继续使用;机床每次加工结束后,应把机床擦拭干净,并在工作台表面涂一层机油;每周清洗机床一次,尤其是导丝系统各部件。清洗时先将电极丝从导丝系统上抽掉,全部整齐地绕在储丝筒上以备重新穿丝后继续使用,然后用干净棉丝和小刷蘸上清洁剂清洗导轮、导电块、工作液喷嘴等部件,最后用干棉丝擦干,并在工作台面和张丝滑块导轨上涂一层机油。

8.5 零件加工实例

如图 8-28 所示,加工某一零件的连接件,工件材料 45 钢,经淬火处理,厚度 40mm。工件毛坯长宽尺寸为 120mm×50mm。

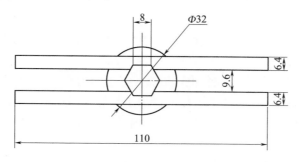

图 8-28 零件加工实例

1）确定加工方案

这是一内外轮廓都需加工的零件,由于工件尺寸小且尖角较多,采用数控铣床难以实现,所以确定在快走丝线切割机床上加工较为合理。加工前需在毛坯中心先预打一工艺孔作为穿丝孔。选择底平面为定位基准,采用桥式装夹方式将工件横搭于夹具悬梁上并让出加工部位,找正后用压板压紧。加工顺序为先切内孔再进行外轮廓切割。

2）确定穿丝孔位置与加工路线

穿丝孔位置亦即加工起点,如图 8-29 所示,内孔加工以 $\Phi 8mm$ 工艺孔中心 O_1 为穿丝孔位置,外轮廓加工的加工起点设在毛坯左侧 X 轴上 O_2 处,$O_1O_2 = 63mm$,加工路线如图中所标。

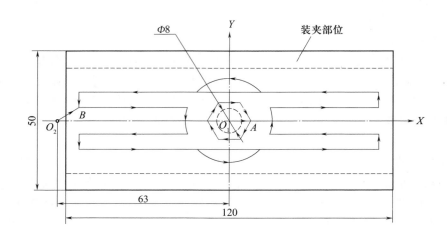

图 8-29　零件加工方案

3）确定补偿量 F

选用钼丝直径为 $\Phi 0.18mm$,单边放电间隙为 $0.01mm$,则补偿量:

$F = 0.18/2 + 0.01 = 0.10mm$

按图中所标加工路线方向,内孔与外轮廓加工均采用右补偿指令 G42。

4）程序编制

内孔加工:以工艺孔中心 O_1 点为工件坐标系零点,O_1A 为进刀线(退刀线与其重合),顺时针方向切割。

外形加工:以加工起点 O_2 为工件坐标系零点,O_2B 为进刀线(退刀线与其重合),逆时针方向切割。

该零件的加工程序可分别编制,也可以按跳步加工编制。分别编制即分别编制内孔与外形的加工程序,先装入内孔加工程序,待加工完后,抽丝,X 坐标移动 $-63mm$,穿丝后再装入外形加工程序继续加工;跳步加工即把内孔与外形加工程序作为两个子程序由主程序调用一次加工完成。

加工程序可通过 CAM 自动编程方法获得,过程略。

参考程序(ISO):

程　序	说　明
主程序:(ZHU. ISO)	
G90	绝对坐标
G54	选择工件坐标系1
M96 D:NEI.	调内孔加工子程序 D:\NEI. ISO
M00	暂停,抽丝
G00 X - 63000 Y0	快速移动至外形加工起点 O_2
M00	暂停,穿丝
M96 D:WAI.	调外形加工子程序 D:\WAI. ISO
M97	子程序调用结束
M02	程序结束
子程序1:(NEI. ISO)	
G92 X0 Y0	建立工件坐标系
G42 D100	右补偿
G01 X8000 Y0	进刀线
G01 X4000 Y - 6928	
G01 X - 4000 Y - 6928	
G01 X - 8000 Y0	
G01 X - 4000 Y6928	
G01 X4000 Y6928	
G01 X8000 Y0	
G40	取消补偿
G01 X0 Y0	退刀线
M02	
子程序2:(WAI. ISO)	
G55	选择工件坐标系2
G92 X0 Y0	建立工件坐标系
G42 D100	右补偿
G01 X8000 Y4800	进刀线
G01 X47737 Y4800	
G03 X47737 Y - 4800 I15263 J - 4800	
G01 X8000 Y - 4800	
G01 X8000 Y - 11200	
G01 X51574 Y - 11200	
G03 X74426 Y - 11200 I11426 J11200	
G01 X118000 Y - 11200	
G01 X118000 Y - 4800	
G01 X78263 Y - 4800	

程　序	说　明
G03　X78263　Y4800　I－15263　J4800	
G01　X118000　Y4800	
G01　X118000　Y11200	
G01　X74426　Y11200	
G03　X51574　Y11200　I－11426　J－11200	
G01　X8000　Y11200	
G01　X8000　Y4800	
G40	取消补偿
G01　X0　Y0	退刀线
M02	

5）操作步骤

以在 HCKX320A 型快走丝线切割机床上加工为例：

（1）采用桥式装夹方式装夹工件毛坯，找正后压紧压板；

（2）调整 Z 轴升降手轮，使工件毛坯大致处于上、下主导轮中部；

（3）用手控盒移动工作台使导轮线槽大致位于 $\Phi 8mm$ 穿丝孔中心，穿丝后目测调整电极丝位置至穿丝孔中心；

（4）选择"文件"—"装入"子菜单，调入加工主程序 ZHU.ISO；

（5）选择"文件"—"校验画图"子菜单进行程序校验，确认图形模拟及程序无误后保存该文件；

（6）选择"参数"—"工艺参数"子菜单，输入合理的脉冲参数，并按 F1 键激活；

（7）选择"接口"—"输出接口"子菜单，将光标移到"油泵"处，按回车键启动工作液泵；

（8）选择"运行"—"内存"子菜单，按回车键后，机床开始自动加工；

（9）待内孔加工完毕后，程序暂停，抽丝，取出加工废料；

（10）按回车键，电极丝自动移动到外形加工起点后暂停；

（11）穿丝后再按回车键，机床开始继续加工零件外形；

（12）加工完毕后取下工件，清理机床。

第9章 数控机床的选用与维护

数控机床的管理是一项系统工程,对充分发挥设备的使用功能具有极大的经济价值和社会意义。它包含数控机床的选用及安装、调试、验收等前期管理部分和机床使用、故障检测及修理、维护保养以及改造更新直至设备报废整个过程中的一系列管理工作。

数控机床是一种技术含量很高的机电一体化产品。它包括机床、数控装置、伺服驱动及检测装置等部分,每部分都有各自的特性,涉及到机械、电气、液压、检测及计算机等多项实用技术。随着电子技术和自动化技术的发展,数控机床的应用也越来越广泛,在提高其质量和数量的同时,我们还要充分认识正确使用与良好的维护、维修措施对使用数控机床的重要性,努力提高相关人员的素质,从而给机床长期稳定地运行提供可靠保障。本章将对数控机床的选用、安装调试、维护及故障分析和处理等方面给以必要的说明。

9.1 数控机床的选用

数控机床的种类多种多样,而且其中许多机床在技术性能上已经比较完善。如何从品种繁多、价格昂贵的设备中选择适用的设备;如何使这些设备在机械制造中充分发挥作用;如何正确、合理地选购与主机相应配套的附件及软件技术,这都是广大用户十分关心的问题。以下就对选择数控机床时应考虑的一些问题给以介绍。

1. 确定典型加工工件

考虑到数控机床品种多,每一种机床的性能只适用于一定的使用范围,且只有在一定的条件下,加工一定的工件才能达到最佳效果,因此,选购数控机床首先必须确定用户所要加工的典型工件。

用户单位在确定典型工件时,应根据添置设备技术部门的技术改造或生产发展要求,确定有哪些零件的哪些工序准备用数控机床来完成,然后采用成组技术把这些零件进行归类。在归类中往往会遇到零件的规格大小相差很多,各类零件的综合加工工时大大超过机床满负荷工时等问题。因此,就要做进一步的选择,确定比较满意的典型工件之后,再来挑选适合加工的机床。

每一种加工机床都有其最佳加工的典型零件。如卧式加工中心适用于加工箱体零件——箱体、泵体、阀体和壳体等;立式加工中心适用于加工板类零件——箱盖、盖板、壳体和平面凸轮等单面加工零件。若卧式加工中心的典型零件在立式加工中心上加工,零件的多面加工则需要更换夹具和倒换工艺基准,这就会降低生产效率和加工精度;若立式加工中心的典型零件在卧式加工中心上加工则需要增加弯板夹具,这会降低工件加工工艺系统刚性和工效。同类规格的机床,一般卧式机床的价格要比立式机床贵80% ~ 100%,所需加工费也高,所以这样加工是不经济的。然而卧式加工中心的工艺性比较广泛,据国外资料介绍,在工厂车间设备配置中,卧式机床占60% ~ 70%,而立式机床只占

30% ~40%。

2. 数控机床规格的选择

数控机床的规格应根据确定的典型工件进行选择。数控机床的最主要规格就是几个数控坐标的行程范围和主轴电动机功率。

机床的三个基本坐标(X,Y,Z)行程反映该机床允许的加工空间。一般情况下,加工件的轮廓尺寸应在机床的加工空间范围之内,如典型零件是 450mm × 450mm × 450mm 的箱体,那么应选取工作台面尺寸为 500mm × 500mm 的加工中心。选用工作台面比典型零件稍大一些是考虑到安装夹具所需的空间。加工中心的工作台面尺寸和三个直线坐标行程都有一定比例关系,如上述工作台为 500mm × 500mm 的机床,X 轴行程一般为 700 ~ 800mm、Y 轴为 550 ~ 700mm、Z 轴为 500 ~ 600mm 左右。因此,工作台面的大小基本确定了加工空间的大小。个别情况下工件尺寸也可以大于机床坐标行程,这时必须要求零件上的加工区处在机床的行程范围之内,而且要考虑机床工作台的允许承载能力,以及工件是否与机床换刀空间干涉及其在工作台上回转时是否与护罩附件干涉等一系列问题。

主轴电机功率反映了数控机床的切削效率,也从一个侧面反映了机床在切削时的刚性。目前,一般加工中心都配置了功率较大的直流或交流调速电动机,可用于高速切削,但在低速切削中转矩受到一定限制,这是由于调速电动机在低转速时输出功率下降。因此,当需要加工大直径和余量很大的工件如镗削时,必须对低速转矩进行校核。在数控车床中,同一规格的高速轻载型车床与普通车床相比,主轴电动机功率可以相差数倍。这就要求用户根据自己的典型工件毛坯余量的大小、所要求的切削能力(单位时间金属切除量)、要求达到的加工精度以及能配置什么样的刀具等因素综合考虑选择机床。

对少量特殊工件,仅靠三个直线坐标加工的数控机床还不能满足要求,需要另外增加回转坐标(A,B,C),或附加坐标(U,V,W)等。这就要向机床制造厂特殊定货,目前国产的数控机床和数控系统可以实现五坐标联动,但增加坐标数机床的成本会相应增加。

3. 机床精度的选择

选择机床的精度等级,应根据典型零件关键部位加工精度的要求来确定。国产加工中心按精度可分为普通型和精密型两种。加工中心的精度项目很多,其中关键的项目见表 9 – 1。

表 9 – 1 机床精度主要项目

精 度 项 目	普 通 型	精 密 型
单轴定位精度/mm	± 0.01/300 或全长	0.005/全长
单轴重复定位精度/mm	± 0.006	± 0.003
铣圆精度/mm	0.03 ~ 0.04	0.02

数控机床的其他精度与表中所列数据都有一定的对应关系。定位精度和重复定位精度综合反映了该轴各运动元部件的综合精度,尤其是重复定位精度,它反映了该控制轴在行程内任意定位点的定位稳定性,是衡量该控制轴能否稳定可靠工作的基本指标。目前的数控系统软件功能比较丰富,一般都具有控制轴的螺距误差补偿功能和反向间隙补偿功能,能对进给传动链上各环节系统误差进行稳定的补偿。如丝杠的螺距误差和累积误差可以用螺距补偿功能来补偿;进给传动链的反向死区可用反向间隙补偿来消除。但这

是一种理想的做法,实际造成这反向运动量损失的原因是存在驱动元部件的反向死区、传动链各环节的间隙、弹性变形和接触刚度变化等因素。其中有些误差是随机误差,它们往往随着工作台的负载大小、移动距离长短、移动定位的速度改变等反映出不同的损失运动量,这不是一个固定的电气间隙补偿值所能全部补偿的。所以,即使是经过仔细的调整补偿,还是存在单轴定位重复性误差,不可能得到很高的重复定位精度。

　　铣圆精度是综合评价数控机床有关数控轴的伺服跟随运动特性和数控系统插补功能的指标。由于数控机床具有一些特殊功能,因此在加工中等精度的典型工件时,一些大孔径、圆柱面和大圆弧面可以采用高切削性能的立铣刀铣削。测定一台机床的铣圆精度的方法是用一把精加工立铣刀铣削一个标准圆柱试件(中小型机床圆柱试件的直径一般在200~300mm),将标准圆柱试件放到圆度仪上,测出加工圆柱的轮廓线,取其最大包络圆和最小包络圆,两者间的半径差即为其精度(一般圆轮廓曲线仅附在每台机床的精度检验单中,而机床样本仅给出铣圆精度允差)。

　　表9-1中所列的单轴定位精度是指在该轴行程内任意一个点定位时的误差范围。它反映了在数控装置控制下通过伺服执行机构运动时,在这个指定点的周围一组随机分散的点群定位误差分布范围。如图9-1所示,在整个行程内一连串定位点的定位误差包络线构成了全行程定位误差范围,也就确定了定位精度。

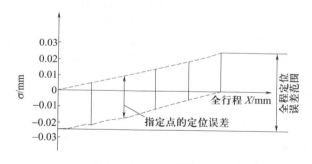

图9-1　定位误差包络线

　　从机床的定位精度可估算出该机床在加工时的相应有关精度。如在单轴上移动加工两孔的孔距精度约为单轴定位精度的1.5~2倍(具体误差值与工艺因素密切相关)。普通型加工中心可以批量加工出8级精度零件,精密型加工中心可以批量加工出6~7级精度零件,这些都是选择数控机床的一些基本参考因素。

　　此外,普通型数控机床进给伺服驱动机构大都采用半闭环方式,对滚珠丝杠受温度变化造成的位置伸长无法检测,因此会影响加工件的加工精度。

　　一般滚珠丝杠材料的线胀系数为 $11.2 \times 10^{-8}/K$,在机床自动连续加工时,丝杠局部温度经常有1~2℃的变化。由于丝杠的热伸长,造成该坐标的零点和工件坐标系漂移。如工件坐标系零位取在一个行程中间点,离丝杠轴向固定端约400mm处,当温升2℃时造成的漂移达8.9μm。这个误差不容忽视,尤其是在一些卧式加工中心上要用转台回转180°加工箱体两端的孔时,会使两端孔的同心度误差加大一倍。在一些要求较高的数控机床上,对丝杠伸长端采取预拉伸的措施。这不仅可减小丝杠的热变形误差,也提高了传动链刚度,但驱动机构的成本会大大增加。

以上只是部分分析了数控机床几项主要精度对工件加工精度的影响。要想获得合格的加工零件,除了选取适用的机床设备外,还必须采取合理的工艺措施来解决。

4. 数控系统的选择

目前数控系统的种类规格极其繁多,为了能使数控系统与所需机床相匹配,在选择数控系统时应遵循下述几条基本原则。

1)根据数控机床类型选择相应的数控系统

一般来说,数控系统有适用于车、铣、镗、磨、冲压等加工类别,所以应有针对性的进行选择。

2)根据数控机床的设计指标选择数控系统

在可供选择的数控系统中,它们的性能高低差别很大。如日本 FANUC 公司生产的 15 系统,它的最高切削进给速度可达 240m/min(当脉冲当量为 $1\mu m$ 时),而该公司生产的 0 系统,只能达到 24m/min,它们的价格也可相差数倍。如果设计的是一般数控机床,采用最高速度 20m/min 的数控系统就可以了。此时,如选用 15 系统那样高水平的数控系统,显然很不合理,且会使数控机床成本大为增加。因此,不能片面的追求高水平、新系统,而应该对性能和价格等作一个综合分析,选用合适的系统。

3)根据数控机床的性能选择数控系统功能

一个数控系统具有许多功能。有的属于基本功能,即在选定的系统中原已具备的功能;有的属于选择功能,只有当用户特定选择了这些功能之后才能提供的。数控系统生产厂家对系统的定价往往是具备基本功能的系统很便宜,而具有备选择功能的却较贵。所以,对选择功能一定要根据机床性能需要来选择,如果不加分析的全选,不仅许多功能用不上,还会大幅增加产品成本。

4)订购数控系统时要考虑周全

订购时应将需要的系统功能一次订全,避免由于漏订而造成损失。如有的用户在订购数控系统时漏定螺距补偿功能、刀具偏置功能,直到联机调试时才发现。结果由于不能补增这些功能,而造成数控机床性能降级,有的甚至不能使用。

此外,在选择数控系统时,还应尽量考虑使用企业内已有数控机床中相同型号的数控系统,这将对今后的操作、编程、维修都会带来较大的方便。

5. 机床功能和附件的选择

数控机床上除 CNC 系统外,执行机构中进给伺服电机和主轴电机是最重要部件,它是基本件,一般已由数控机床制造厂确定,用户不必重新考虑。

1)进给驱动伺服电机的选择

目前用在数控机床上较多的有步进电机、直流伺服电机、交流伺服电机。步进电机价格低廉,但由于它的工作特性指标较低,如快速性能一般只能达到 $6\sim8m/min$,最小分辨力为 0.01mm,低速时容易产生振荡等,一般只用于经济型的开环伺服系统。直流伺服电机在机床上已得到广泛应用,它的价格比交流电机便宜,但跟随特性和快速特性都不如交流电机,尤其使用碳刷、整流子使其工作故障率较多。近几年来由于交流伺服电机的元器件和制造技术的发展,它在数控机床中的应用已占主流。

进给驱动伺服电机选用功率大小取决于负载条件,加在电机轴上的负载有阻尼负载和惯量负载,它们应满足下列条件:

（1）当机床空载运行时，在整个速度范围内，加在电机轴上的负载转矩应在电机连续额定转矩范围内，即在转矩–速度特性曲线的连续工作区内；

（2）最大负载转矩、加载周期及过载时间都应在电机特性曲线允许范围内；

（3）电机在加速或减速过程中的转矩应在加/减速区（或间断工作区）之内；

（4）对要求频繁启动、制动以及周期性变化的负载，必须检查它在一个周期中的转矩均方根值，并应小于电机的连续额定转矩；

（5）加在电机轴上的负载惯量大小对电机的灵敏度和整个伺服系统精度将产生影响。通常，当负载惯量小于电机转子惯量时，上述影响不大，但当负载惯量达到甚至超过转子惯量的 3 倍时，会使灵敏度和响应特性受到很大影响，甚至会使伺服放大器不能在正常调节范围内工作，所以对这类惯量应避免使用。推荐的电机惯量 J_m 和负载惯量 J_i 之间关系如下：

$$J_m/J_i < 3，最佳为 J_m/J_i = 1$$

2）主轴电机的选择

选择主轴电机功率通常考虑如下因素：

（1）选择的电机功率应能满足机床使用的切削功率、单位时间金属切除率、主轴低速时的最大转矩等要求；

（2）根据要求的主轴加/减速时间计算出的电机功率不应超过电机的最大输出功率；

（3）在要求主轴频繁启动、制动的场合，必须计算出平均功率，其值不能超过电机连续额定输出功率；

（4）在要求有恒速控制的场合，则恒速所需的切削功率和加速所需功率两者之和应在电机能够提供的功率范围之内。

在选购数控机床时，除了认真考虑它应具备的基本功能和基本件外，还应选用一些选择件、选择功能及附件。选择的基本原则是全面配置、长远综合考虑。

对一些价格增加不多，但对使用带来很多方便的附件，应尽可能配置齐全，保证机床到厂后能立即投入使用。切忌将几十万元购买来的一台机床，到用户厂后因缺少一个几十元或几百元的附件而长期不能使用。对可以多台机床合用的附件（如数控系统输入输出装置等），只要接口通用，应多台机床合用，这样可减少投资。某些功能的选择应进行综合比较，以经济实用为目的。例如，现代数控系统都有一些随机程序编制、动态图形显示、人机对话程序编制等功能，这些确实会给在机床上快速程序编制带来很大方便，但费用也相应增加很多。而且在程序编制时，整个数控系统和整台机床的加工受到影响，必然造成一定的占机程序编制工时。这时，就要与选用单独自动编程器作机外程序编制进行投资综合比较。近年来，在质量保证措施上也发展了许多附件，如自动测量装置、接触式测头、刀具磨损和破损检测等附件。这些附件的选用原则是要求保证其性能可靠，不追求新颖。

对一些次要的附件，如冷却、防护和排屑装置等，使用中有相当部分故障来自这些环节。早期的加工中心切削液喷管只有一根，防护仅靠几块挡板，而今的加工中心切削液喷射是多头淋浴式，防护则采用高密封防护罩。这不仅能适应工件长短不一、高速加工时及时带走切削热；而且大量切削液冲屑方式可以更快地带走热量和切屑。因此，要选择与生产能力相适应的冷却、防护及排屑装置。另外，为了保证数控设备在南方地区高温环境（38～40℃）下可靠地工作，电气柜中半导体元器件靠自然通风已不能进行有效的工作，给电气柜配置电气柜空调机也成了必不可少的附件,否则,数控机床故障将频繁发生。

6. 数控刀具系统的选择

1) 自动换刀装置的选择

自动换刀装置(ATC)是加工中心、车削中心和带交换冲头数控冲床的基本特征,尤其是加工中心,它的工作质量直接关系到整机的质量。ATC 装置的投资往往占整机的30%~50%。因此,用户十分重视 ATC 的质量和刀库储存量。ATC 的工作质量主要表现为换刀时间和故障率。

现场经验表明,加工中心故障中有 50% 以上与 ATC 有关。因此,用户应在满足使用要求的前提下,尽量选用结构简单和可靠性高的 ATC,这样也可以相应降低整机的价格。

ATC 刀库中储存刀具的数量,有十几把到 40、60、100 把等,一些柔性加工单元(FMC)配置中央刀库后刀具储存量可以达到近千把。如果选用的加工中心不准备用于柔性加工单元或柔性制造系统(FMS)中,一般刀库容量不宜选得太大,因为容量大,刀库成本高,结构复杂,故障率也相应增加,刀具的管理也相应复杂化。

有一些新的机床用户往往把刀库作为一个车间的工具室来对待,在更换不同工件时想用什么刀具就从刀库里取出,而这些工具又必须是人工实现准备好后装到刀库中去的。这样的使用方法如果没有丰富的刀库工具自动管理功能,对操作者反而是一种沉重的负担。例如,在单台加工中心使用中,当更换一种新的工件时,操作者要根据新的工艺资料对刀库进行一次清理。刀库中无关的刀具越多,整理工作也就越大,也越容易出现人为的差错。所以,用户一般应根据典型工件的工艺分析算出需用的刀具数来确定刀库的容量。一般加工中心的刀库只考虑能满足一种工件一次装卡所需的全部刀具(即一个独立的加工程序所需要的全部刀具),再略放一定的余量。

立式加工中心选用 20 把左右刀具的刀库,卧式加工中心选用 40 把左右刀具刀库基本上能满足要求。对一些复杂工件,如果考虑一次完成全部加工内容则所需刀具数会超过刀库容量,但在全面综合考虑工艺因素后,又往往会把每个加工程序内容减少。例如,粗加工后插入消除内应力的热处理工序,工件装卡中倒换工艺基准,粗精加工为保证精度分两道程序来进行等,这样把一个复杂工件分为两个或三个加工程序进行加工,每个程序实际所需刀具数就不一定超过 40 把。近年来数控加工工艺发展很快,复合加工工艺广泛应用,凡是年产批量超过几千个零件的,采用专用的多刀多刃刀具是合算的,所以在数控刀柄制造中,复合刀具、多轴小动力头等多轴多刀工具发展很快,合理采用这些刀具后无形中就增加了刀库的容量。此外,编制一次加工使用 50 把以上刀具的加工程序,对编程人员、试切操作者、夹具设计的要求均较高,调试中重复修改工作量大,调试所用工时也会成倍增加。

在数控车床和车削中心一类数控机床中,最简易的数控车床只能放 4 把刀具,复杂的车削中心可以配置车刀、固定刀具、回转刀具等几十种,但一般回转类车削工件用于几种刀具加工已足够。动力回转刀具在车削中心配置是很昂贵的,而且生产率并不高,所以在工艺安排时要妥善处理。一般情况下,双刀架具有几十种刀具的车削中心,用于多品种、小批量复杂零件加工,而对于中大批量生产,工序内容不是太多,而要求高生产率、低成本时,这类车削中心配置动力回转刀具就不合算了。

2) 加工工具的选择

在数控机床的主机和 ATC 装置选定以后,就该考虑数控机床所使用的加工工具(即刀柄和刃具）。目前大多数的数控机床使用工具已趋向标准化、系列化，其中，以加工中心用的标准最完善，而且已进入标准化工业生产，所以选用是较方便的，其他也类似。目前加工中心使用的工具系统，世界各工业国家都有相应标准系列，我国也有成都工具研究所制订的 TSG 工具系统刀柄，其基本要求遵守 ISO 标准。

加工中心工具的选择包含刀柄和刃具的选择，加工中心的特点是自动交换、选择、储存刀具。用于加工切削的刃具是各式各样的，为了把这些刃具能装到主轴上、能在刀库中储存、能被搬运工具（机械手夹持）搬运，需要一套连接过渡接杆，即加工中心用的刀柄。选择刀柄时应注意以下几方面内容。

（1）标准刀柄应包括连接刃具的接合面、连接主轴的接合面。连接主轴的接合面均是 7:24 锥面，这一点和数控铣床是一样的。根据 ISO150 标准规定，按其锥面大端名义截面直径大小，又分成 30、35、40、45、50 号等多种规格。重型机床可用 50 号以上刀柄，如 50 号刀柄大端直径是 69.85mm，加工中心最常用的是 40 号和 50 号刀柄。在机床选定后，每种机床换刀机械手夹持刀柄的形式和尺寸也是有要求的，主轴上拉紧刀柄的拉钉尺寸有采用标准的，有的是非标准的。所以刀柄选择主要是根据已选定的机床，充分了解该机床主轴和机械手的规格，确定选用哪一种标准、哪一种规格的刀柄和拉钉等。

（2）在工具系统中大部分刀柄是不带刃具的，它们只是一个过渡连接杆，必须配置相应的刃具（如立铣刀、钻头、镗刀、丝锥等）和附件工具（如钻夹头、弹簧片头和丝锥夹头、各式扳手等）。

（3）目前数控机床市场提供成套刀柄系统的厂家、公司也很多，每个厂家、公司的系列产品都有几十种以上，用户如果无目的配置将占用很多资金，而且也很难配齐，建议用户根据已确定的典型零件的工艺卡片来选择。现在国内一些新的数控机床用户对刀具情况不太熟悉，一时很难配置齐全合适的刀具。而且目前国内制造厂家和国外公司在国内推销的产品达数十家，其价格、质量相差不少，所以新用户应多收集一些样本进行对比，找订购数控机床的服务部门或有经验的用户咨询。另外，也可采取分阶段选购刀柄。目前市场上刀柄供货周期一般为 2～3 个月，相比数控机床供货周期较短，而且一般通用刀柄都有现货，所以可以采用一边试用，一边再继续购买的方法。

（4）数控机床用的刀柄目前主要分为整体式刀柄、模块式刀柄和复合刀柄。复合刀柄是根据具体对象设计制造的专用刀柄，整体式和模块式两类刀柄都已标准化、系列化。在确定数控主机设备后，对刀柄系统配置应有基本考虑。同一台机床上混合使用两种不同系列的刀柄不合算，也不好管理。与整体式刀柄相比，模块式刀柄系列初期投资大，但适应变化能力强（必须具备一定数量），所以选用模块式刀柄，必须按一个小的工具系统来考虑才有意义，若使用单个刀柄肯定是不合算的。例如工艺要求镗一个 $\Phi60$ 的孔，购买一根普通镗刀杆需 800 元，而采用模块式刀柄则必须备一根柄部、一根接杆、一个刃部，按现有价格就需 1500 元以上。如果机床刀库的容量是 30 把刀柄，准备配置 100 套整体式刀柄，若配置模块式刀柄，只要配置 30 个柄部，50～60 个接杆，70～80 个刃部，就能满足需要，而且还具有更大灵活性，便于实现计算机管理。但对一些长期反复使用，不需要重新拼装的简单刀柄，如钻夹头刀柄等，配置普通刀柄是合算的。

对一些批量较大，年产达几千件到上万件，又反复加工的典型零件，考虑配置复合加工刀具是可行的。尽管复合刀柄要比标准刀柄贵 3～10 倍，但一般一个复合刀柄可以替代 3 ~ 5 个普通刀柄,把多道工序合并一道工序,由一把复合刀具来完成,大大减少了机加工时间。加工一批工件只要能节省几十个工时,就值得考虑采用复合刀具。

3)刀具预调仪的选择

为了提高数控机床开动率,刀具的准备工作尽量不占用机床工时是必要的。把刀具的径向尺寸和轴向尺寸调整测量工作预先在刀具预调仪上完成,即把占用几十万元一台数控设备的工作转到占用几万元一台的刀具预调仪上完成。目前国内已有多家工厂生产各种等级预调仪。测量装置有光学的、光栅或感应同步器等。近年发展起来的带计算机管理的预调仪,配置刀具管理软件,在刀柄上配置磁卡一类编码载体,就能对一台数控设备或一个数控工段的刀具系统进行有效管理。

刀具预调仪又分车刀预调仪、加工中心刀柄预调仪、综合刀具预调仪(可以适应调整多种刀具)。刀具预调仪安装刀柄的主轴锥孔规格也要对应于所配置数控机床的主轴规格,这样测量出的刀具径向、轴向尺寸才可以直接送入数控系统修正参数。

刀具预调仪(对刀仪)精度分普通级和精密级。精密对刀仪精度可以达到 0.001mm 左右,对这种精度要求应与整个刀具系统各相关环节综合考虑匹配。目前,一般精密对刀仪在测量时都采用非接触测量,在大倍率的光屏投影上测量刀尖成影图像,此时是刀尖不承受切削力的静态效果。如果测定的是镗刀精度,它并不表示加工出的孔能达到此精度,经验表明,实际加工出的孔径比预调值小,根据刀刃的锋利情况及工件材质不同,一般变化 0.01 ~ 0.02mm。同一把刀具在机床主轴上装卸的重复定位误差也可能达到0.005 ~ 0.008mm(普通级精度机床)。因此,如在实际加工中要控制 0.01mm 左右孔径公差,则还需要通过试切削后现场修调刀具,因此,对刀具预调仪的精度不一定追求过高。为了提高预调仪利用率,最好是一台设备为多台机床服务。

7. 技术服务

数控机床要得到合理使用,发挥其技术和经济效益,仅有一台好的机床是不够的,还必须有好的技术服务。对一些新的用户来说,最困难的不是设备,而是缺乏一支高素质的技术队伍。因此,新用户在选择设备时就应考虑到这些设备的操作、程序编制、机械和电气维修人员的培养。

当前,各机床制造厂已普遍重视产品的售前、售后服务,协助用户对典型工件作工艺分析,进行加工可行性工艺试验以及承担成套技术服务,包括工艺装备设计、程序编制、安装调试、试切工件,直到全面投入生产。最普遍的是对电气维修人员、程序编制人员和操作人员进行培训和技术实习,帮助用户掌握设备使用。总之,凡重视技术队伍的建设,重视职工素质的提高,数控机床就能得到合理的使用。

9.2 数控机床的安装调试与验收

9.2.1 数控机床的安装调试

数控机床的安装调试是数控机床前期管理的重要环节,其工作质量的优劣直接影响到机床性能是否能较好地发挥,因此必须严格按机床制造厂提供的说明书以及有关标准进行。

1. 机床就位准备

在机床到达之前应根据制造厂提供的机床安装地基图、安装技术要求及整机用电电量等有关接机准备工作的资料做好机床安装基础,在安装地脚螺栓的部位做好预留孔。一般小型数控机床,只对地坪有一定要求,不用地脚螺栓紧固,只用支钉来调整机床的水平。而中、大型机床(或精密机床)一般都需要做地基,并用地脚螺栓紧固,精密机床还需要在地基周围做防振沟。

电网电压的波动应控制在 + 10% ~ - 15% 之间,否则应调整电网电压或配置交流稳压器。数控机床应远离各种干扰源,如电焊机、中高频热处理设备和一些高压或大电流易产生火花的设备。另外,机床不要安装在太阳直射到的地方,其环境温度应符合说明书规定,绝对不能安装在有粉尘产生的车间里。

2. 机床的组装

机床拆箱后,首先找到随机的文件资料,按照其中装箱单清点各包装箱内零部件、电缆、资料等是否齐全、相符,同时进行外观的检查。将机床各个部件在地基上分别就位,使垫铁、调整垫板、地脚螺栓相应对号入座,并找正安装水平的基准面。组装前应先清除导轨、滑动面及各运动面上的防锈涂料,并涂上一层薄润滑油。然后再把机床各部件按图样分别安装到主机上,如立柱安装到床身上,刀库机械手安装到立柱上,数控电气柜、交换工作台等按要求就位。对有精度要求的部件在组装过程中随时按精度要求找正。并注意组装时使用原来的定位销、定位块等定位元件,以保证下一步精度调整的顺利进行。

主机装好后即可连接油管、气管等。可按出厂前管端头的标记一一对号入座,连接时要注意清洁工作和可靠的接触及密封,特别要防止异物从接口处进入管路。否则在试车时,尤其在一些大的分油器上若有一根管子渗漏油,往往需要拆下一批管子,返修工作量很大。

3. 数控系统的电缆连接

这主要是指数控装置、强电控制柜与机床操作台、CRT/MDI 单元、进给伺服电动机和主轴电动机动力线、反馈信号线的连线以及与手脉等各辅助装置之间的连接,最后还包括数控柜电源变压器输入电缆的连接。这些连接必须符合随机提供的连接手册的规定。连接前应仔细检查电缆插头、插座在运输中是否有碰坏和有油污灰尘等赃物侵入,数控柜和电气柜内各接头和接插件等是否松动,接触是否良好,并将各插头及各接插件逐一插紧。

另外,数控机床接地线的连接十分重要,良好的接地不仅对设备和人身安全起着重要作用,同时也能减少电气干扰,保证机床的正常运行。机床生产厂家对接地的要求都有明确规定,一般都采用辐射式接地法,即数控柜中的信号地与强电地、机床地等连接到公共接地点上,公共接地点再与大地连接。数控柜与强电柜之间的接地电缆要足够粗,一般要求截面积在 $6mm^2$ 以上。而总的公共接地点必须与大地接触良好,接地电阻要求小于 $4 ~ 7\Omega$。

连接数控柜电源变压器原边的输入电缆时,应在切断数控柜电源开关的情况下进行。检查电源变压器和伺服变压器的绕组抽头连接是否正确,对于进口数控机床,连接时必须注意与当地供电制式保持一致。

4. 通电试车前的检查

1)检查直流电源输出端是否正常

数控系统内部的直流稳压单元为系统提供所需的 + 5V、± 15V、± 24V 等直流电压,系统通电前,应当用万用表检查其输出端有否短路或对地短路现象。

2)检查短接棒的设定

数控系统的印制线路板上有许多用短接棒短路的设定点,用以适应各种型号机床的不同要求。对于整机购入的数控机床,一般情况机床制造厂已经设定好,但由于运输等原因,仍需检查确认。而对于单独购进的数控系统,用户必须根据所配机床的需要按随机维修说明书自行设定和确认。设定确认的内容随数控系统而异,一般有以下三个方面。

(1)确认控制部分印制线路板上的设定　主要确认主板、ROM板、连接单元、附加轴控制板以及旋转变压器或感应同步器控制板上的设定。这些设定与机床返回参考点的方法、速度反馈用检测元件、检测增益调节及分度精度调节等有关。

(2)确认速度控制单元印制线路板上的设定　在直流速度控制单元和交流速度控制单元上都有许多设定点,用于选择检测元件种类、回路增益以及各种报警等。

(3)确认主轴控制单元印制线路板上的设定　无论是直流或是交流主轴控制单元上,均有一些用于选择主轴电机电流极限和主轴转速等的设定点,但数字式交流主轴控制单元上已用数字设定代替短路棒设定,故只能在通电时才能进行设定和确认。

3)检查各熔断器

除供电主线路上有熔断器外,几乎每一块电路板或电路单元都装有熔断器。当超负荷、外电压过高或负载端发生意外短路时,熔断器能马上被熔断而切断电源,起到保护设备的作用。所以一定要检查熔断器的质量和规格是否符合要求。

4)确认各部件机械位置

通电前需逐一检查机床工作台、主轴及各辅助装置等各部件的相对位置是否合适,以防通电时发生碰撞与干涉,必要时应通过手工作适当调整。

5)检查油、气路

检查各油箱、过滤器是否完好。根据机床说明书要求,给机床润滑油箱与润滑点灌注规定的油液和油脂,清洗液压油箱及过滤器,灌入规定标号的液压油。对采用气压系统的机床还需接通符合要求的气源。

5. 通电试车

通电试车时应先对各部件分别通电试验,待都正确无误后再进行整机总体通电。

1)确认电源相序

切断各分路空气开关或熔断器,合通机床总开关,检查输入电源相序正确与否。可用相序表法或示波器法测量判断,特别是伺服驱动采用晶闸管控制的电器,如相序不符,一通电就会烧断熔丝,甚至造成器件损坏。

2)接通强电柜交流电源

对机床上的各交流电动机如电控柜内冷却风扇、液压泵电动机、冷却泵电动机等逐一分别接通电源,观察电动机转向是否正确、有否异常声响等。对液压系统还需观察各测量点上的油压是否正常,手控各个液压驱动部件,并检查其运动是否正常。

3)接通直流电源

检查测量各直流电源是否正常,其偏差值是否超出其允许范围。如 + 5V(允差 ± 5%)、+ 24V(允差 ± 10%)、± 15V(允差 ± 5%)。

4）数控装置供电

在第一次接通数控系统电源前,应先暂时切断伺服驱动电源,NC 装置通电后,先观察 CRT 上显示数据及有否报警信息,并检查数控装置内有关指示灯等信号是否正常,是否有异常气味等。目前的数控系统一般都有自诊断功能,若有故障会自动显示报警信息,此时可先按复位键,看报警是否能消除,如不能消除就应按报警号及相关信息进行分析、排除。

5）核对数控系统参数

确认数控装置工作基本正常后,可开始对各项参数进行检查、确认和设定,并作必要记录。为了满足各类机床不同规格型号的要求,数控系统的许多参数是设计成可变动的,用户可以根据不同控制要求和实际情况来进行设定,以使机床具有最佳工作性能状态。

数控机床出厂时,一般随机床附有一份参数表,必须妥善保存。当进行机床维修,特别是当系统中发生参数丢失或错乱,需要重新恢复机床性能时,它是必不可少的依据。对于整机购进的数控机床各种参数已在出厂前设定好,但调试时有必要进行一次核对。

6）伺服系统通电

经数控系统参数核对,检查无误后,可接通伺服系统电源,一开始应作好随时按急停准备,以防"飞车"等事故,并观察 CRT 上有无报警信号,检查伺服驱动控制线路板上的信号指示灯是否正常,有无异常气味等。

7）手动操作

确认伺服系统供电一切正常后,可进行手动操作各机床坐标轴,可用电手轮、连续进给、增量进给、回参考点等各功能方式进行操作,测试各坐标轴运动是否正常,如运动方向,回机床参考点开关是否正常,运动有否爬行现象,检查各轴运动极限的软件限位和硬件限位工作是否起作用等等。

8）主轴与辅助装置通电

接通主轴驱动系统电源,检查主轴正、反转,停止以及调速等是否正常。接通各辅助装置电源,逐项试运行并检查,如换刀动作、工作台回转动作是否正常,外设工作是否正常,还有工件夹紧和放松、集中润滑装置、排屑装置等是否都一切正常。

9）空运行及有关性能试验

通过运行调试程序,使机床各部分动作逐项进行,观察各动作及性能是否均正常。

待以上试验基本正常,无重大问题时,即可用水泥灌注主机和各部件的地脚螺栓,等水泥完全固化后,再进行机床几何精度调整和带负荷切削。

6. 机床几何精度的调整

已干固的机床地基上,用地脚螺栓和垫铁反复精调机床主床身的水平,使其各坐标轴在全行程上的平行度均在允许范围之内。使用的观测工具有精密水平仪、标准方尺、平尺、平行光管等。调整时主要以调整垫铁为主,必要时可稍微改变导轨上的镶条和预紧滚轮等。

对于加工中心,还必须调整机械手与主轴、刀库的相对位置,以及托板与交换工作台面的相对位置,以保证换刀和交换工作台时准确、平稳、可靠。调整的方法与要求如下:

1）调整机械手与主轴、刀库的相对位置

用程序指令使机床自动运行到换刀位置,再用手动方式分步进行刀具交换,检查抓刀、装刀、拔刀等动作是否准确恰当,如有误差,可以调整机械手的行程或移动机械手支座或刀库位置等,必要时还可以修改换刀点的位置(改变数控系统内的参数设定)。调整完毕后紧固各调整螺钉及刀库地脚螺栓,然后进行多次从刀库到主轴的往复自动交换,最好使用几把接近允许最大重量的刀柄,进行反复换刀试验,要求达到动作准确无误,不撞击,不掉刀。

2)调整托板与交换工作台面的相对位置

对于带 APC 交换工作台的机床,要把工作台运动到交换位置,调整工作台的托板与交换工作台面的相对位置,以保证工作台自动交换时平稳、可靠。调整时工作台上应装有50% 以上的额定负载,最终达到正确无误后紧固各有关螺钉。

7. 带负荷试运行

数控机床在安装调试后,应在一定负荷下进行较长一段时间的自动运行以全面检查机床功能及工作可靠性。自动运行使用的程序称考机程序,考机程序可以用机床生产厂家的考机程序,也可以自行编制。但考机程序必须包括控制系统的主要功能,如主要的 G指令、M 指令、换刀指令、工作台交换指令、主轴的最高、最低和常用转速、坐标轴的快速和常用进给速度。另外,运行时刀库上应装满刀柄,工作台上应固定一定的负荷。在自动连续运转期间,除操作失误外不应发生任何故障,如出现故障经排除后,应重新调整后再次从头进行运转考验。

对于一些小型数控机床,整体刚性好,对地基要求也不高,机床到位安装后也不必再组装连接,一般只要接上电源,调整床身水平后就可进行通电试运行、验收工作。

9.2.2 数控机床的验收

一台数控机床全部检测验收工作是一项复杂的工作,对试验检测手段及技术要求也很高。它需要使用各种高精度仪器,对机床的机、电、液、气等各部分及整机进行综合性能及单项性能的检测,包括进行刚度和热变形等一系列机床试验,最后得出对该机床的综合评价。这项工作目前在国内还必须由国家指定的几个机床检测中心进行,才能得出权威性的结论意见。因此,这一类验收工作只适合于新型机床样机和行业产品评比检验。

对一般的数控机床用户,其机床验收工作主要根据机床出厂合格证上规定的验收条件及用户实际能提供的检测手段,来测定机床合格证上各项技术指标。如果各项数据都符合要求,用户应将此数据列入该设备进厂的原始技术档案中,以作为日后维修时的技术指标依据。

机床验收一般可分为开箱检验、外观检查、机床性能及数控功能的验证、精度检验等几个环节进行。开箱检验主要是按装箱单逐项检点验收,如发现有缺件或型号规格不符应记录在案,并及时向供货单位或商检部门联系等。外观检查主要看油漆质量以及防护罩、机床照明、切屑处理、电线和气、油管走线固定防护等设备有否遭受碰撞损伤、变形、受潮及锈蚀等明显缺陷。机床性能及数控功能验证主要在前述调试、试运行过程中进行。机床验收的最后一个环节是精度检验,主要可分为几何精度检验、定位精度检验和切削精度检验三项。

1. 数控机床的几何精度检验

数控机床的几何精度是综合反映该机床的各关键零部件及其组装后的几何形状误

差,其检测使用的工具、方法和内容与普通机床基本相似,但检测要求更高,一般按机床几何精度检验单逐项进行。例如,立式加工中心的几何精度检测内容主要有:

(1) 工作台面的平面度;

(2) 各坐标方向移动的相互垂直度;

(3) X 坐标方向移动时工作台面的平行度;

(4) Y 坐标方向移动时工作台面的平行度;

(5) X 坐标方向移动时工作台面 T 形槽侧面的平行度;

(6) 主轴的轴向窜动;

(7) 主轴孔的径向圆跳动;

(8) 主轴箱沿 Z 坐标方向移动时主轴轴心线的平行度;

(9) 主轴回转轴心线对工作台面的垂直度;

(10) 主轴箱在 Z 坐标方向移动的直线度。

数控车床的几何精度检测内容主要有:

(1) 往复台 Z、X 轴方向运动的直线度;

(2) 主轴端面跳动;

(3) 主轴径向跳动;

(4) 主轴中心线与往复台 Z 轴方向运动的平行度;

(5) 主轴中心线与 X 轴的垂直度;

(6) 主轴中心线与刀具中心线的偏离程度;

(7) 床身导轨面平行度;

(8) 往复台 Z 轴方向运动与尾坐中心线的平行度;

(9) 主轴与尾坐中心线之间的高度偏差;

(10) 尾坐回转径向跳动。

以立式加工中心为例,第一类精度要求是对机床各运动大部件如床身、立柱、工作台、主轴箱等运动的直线度、平行度、垂直度的要求;第二类是对执行切削运动主要部件主轴的自身回转精度及直线运动精度(切削运动中进刀)的要求。因此,这些几何精度综合反映了该机床的机床坐标系的几何精度和代表切削运动的部件主轴在机床坐标系上的几何精度。工作台面及台面上 T 形槽相对机床坐标系的几何精度要求是反映数控机床加工中的工件坐标系对机床坐标系的几何关系,因为工作台面及定位基准 T 形槽都是工件定位或工件夹具的定位基准,加工工件用的工件坐标系往往都以此为基准。

目前,国内检测机床几何精度的常用检测工具有:精密水平仪、直角尺、精密方箱、平尺、平行光管、千分表或测微仪、高精度主轴心棒及一些刚性较好的千分表杆等。每项几何精度的具体检测办法见各机床的检测条件规定,但检测工具的精度等级必须比所测的几何精度要高一个等级,例如,在加工中心用平尺来检验 X 轴方向移动对工作台面的平行度,要求允差为 0.025mm/750mm,则平尺本身的直线度及上下基面平行度应在 0.01mm/750mm 以内。

每种数控机床的检测项目也略有区别,如卧式机床要比立式机床要求多几项与平面转台有关的几何精度。

在几何精度检测中必须对机床地基有严格要求。必须在地基及地脚螺栓的固定混凝土完全固化以后才能进行。精调时要把机床的主床身调到较精密的水平面,然后再精调其他几何精度。考虑到水泥基础不够稳定,一般要求在使用数个月到半年后再精调一次机床水平。有一些中小型数控机床的床身大件具有很高的刚性,可以在对地基没有特殊要求的情况下保持其几何精度,但为了长期工作的精度稳定性,还是需要调整到一个较好的机床水平,并且要求在有关垫铁都处于垫紧的状态进行。

有一些几何精度项目是互相联系的,例如在立式加工中心检测中,如发现 Y 轴和 Z 轴方向移动的相互垂直度误差较大,则可以适当调整立柱底部床身的地脚垫铁,使立柱适当前倾或后仰,来减小这项误差。但这样也会改变主轴回转轴心线对工作台面的垂直度误差。因此,对数控机床的各项几何精度检测工作应在精调后一气呵成,不允许检测一项调整一项,否则会造成由于调整后一项几何精度而把已检测合格的前一项精度调成不合格。

在检测工作中要注意尽可能消除检测工具和检测方法的误差。例如,检测主轴回转精度时,检验心棒自身的振摆和弯曲等误差;在表架上安装千分表和测微仪时由表架刚性带来的误差;在卧式机床上使用回转测微仪时重力的影响;在测头的抬头位置和低头位置的测量数据误差等等。

机床的几何精度在机床处于冷态和热态时是不同的,检测时应按国家标准的规定,即在机床稍有预热的状态下进行,所以通电以后机床各移动坐标往复运动几次,主轴以中等的转速回转几分钟之后才能进行检测。

2. 数控机床的定位精度检验

数控机床的定位精度是指机床各坐标轴在数控系统控制下运动所能达到的位置精度。根据实测的各轴定位精度就可以判断出自动加工时零件所能达到的精度。

定位精度主要检测以下内容:

(1)直线运动坐标轴的定位精度;

(2)直线运动坐标轴的重复定位精度;

(3)直线运动坐标轴机械原点的返回精度;

(4)直线运动各轴的反向误差;

(5)回转运动的精度;

(6)回转运动的重复定位精度;

(7)回转轴原点的返回精度;

(8)回转运动的反向误差。

数控机床的定位精度又可以理解为机床的运行精度。普通机床由手动进给,定位精度主要决定于读数误差,而数控机床的移动是靠程序指令来实现的,故定位精度决定于数控系统和机械传动误差。机床各运动部件的运动是在数控装置的控制下完成的,各运动部件在程序指令控制下所能达到的精度直接反映加工零件所能达到的精度。

定位精度的测量一般在机床和工作台空载条件下。测量回转运动的检测工具有 360 齿精确分度的标准转台或角度多面体、高精度圆光栅及平行光管等。一般对 0°、90°、180°、270°几个直角等分点作重点测量,要求这些点的精度较其他角度位置提高一个等级。测量直线运动的检测工具有测微仪和成组块规、标准长度刻线尺和光学读数显微镜及激光干涉仪等。按国际标准化组织的规定(ISO 标准)应以激光测量为准,但在没有激光测量仪的情况下,一般用户验收检测可采用标准尺配以光学读数显微镜进行比较测量(图9-2(a)),测量仪器的精度必须高于被测的精度1等~2等级。这种检测方法的检测精度与检测技巧有关,而用激光测量(图9-2(b)),测量精度可较标准尺检测方法提高一倍。

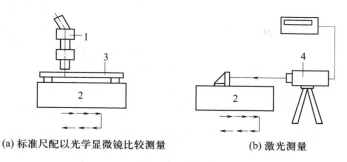

(a) 标准尺配以光学显微镜比较测量　　　　(b) 激光测量

图9-2　直线运动定位精度检测

1—光学显微镜;2—工作台;3—标准尺;4—激光干涉仪。

激光测量是利用反射镜移动时对激光束反射所产生的激光频率的多普勒频移来进行位移测量。多普勒效应是指由于波源、接收器、传播介质或中间反射器或散射体的运动,会使频率发生变化的现象。这种因多普勒效应所引起的频率变化称多普勒偏移或频移,其频移大小与介质、波源和观察物的运动有关。

如图9-3所示,激光头射出的频率为f_0,经平行反射镜反射回来到侦测器,当平行反射镜不动时,其反射波频率$f_r = f_0$。当反射镜以$v = \mathrm{d}x/\mathrm{d}t$(相互远离时取"+",相互移近时取"-")的速度移动时,因为光程增加(减少)了$2vt$,反射波f_r的数值会减少(增加)$2v/\lambda_0$(λ_0为激光波长),即

$$\Delta f = f_0 - f_r = 2v/\lambda_0 = (2/\lambda_0)\mathrm{d}x/\mathrm{d}t \tag{1}$$

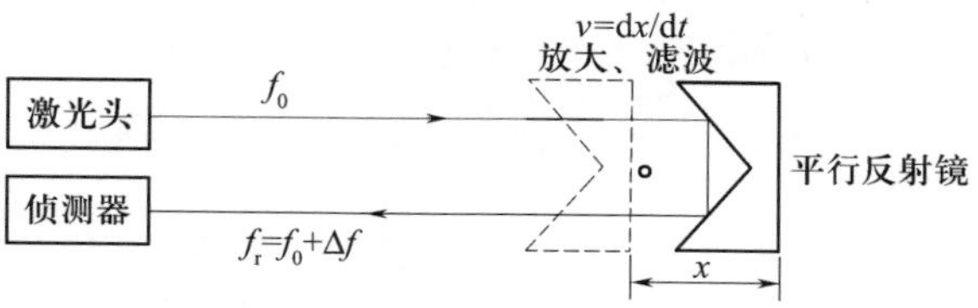

激光头 $\quad f_0$

放大、滤波

$v = \mathrm{d}x/\mathrm{d}t$

侦测器 $\quad f_r = f_0 + \Delta f$

平行反射镜

x

图9-3　激光多普勒频差效应原理

而　$f = \omega/2\pi$,且$\omega = \mathrm{d}\Phi/\mathrm{d}t$,故:

$$1/2\pi \cdot d(\Delta\Phi)/\mathrm{d}t = (2/\lambda_0)\mathrm{d}x/\mathrm{d}t \tag{2}$$

即

$$\Delta Y = \int \theta(x)\mathrm{d}x \tag{3}$$

求得

$$N + \Delta\Phi/2\pi = (2/\lambda_0)x \tag{4}$$

其中,N为上式左边积分满一周期(即2π)的周数,$\Delta\Phi/2\pi$是未满一周期的余量。

由式(4)可得

$$x = (\lambda_0/2)(\Delta\Phi/2\pi + N) \tag{5}$$

激光多普勒测量仪采用一鉴相器,每当相位Φ积满一个2π,鉴相器便输出一个增位(减位)脉冲,即式(5)中的N。另外,以0到15V的模拟电压表示$\Delta\Phi/2\pi$这一项。计算

鉴相器的脉冲数以及模拟电压的伏数,根据式(5)便可测知位移 x。

近年,应用高精度双球规和平面光栅检测机床精度也逐渐推广,其优点是既可测回转运动误差、短距离的直线运动误差,也可测具有复杂轨迹的平面运动误差。

1) 双球规检测法

如图 9 – 4 所示,双球规由两个精密的金属圆球和一个可伸缩的连杆组成,在连杆中间镶嵌着用于检测位移的光栅尺。测量时,一个圆球通过与之只有三点接触的磁性钢座固定在工作台上,另一个圆球通过同样的装置安装在主轴上,两球之间用连杆相连接。当机床在 X – Y 平面上作圆插补运动时,固定在工作台上的圆球就绕着主轴上的圆球旋转。如果机床没有任何误差,则工作台上圆球的轨迹是没有任何畸变的真圆,光栅尺也就没有位移输出。而当工作台和滑台存在几何误差和运动误差时,工作台上的圆球所扫过的轨迹并不是真圆,该圆的畸变部分 1:1 地被光栅尺测量出来。再通过运动学建模,就可以得到各项误差分量。

图 9 – 4　双球规检测法

双球规可以同时动态测量两轴联动状态下的轮廓误差,数控机床的垂直度、重复性、间隙、各轴的伺服增益比例匹配、伺服性能和丝杠周期性误差等参数指标都能从运动轮廓的半径变化中反映出来。另外,利用加长杆还可以在更大的机床加工空间内进行测量。通常,测量周期不超过 1h。

2) 平面光栅检测法

平面正交光栅法的工作原理十分简单。如图 9 – 5 所示,在工作台上置有直径可达 140mm 且刻划有高精度正交栅纹的平面光栅,而在主轴端部则置有读数光栅,两者的间隙约为 0.5mm。只要在平面光栅的有效工作范围内,不论按 NC 指令执行的工作台与主轴所作的相对运动是规则的圆运动、直线运动或者甚至是不规则的复杂曲线运动,都可通过安装在主轴端上的读数头及后续电路直接“读出”其运动轨迹是否精良的信号,且其经细分后的读数分辨力可读至 5nm。如果在原读数光栅上再增设一个对读数光栅和平面光栅之间的距离敏感的光学传感器,则可以测量两者之间的距离。当平面光栅在 X – Y 平面上作圆运动时(图 9 – 5(a)),该读数光栅除了可以测量数控机床在 X 轴和 Y 轴上的位移,还可以感知它在 Z 轴上位移变化量。此法有不可替代的优点,分辨力很高,非接触测量使得测试灵活,可方便地用于空间任一平面内的运动,对相对运动速度的约束更少,同时还可以测量数控机床完成复杂轨迹时的运动精度,而不再局限在圆周运动。其既有激光干涉测量仪的功能又有双球规的作用。通过测直线获移动误差,通过测圆获转角误差。除了仪器价格较高这一点之外,该方法是当今现场运动精度诊断的首选方法。

(a) 检测 XOY 平面内的运动轨迹　　　　(b) 检测 XOZ 平面内的运动轨迹

图 9-5　平面光栅检测法

3. 数控机床的切削精度检验

机床的切削精度检验实质上是对机床的几何精度和定位精度在切削加工条件下的一项综合考验,包括了试件的材料、环境温度、刀具性能以及切削条件等各种因素造成的误差。所以在切削试件和试件计量时,都应尽量减小这些非机床因素的影响。

影响切削精度的因素很多,为了反映机床的真实精度,要尽量排除其他因素的影响。切削试件时可参照 JB2670 的有关条文或按机床厂规定的要求进行,如试件材料、刀具技术要求、主轴转速、切削深度、切削进给速度、环境温度以及切削前的机床空运转时间等。

如一台卧式加工中心,切削精度检验的主要内容是形状精度、位置精度及加工面的表面粗糙度。表 9-2 是其形状与位置精度的检验项目及方法。当单项定位精度有个别项目不合格时,可以以实际的切削精度为准。一般情况下,各项切削精度的实测误差值为允许误差值的 50% 是比较好的,个别关键项目能在允许误差值的 1/3 左右,可以认为此机床的该项精度是相当理想的。

表 9-2　机床切削精度检测内容

序号	检测内容		检测方法	允许误差/mm
1	镗孔精度	圆度		0.01
		圆柱度		0.01/100
2	端铣刀铣平面精度	平面度		0.01
		阶梯差		0.01
3	端铣刀铣侧面精度	垂直度		0.02/300
		平行度		0.02/300

序号	检测内容	检测方法		允许误差/mm
4	镗孔孔距精度和孔径精度	X、Y轴方向		0.02
		对角线方向		0.03
		孔径偏差		0.01
5	立铣刀铣侧面精度	直线度		0.01/300
		平行度		0.02/300
		垂直度		0.02/300
6	两轴联动铣削直线精度	直线度		0.015/300
		平行度		0.03/300
		垂直度		0.03/300
7	立铣刀铣圆弧精度	圆度		0.02

9.3 数控机床的故障分析与处理

9.3.1 数控机床常见故障分类

数控机床故障发生的原因一般都比较复杂,这给故障诊断和排除带来不少困难。为了便于故障的分析和处理,可按故障部件、故障性质及故障原因等对常见故障作以下分类。

1. 主机故障与电气故障

1）主机故障

数控机床的主机部分主要包括机械、润滑、冷却、排屑、液压、气动与防护等装置。常见的主机故障有因机械安装、调试及操作使用不当等原因引起的机械传动故障与导轨运动摩擦过大故障。故障表现为传动噪声大，加工精度差，运行阻力大。例如，轴向传动链的挠性联轴器松动；齿轮、丝杠与轴承缺油；导轨塞铁调整不当；导轨润滑不良以及系统参数设置不当等原因均可造成以上故障。尤其应引起重视的是机床各部位标明的注油点（注油孔）须定时、定量加注润滑油（剂），这是机床各传动链正常运行的保证。另外，液压、润滑与气动系统的故障现象主要是管路阻塞和密封不良，因此，数控机床更应加强治理和根除三漏现象发生。

2）电气故障

电气故障分弱电故障与强电故障。弱电部分主要指 CNC 装置、PLC 控制器、CRT 显示器以及伺服单元、输入、输出装置等电子电路，这部分又有硬件故障与软件故障之分。硬件故障主要是指上述各装置的印制线路板上的集成电路芯片、分立元件、接插件以及外部连接组件等发生的故障。常见的软件故障有加工程序出错、系统程序和参数的改变或丢失、计算机的运算出错等。强电部分是指继电器、接触器、开关、熔断器、电源变压器、电动机、电磁铁、行程开关等电气元器件及其所组成的电路。这部分的故障十分常见，必须引起足够的重视。

2. 系统性故障与随机性故障

1）系统性故障

系统性故障，通常是指只要满足一定的条件或超过某一设定的限度，工作中的数控机床必然会发生的故障。这一类故障现象极为常见。例如，液压系统的压力值随着液压回路过滤器的阻塞而降到某一设定参数时，必然会发生液压报警使系统断电停机；润滑、冷却或液压等系统由于管路泄漏引起油标下降到使用限值必然会发生液位报警使机床停机；机床加工中因切削量过大达到某一限值时必然会发生过载或超温报警，致使系统迅速停机。因此，正确的使用与精心维护是杜绝或避免这类系统性故障发生的切实保障。

2）随机性故障

随机性故障，通常是指数控机床在同样的条件下工作时只偶然发生一次或两次的故障。由于此类故障在各种条件相同的状态下只偶然发生一两次，因此随机性故障的原因分析与故障诊断较其他故障困难得多。一般而言，这类故障的发生往往与安装质量、组件排列、参数设定、元器件品质、操作失误与维护不当以及工作环境影响等诸因素有关。例如，接插件与连接组件因疏忽未加锁定；印刷电路板上的元器件松动变形或焊点虚脱；继电器触点、各类开关触头因污染锈蚀以及直流电机碳刷不良等所造成的接触不可靠等。另外，工作环境温度过高或过低、湿度过大、电源波动与机械震动、有害粉尘与气体污染等原因均可引发此类偶然性故障。因此，加强数控系统的维护检查、确保电气箱门的密封、严防工业粉尘及有害气体的侵袭等均尽可能避免此类故障隐患的发生。

3. 有报警显示与无报警显示故障

1）有报警显示故障

这类故障又可分为硬件报警显示与软件报警显示两种。

（1）硬件报警显示通常是指各单元装置上的警示灯（一般由 LED 发光管或小型指示灯组成）的指示。在数控系统中有许多用以指示故障部位的警示灯，如控制操作面板、位置控制印刷线路板、伺服控制单元、主轴单元、电源单元等部位以及光电阅读机、穿孔机等外设装置上常设有这类警示灯。一旦数控系统的这些警示灯指示故障状态后，借助相应部位上的警示灯均可大致分析判断出故障发生的部位与性质，无疑给故障分析诊断带来极大方便。因此，维修人员日常维护和排除故障时应认真检查这些警示灯的状态是否正常。

(2) 软件报警显示通常是指 CRT 显示器上显示出来的报警号和报警信息。由于数控系统具有自诊断功能，一旦检测到故障，即按故障的级别进行处理，同时在 CRT 上以报警号形式显示该故障信息。这类报警显示常见的有：存储器警示、过热警示、伺服系统警示、轴超程警示、程序出错警示、主轴警示、过载警示以及断线警示等等。通常，少则几十种，多则上千种，这无疑为故障判断和排除提供极大的帮助。

上述软件报警有来自 NC 的报警和来自 PLC 的报警。前者为数控部分的故障报警，可通过所显示的报警号，对照维修手册中有关 NC 故障报警及原因方面内容来确定可能产生该故障的原因。后者 PLC 报警显示由 PLC 的报警信息文本所提供，可通过所显示的报警号，对照维修手册中有关 PLC 故障报警信息、PLC 接口说明以及 PLC 程序等内容、检查 PLC 有关接口和内部继电器状态来确定该故障所产生的原因。通常，PLC 报警发生的可能性要比 NC 报警高得多。

2) 无报警显示故障

这类故障发生时无任何硬件或软件的报警显示，因此分析诊断难度较大。例如：机床通电后，在手动方式或自动方式运行 X 轴时出现爬行现象，无任何报警显示；机床在自动方式运行时突然停止，而 CRT 显示器上无任何报警显示；在运行机床某轴时发生异常声响，一般也无故障报警显示。

对于无报警显示故障，通常要具体情况具体分析，要根据故障发生的前后变化状态进行分析判断。例如，上述 X 轴在运行时出现爬行现象，可首先判断是数控部分故障还是伺服部分故障。具体做法是：在手摇脉冲进给方式中，可均匀地旋转手摇脉冲发生器，同时分别观察比较 CRT 显示器上 Y 轴、Z 轴与 X 轴进给数字的变化速率。通常，如数控部分正常，一个轴的上述变化速率应基本相同，从而可确定爬行故障是 X 轴的伺服部分或是机械传动所造成的。

4. 机床自身与机床外部故障

1) 机床自身故障

这类故障的发生是由于数控机床自身的原因引起的，与外部使用环境条件无关。数控机床所发生的极大多数故障均属此类故障，但应区别有些故障并非本身而是外部原因所造成。

2) 机床外部故障

这类故障是由于外部原因造成的。例如：数控机床的供电电压过低，波动过大，相序不对或三相电压不平衡；周围的环境温度过高，有害气体、潮气、粉尘侵入；外来振动和干扰，如电焊机所产生的电火花干扰等均有可能使数控机床发生故障。还有人为因素所造成的故障，如操作不当，手动进给过快造成超程报警，自动切削进给过快造成过载报警，又如操作人员不按时按量给机床机械传动系统加注润滑油，易造成传动噪声或导轨摩擦系数过大，而使工作台进给电机超载。

除上述常见故障分类外，还可按故障发生时有无破坏性来分，可分为破坏性故障和非破坏性故障；按故障发生的部位分，可分为数控装置故障、进给伺服系统故障、主轴系统故障、刀架、刀库、工作台故障等。

9.3.2 数控机床故障的常规检测方法

数控机床所用的 CNC 系统类型繁多,产生故障的原因往往比较复杂,各不相同。在出现故障后,不要急于动手盲目处理,应充分调查故障现场,如查看故障记录、向操作人员询问故障出现的全过程等。在确认通电对系统无危险的情况下,再通电亲自观察、检测,根据故障现象罗列出各种可能的因素,再逐点进行分析,排除不正确的原因,最后确定故障点。

在检测故障过程中,应充分利用数控系统的自诊断功能,如系统的开机诊断、运行诊断、PLC 的监控功能。根据需要随时检测有关部分的工作状态和接口信息,同时还应灵活应用数控系统故障检查的一些行之有效的方法。常用的检测方法有如下几种。

(1)直观法。这是一种最基本的方法。维修人员通过对故障发生时的各种光、声、味等异常现象的观察以及认真察看系统的每一处,往往可将故障范围缩小到一个模块或一块印刷线路板。这就要求维修人员具有丰富的实际经验,要有多学科较宽的知识和综合判断的能力。

(2)自诊断功能法。现代的数控系统虽然尚未达到智能化很高的程度,但已经具备了较强的自诊断功能,它能随时监视数控系统的硬件和软件的工作状况,一旦发现异常,立即在 CRT 上显示报警信息或用发光三极管指示出故障的大致起因,利用自诊断功能也能显示出系统与主机之间接口信号状态,从而判断故障发生在机械部分还是数控系统部分,并指示出故障的大致部位。这个方法是当前维修时最有效的一种方法。

(3)功能程序测试法。所谓功能程序测试法就是将数控系统的常用功能和特殊功能,如直线定位、圆弧插补、螺纹切削、固定循环、用户宏程序等,用手工编程或自动编程方法,编制成一个功能程序测试纸带,通过纸带阅读机送入数控系统中,然后启动数控系统使之进行运行,藉以检查机床执行这些功能的准确性和可靠性,进而判断出故障发生的可能起因。本方法对于长期闲置的数控机床第一次开机的检查;机床加工造成废品但又无报警的情况;一些难以确定是编程错误或是操作错误还是机床故障等是较好的判断方法。

(4)交换法。这是一种简单易行的方法,也是现场判断时最常用的方法之一。所谓交换法就是在分析出故障大致起因的情况下,维修人员利用备用的印刷线路板、模板,集成电路芯片或元器件替换有疑点的部分,从而把故障范围缩小到印刷线路板或芯片一级。实际上也是在验证分析的正确性。

(5)转移法。所谓转移法就是将 CNC 系统中具有相同功能的两块印制线路板、模板、集成电路芯片或元器件互相交换,观察故障现象是否随之转移。藉此,可迅速确定系统的故障部位。这个方法实际上也是交换法的一种,因此,有关注意事项同交换法所述。

(6)参数检查法。数控参数能直接影响数控机床的性能。参数通常是存放在磁泡存储器或存放在需由电池保持的 CMOS RAM 中,一旦电池不足或由于外界的某种干扰使个别参数丢失或变化,就会使机床无法正常工作。此时,通过核对、修正参数就能将故障排除。当机床长期闲置工作而无故地出现不正常现象或有故障而无报警时,就应根据故障特征,检查和校对有关参数。另外,经过长期运行的数控机床,由于其机械传动部件磨损、电气元件性能变化等原因,也需对其有关参数进行调整。有些机床的故障往往就是由于未及时修改某些不适应的参数所致。当然这些故障都是属于软件故障的范畴。

（7）测量比较法。CNC 系统生产厂在设计印制线路板时，为了调整、维修的便利，在印制线路板上设计了多个检测用端子。用户也可利用这些端子比较正常的印制线路板和有故障的印制线路板之间的差异；可以检测这些测量端子的电压或波形，分析故障的起因及故障的所在位置；甚至，有时还可对正常的印制线路板人为地制造"故障"，如断开连线或短路，拔去组件等，以判断真实故障的原因。为此，维修人员应在平时积累对印制线路板上关键部分或易出故障部分在正常时的正确波形和电压值的认识。因为 CNC 系统生产厂往往不提供有关这方面的资料。

（8）敲击法。当 CNC 系统出现的故障表现为若有若无时，往往可用敲击法检查出故障的部位所在。这是由于 CNC 系统是由多块印制线路板组成，每块板上又有许多焊点，板间或模块间又通过插接件及电缆相连。因此，任何虚焊或接触不良，都可能引起故障。当用绝缘物轻轻敲打有虚焊及接触不良的疑点处，故障肯定会重复再现。

（9）局部升温法。CNC 系统经过长期运行，元器件均要老化，性能也会变坏。当它们尚未完全损坏时，出现的故障会变得时有时无。这时可用热吹风机或电烙铁等来局部升温被怀疑的元器件，加速其老化，以便彻底暴露故障部件。当然，采用此法时，一定要注意元器件的温度参数等，不要将原来是好的器件烤坏。

（10）原理分析法。根据 CNC 系统的组成原理，可从逻辑上分析各点的逻辑电平和特征参数（如电压值或波形），然后用万用表、逻辑笔、示波器或逻辑分析仪进行测量、分析和比较，从而对故障定位。运用这种方法，要求维修人员必须对整个系统或每个电路的原理有清楚的、较深的了解。

以上这些检测方法各有特点，按照不同的故障现象，可以同时选择几种方法灵活应用，对故障进行综合分析，才能逐步缩小故障范围，较快地排除故障。

9.3.3　数控机床常见故障处理

数控机床的故障现象尽管比较繁多，但按其发生的部位基本可分为以下几类：机械部分；机床电气部分及强电控制部分；进给伺服系统；主轴伺服系统；数控系统。对于编程引起的故障则多是由于考虑不周或程序输入时的失误造成的，一般只需按报警提示及时修改就行了。由于各部分故障的原因及特点不同，因而故障的处理方法也不同。下面就分别对各部分常见故障的处理方法给以介绍。

1. 机械部分的常见故障

数控机床机械部分的修理与常规机床有许多共同点，在此不再赘述。但由于数控机床大量采用电气控制，机械结构大为简化，所以机械故障大大降低，常见的机械故障是多种多样的，每一种机床都有相关说明书及机械修理手册来说明，这里仅介绍一些带共性的部件故障。

（1）进给传动链故障。由于普遍采用了滚动摩擦副，所以进给传动链故障大部分是以运动品质下降表现出来的。如定位精度下降、反向间隙过大，机械爬行，轴承噪声过大（一般都在撞车后出现）。因此，这部分修理常与运动副预紧力、松动环节和补偿环节有关。

（2）主轴部件故障。由于使用调速电动机，数控机床主轴箱内部结构比较简单。可能出现故障的部分有自动换刀部分的刀杆拉紧机构、自动换挡机构及主轴运动精度的保持装置等。

（3）自动换刀装置（ATC）故障。自动换刀装置已在加工中心上大量配置，目前有

50%的机械故障与它有关。故障主要是刀库运动故障、定位误差过大、机械手夹持刀柄不稳定和机械手运动误差过大等。这些故障最后都造成换刀动作卡住,使整机停止工作等。

（4）配套附件的可靠性。配套附件包括切削液装置、排屑装置、导轨防护罩、冷却液防护罩、主轴冷却恒温油箱和液压油箱等。要经常检查它们运行是否可靠。

2. 机床的电气部分及强电控制部分引起的故障处理

这部分故障可利用机床自诊断功能的报警号提示,查阅 PLC 梯形图或检查 I/O 接口信号的状态,并根据机床维修说明书所提供的图样、资料、排故流程图及调整方法等,结合个人的工作经验来排除。

（1）各进给运动轴正反向硬件超程报警。这类故障现象一般可分为真超程和假超程。对于真超程,需通过手动方式以超程的反方向退出,使机械撞块脱离限位开关,然后再按复位键,即可消除报警。对于假超程的原因可能是由于铁屑等压住限位开关、限位开关接线端短路、切削液进入限位开关等原因引起限位开关损坏。针对这些原因需通过清除铁屑等或更换限位开关来排除故障。

（2）数控车床、加工中心等机床,在换刀时找不到刀,其车床的回转刀台或加工中心的刀库总是旋转不停,找不到刀。这多与刀位编码用组合行程开关或干簧管、接近开关等元件的损坏、接触不好、灵敏度降低等因素有关。若根本不执行找刀动作,这与换刀应答或换刀完成所用检测开关没有信号有关。

（3）数控机床的主轴不执行分度动作。这与检测分度参考点用接近开关及分度角度与置用拨码盘的好坏有关。若加工中心不执行定向准停,这与检测定向准停用接近开关的好坏及间隙调整的大小有关。

（4）加工中心类机床其刀库的开门、关门,活动工作台的夹紧、松开、装入、卸出,活动工作台的选择等故障多与有关按钮、行程开关、接近开关、电磁阀、液压缸等的好坏及动作是否良好有关;加工中心类机床其主轴上刀具的夹紧、松开等故障也多和有关接近开关的好坏,接近开关与感应挡铁间的间隙大小及主轴套筒内刀具夹紧、松开用连杆动作距离大小的调整有关;加工中心类机床其自动刀具长度测量台的伸出、收回,测量完成与否等故障也和接近开关的好坏,液压缸动作是否良好等因素有关。

（5）排屑装置电动机、液压泵电动机、各进给轴电机、主轴电机等不工作,应首先检查有关断路器、热保护继电器是否动作。若合上后这些保护元件仍然动作,则应进一步检查电机本身及有关回路是否有短路、过载或其他原因。

（6）润滑装置的故障,应首先检查浮子开关、压力继电器、定时器等元件是否工作正常。

（7）车床类机床其卡盘的卡紧、松开,夹紧力大小的调整,应首先检查工作压力是否合适,有关电磁阀、液压缸等是否工作正常。

（8）立式或斜导轨式车床断电时发生托板下滑现象,应检查制动电磁阀的工作间隙。

总之,机床本体低压电器部分的故障占机床故障的比例是比较大的,原因也是比较多的。处理故障时首先应检查电气连接、按钮、行程开关、接近开关、断路器、热保护继电器、电磁阀、液压缸及相关继电器等方面的原因。确认无误后仍不能排除故障,再做深入的检查、调整,以免做无用功或扩大故障范围。

3. 进给伺服系统常见故障的处理

经验证明,进给伺服系统的故障约占整个系统故障的1/3。故障报警现象有三种:一是利用软件诊断程序在 CRT 上显示报警信息;二是利用伺服系统上的硬件(如发光二极管、保险丝熔断等)显示报警;三是没有任何报警指示。

1)软件报警

现代数控系统都具有对进给驱动进行监视、报警的能力。在 CRT 上显示进给驱动的报警信号大致可分为三类:

(1)伺服进给系统出错报警。这类报警的起因,大多是速度控制单元方面的故障引起的,或是主控制印制线路板内与位置控制或伺服信号有关部分的故障。

(2)检测出错报警。它是指检测元件(测速发电机、旋转变压器或脉冲编码器)或检测信号方面引起的故障。

(3)过热报警。即指伺服单元、变压器及伺服电动机过热。

总之,可根据 CRT 上显示的报警信号,参阅该机床维修说明书中"各种报警信息产生的原因"的提示进行分析判断,找出故障,将其排除。

2)硬件报警

硬件报警包括速度单元上的报警指示灯和保险丝熔断以及各种保护用的开关跳开等报警。报警指示灯的含义随速度控制单元设计上的差异也有所不同,一般有下述几种。

(1)大电流报警。多为速度控制单元上的功率驱动元件(晶闸管模块或晶体管模块)损坏。检查方法是在切断电源的情况下,用万用表测量模块集电极和发射极之间的阻值。如阻值小于10Ω,表明该模块已损坏。另外,速度控制单元的印刷线路板故障或电动机绕组内部短路也可引起大电流报警,但较少发生。

(2)高电压报警。产生这类报警的原因是由于输入的交流电源电压超过了额定值的10%,或是电动机绝缘能力下降、速度控制单元的印制线路板不良。

(3)电压过低报警。大多是由于输入电压低于额定值的85%或是电源连接不良引起的。

(4)速度反馈断线报警。此类报警多是由伺服电动机的速度、位置反馈线不良或连接器接触不良引起的。如果此报警是在更换印制线路板之后出现,则应先检查印制线路板上的设定是否有误。

(5)保护开关动作。此时应首先分清是何种保护开关动作,然后再采取相应措施解决。如伺服单元上热继电器动作,应先检查热继电器的设定是否有误,然后再检查机床工作时的切削条件是否太苛刻或机床的摩擦力矩是否太大。如变压器热动开关动作,但此时变压器并不热,则是热动开关失灵;如果变压器很热,用手只能接触几秒钟,则要检查电动机负载是否过大。这可以在减轻切削负载条件下,再检查热动开关是否动作。如仍发生动作,应在空载低速进给的条件下测量电动机电流,如已接近电流额定值,则需要重新调整机床。产生上述故障的另一原因是变压器内部短路。

(6)过载报警。造成过载报警的原因有机械负载不正常,或是速度控制单元上电动机电流的上限值设定的太低。永磁电动机上的永久磁体脱落也会引起过载报警,如果不带制动器的电动机空载时用手转不动或转动轴时很费劲,即说明永久磁体脱落。

(7)速度控制单元上的保险丝烧断或断路器跳闸。发生此类故障的原因很多,除机械负荷过大和接线错误外(仅发生在重新接线之后),主要原因有速度控制单元的环路增益设定过高、位置控制或速度控制部分的电压过高或过低引起振荡(如速度或位置检测元件故障,也可能引起振荡)、电动机故障(如电动机去磁,将会引起过大的激磁电流)、相间短路(当速度控制单元的加速或减速频率太高时,由于流经扼流圈电流延迟,可能造成相间短路,从而烧断保险丝,此时需适当降低工作频率)。

3)无报警显示

这类故障多以机床处于不正常运动状态的形式出现,但故障的根源却在进给驱动系统。以下是常见的无报警显示故障。

(1)机床失控。这是由于伺服电动机内检测元件的反馈信号接反或元件本身故障造成的。

(2)机床振动。此时应首先确认振动周期与进给速度是否成比例变化,如果成比例变化,则故障的起因是机床、电动机、检测器不良,或是系统插补精度差,检测增益太高;如果不成比例,且大致固定时,则大都是因为与位置控制有关的系统参数设定错误,速度控制单元上短路棒设定错误或增益电位器调整不好,以及速度控制单元的印刷线路不好。

(3)机床过冲。数控系统的参数(快速移动时间常数)设定的太小或速度控制单元上的速度环增益设定太低都会引起机床过冲。另外,如果电动机和进给丝杠间的刚性太差,如间隙太大或传动带的张力调整不好也会造成此故障。

(4)机床移动时噪声过大。如果噪声源来自电动机,可能的原因是电动机换向器表面的粗糙度高或有损伤,油、液、灰尘等侵入电刷槽或换向器和电动机有轴向窜动。

(5)机床在快速移动时振动或冲击。原因是伺服电动机内的测速发电机电刷接触不良。

(6)圆柱度超差。两轴联动加工外圆时圆柱度超差,且加工时象限稍一变化精度就不一样,则多是进给轴的定位精度太差,需重新调整机床精度差的轴。如果是在坐标轴的45°方向超差,则多是由于位置增益或检测增益调整不好造成的。

4. 主轴伺服系统常见故障的处理

主轴伺服系统可分为直流主轴伺服系统和交流主轴伺服系统。

1)直流主轴伺服系统

(1)主轴电机振动或噪声太大。这类故障的起因有系统电源缺相或相序不对、主轴控制单元上的电源频率开关设定错误、控制单元上的增益电路调整不好、电流反馈回路调整不好、电动机轴承故障、主轴电动机和主轴之间连接的离合器故障、主轴齿轮啮合不好及主轴负荷太大等。

(2)主轴不转。引起这一故障的原因有印制线路板太脏、触发脉冲电路故障、系统未给出主轴旋转信号、电动机动力线或主轴控制单元与电动机间连接不良。

(3)主轴速度不正常。造成此故障的原因有装在主轴电动机尾部的测速发电机故障、速度指令给定错误或 D/A 转换器故障。

(4)发生过流报警。发生过流的可能原因有电流极限设定错误、同步脉冲紊乱和主轴电动机电枢线圈层间短路。

(5)速度偏差过大。这种报警是由于负荷过大、电流零信号没有输出和主轴被制动。

2)交流主轴伺服系统

(1)电动机过热。造成过热的可能原因有负载过大、电动机冷却系统太脏、电动机的冷却风扇损坏和电动机与控制单元之间连接不良。

（2）主轴电动机不转或达不到正常转速。产生这类故障的可能原因有速度指令不正常（如有报警可按报警内容处理），主轴电动机不能启动（可能与主轴定向控制用的传感器安装不良有关）等。

（3）交流输入电路的保险烧断。引起这类故障的原因多是交流电源侧的阻抗太高（例如在电源侧用自耦变压器代替隔离变压器）、交流电源输入处的浪涌吸收器损坏、电源整流桥损坏、逆变器用的晶体管模块损坏或控制单元的印制线路板故障。

（4）再生回路用的保险烧断。这主要是由于主轴电动机的加速或减速频率太高引起。

（5）主轴电动机有异常噪声和振动。对这类故障应先检查确认是在何种情况下产生的。若在减速过程中产生，则故障发生在再生回路。此时应检查回路处的保险丝是否熔断及晶体管是否损坏。若在恒速下产生，则应先检查反馈电压是否正常，然后突然切断指令，观察电动机停转过程中是否有噪声。若有噪声，则故障出现在机械部分，否则，多在印制线路板上。若反馈电压不正常，则需检查振动周期是否与速度有关。若有关，应检查主轴与主轴电动机连接是否合适，主轴以及装在交流主轴电动机尾部的脉冲发生器是否不良；若无关，则可能是印制线路板调整不好或不良，或是机械故障。

5. 数控系统常见故障的处理

1）CRT 无辉度或无任何画面显示

出现此类故障多是由于以下几方面的原因。

（1）与 CRT 单元有关的电缆连接不良引起的。应对电缆重新检查，连接一次。

（2）检查 CRT 单元的输入电压是否正常。但在检查前应先搞清楚 CRT 单元所用的电压是直流还是交流，电压有多高。因为生产厂家不同，它们之间有较大差异。一般来说，9 英寸单色 CRT 多用 +24V 直流电源，而 14 英寸彩色 CRT 却为 200V 交流电压。在确认输入电压过低的情况下，还应确认电网电压是否正常。如果是电源电路不良或接触不良，造成输入电压过低时，还会出现某些印刷线路板上的硬件或软件报警，如主轴低压报警等，因此可通过几个方面的相互印证来确认故障所在。

（3）CRT 单元本身的故障造成。CRT 单元是由显示单元、调节器单元等部分组成，它们中的任一部分不良都会造成 CRT 无辉度或无图像等故障。

（4）可以用示波器检查是否有 VIDEO（视频）信号输入。如无，则故障出在 CRT 接口印刷线路板上或主控制线路板上。

（5）数控系统的主控制线路板上如有报警显示，也可影响 CRT 的显示。此时，故障的起因，多不是 CRT 本身，而在主控制印制线路板上，可以按报警指示的信息来分析处理。

2）CRT 出现"NOT READY"显示

数控系统一接通电源就出现"NOT READY"显示，过几秒钟就自动切断电源，有时候数控系统接通电源后显示正常，但在运行程序的中途突然在 CRT 画面出现"NOT READ-Y"，随之电源被切断。造成这类故障的一个原因是 PC 有故障，可以通过查 PC 的参数及梯形图来发现。其次应检查伺服系统电源装置是否有保险丝断、断路器跳闸等问题。若合闸或更换了保险丝后断路器再次跳闸，应检查电源部分是否有问题，检查是否有电动机过热，大功率晶体管组件过电流等故障而使计算机的监控电路起作用；检查计算机各板是否有故障灯显示。另外还应检查计算机所需各交流电源、直流电源的电压值是否正常。若电压不正常也可造成逻辑混乱而产生"没准备好"故障。

3）用户宏程序报警

当数控系统进入用户宏程序时出现超程报警或显示"PROGRAM STOP"，但数控系统一旦退出用户宏程序运行，则数控系统运行很正常，这类故障多出在用户宏程序。如操作人员错按复位按钮，就会造成宏程序的混乱。此时可采取全部清除数控系统的内存，重新输入 NC、PC 的参数、宏程序变量、刀具补偿号及设定值等来恢复。

4）MDI 方式、自动方式无效且无报警产生

这类故障多数不是由数控系统引起的。因为上述的 MDI 方式、自动方式的操作开关都在机床操作面板上，在操作面板和数控柜之间的连接发生故障如断线等的可能性最大。在上述故障中几种工作方式均无效，说明是共性的问题，如机床侧的继电器坏了，造成机床侧的 +24V 不能进入 NC 侧的连接单元就会引起上述故障。

5）机床不能正常返回参考点且有报警产生

发生此故障的原因一般是由脉冲编码器的信号没有输入到主控制印制线路板造成的。如脉冲编码器断线，或脉冲编码器的连接电缆和插头断线等均可引起此故障。另外，返回参考点时的机床位置距参考点太近也会产生此报警。

6）手摇脉冲发生器不工作

转动手摇脉冲发生器时 CRT 画面的位置显示发生变化但机床不动。此时可先通过诊断功能检查系统是否处于机床锁住状态。如未锁住，则再由诊断功能确认伺服断开信号是否已被输入到数控系统中；转动手摇脉冲发生器时 CRT 画面的位置显示无变化，机床也不运动。此时可通过诊断功能检查机床锁住信号是否已被输入、手摇脉冲发生器的方式选择信号是否已输入，并检查主板是否有报警。若以上几个方面均无问题，则可能是手摇脉冲发生器不良或脉冲发生器接口板不良。

9.4 数控机床的维护与保养

数控机床使用寿命的长短、使用效率的高低及故障发生率的高低，不仅取决于机床的精度和性能，很大程度上也取决于它的正确使用和维护。正确的使用能防止设备非正常磨损，避免突发故障，精心的维护可使设备保持良好的技术状态，延缓劣化进程，及时发现和消除故障，隐患于未然，从而保障安全运行。因此，机床的正确使用与精心维护是贯彻设备管理以防为主的重要环节。

各类数控机床因其功能，结构及系统的不同，各具不同的特性。其维护保养的内容和规则也各有其特色，具体应根据其机床种类、型号及实际使用情况，并参照该机床说明书要求，制订和建立必要的定期、定级保养制度。下面列举一些常见、通用的日常维护保养要点。

1）严格遵循操作规程

数控系统编程、操作和维修人员必须经过专门的技术培训，熟悉所用数控机床的机械、数控系统、强电设备、液压、气源等部分及使用环境、加工条件等；能按机床和系统使用说明书的要求正确、合理地使用；应尽量避免因操作不当引起的故障。

2）使机床保持良好的润滑状态

定期检查清洗自动润滑系统，添加或更换油脂、油液，使丝杠、导轨等各运动部位始终保持良好的润滑状态，降低机械磨损速度。

3）定期检查液压、气压系统

对液压系统定期进行油质化验,检查和更换液压油,并定期对各润滑、液压、气压系统的过滤器或过滤网进行清洗或更换,对气压系统还要注意及时对分水滤气器放水。

4）定期检查和更换直流电动机电刷

对直流电动机定期进行电刷和换向器检查、清洗和更换,若换向器表面脏,应用白布蘸酒精予以清洗;若表面粗糙,用细金相砂纸修整;若电刷长度为 10mm 以下时,予以更换。

5）定期检查电气部件

检查各插头、插座、电缆、各继电器的触点是否接触良好,检查主电源变压器、各电机的绝缘电阻是否在允许范围(应在 $1M\Omega$ 以上)。定期对电气柜和有关电器的冷却风扇进行卫生清扫,更换其空气过滤网等。电路板上太脏或受潮,可能发生短路现象,因此,必要时对各个线路板、电气元器件采用吸尘法进行卫生清扫等。平时尽量少开电气柜门,以保持电气柜内清洁,夏天用开门散热法是不可取的。电火花加工数控设备,周围金属粉尘大,更应注意防止外部尘埃进入数控柜内部。

6）适时对各坐标轴进行超程限位试验

尤其是对于硬件限位开关,由于切削液等原因容易产生锈蚀,平时又主要靠软件限位起保护作用,但关键时刻如锈蚀将不起作用而产生碰撞,甚至损坏滚珠丝杠,严重影响其机械精度。试验时可用手按一下限位开关看是否出现超程警报,或检查相应的 I/O 接口输入信号是否变化。

7）经常监视数控系统的电网电压

通常数控系统允许的电网电压范围在额定值的 +10% ～ -15%,如果超出此范围,轻则使数控系统不能稳定工作,重则会造成重要电子部件损坏。因此,要经常注意电网电压的波动。对于电网质量比较恶劣的地区,应及时配置数控系统专用的交流稳压电源装置,这将使故障率有比较明显的降低。

8）数控机床长期不用时的维护

数控机床长期闲置不用时,也应定期对数控系统进行维护保养。首先,应经常给数控系统通电,在机床锁住不动的情况下,让其空运行。在空气湿度较大的梅雨季节应该天天通电,利用电器元件本身发热驱走数控柜内的潮气,以保证电子部件的性能稳定可靠。

9）定期更换存储器用电池

通常数控系统内对 CMOS RAM 存储器器件设有可充电电池维持电路,以保证系统不通电期间能保持存储器的内容。在一般的情况下,即使电池尚未失效,也应每年更换一次,以确保系统能正常工作。电池的更换应在 CNC 装置通电状态下进行,以防更换时RAM 内信息丢失。

10）定期进行机床水平和机械精度检查并校正

机械精度的校正方法有软硬两种。其软方法主要是通过系统参数补偿,如丝杠反向间隙补偿、各坐标定位精度定点补偿、机床回参考点位置校正等;硬方法一般在机床大修时进行,如进行导轨修刮、滚珠丝杠螺母预紧调整反向间隙等。

为了更具体地说明日常维护保养的周期、检查部位和内容,表 9 - 3 列出了某加工中心的日常维护、保养内容,以供参考。

表 9-3 机床日常维护保养内容

序号	检查部位	检查内容	检查周期
1	导轨润滑油箱	检查油标、油量,及时添加润滑油,润滑泵能定时启动打油及停止	每天
2	X、Y、Z 轴向导轨面	清除切屑及脏物,检查润滑油是否充分,导轨面有无划伤损坏	每天
3	压缩空气气源压力	检查气动控制系统压力,应在正常范围	每天
4	气源自动分水滤水器,自动空气干燥器	及时清理分水器中滤出的水分,保证自动空气干燥器工作正常	每天
5	气液转换器和增压器油面	发现油面不够时及时补足油	每天
6	主轴润滑恒温油箱	工作正常,油量充足并调节温度范围	每天
7	机车液压系统	油箱、油泵无异常噪声,压力表指示正常,管路及各接头无泄露,工作油面高度正常	每天
8	液压平衡系统	平衡压力指示正常,快速移动时平衡阀工作正常	每天
9	CNC 的输入/输出单元	如输入/输出设备清洁,机械结构润滑良好等	每天
10	各种电气柜散热通风装置	各电气柜冷却风扇工作正常,风道过滤网无堵塞	每天
11	各种防护装置	导轨、机床防护罩等应无松动、漏水	每天
12	各电气柜过滤网	清洗各电气柜过滤网	每周
13	滚珠丝杠	清洗丝杠上旧的润滑脂,涂上新油脂	每半年
14	液压油路	清洗溢流阀、减压阀、滤油器,清洗油箱箱底,更换或过滤液压油	每半年
15	主轴润滑恒温油箱	清洗过滤器,更换液压油	每半年
16	检查并更换直流伺服电机碳刷	检查换向器表面,吹净碳粉,去除毛刺,更换长度过短的电刷,并应跑合后才能使用	每年
17	润滑油泵,滤油器清洗	清理润滑油池底,更换滤油器	每年
18	检查各轴导轨上镶条,压紧滚轮松紧状态	按机床说明书调整	不定期
19	冷却水箱	检查液面高度,冷却液太脏时需更换并清理水箱底部,经常清洗过滤器	不定期
20	排屑器	经常清理切屑,检查有无卡住等	不定期
21	清理废油池	及时取走废油池中废油,以免外溢	不定期
22	调整主轴驱动皮带松紧	按机床说明书调整	不定期

参 考 文 献

[1]　王先逵,王爱玲.机床数字控制技术手册:操作与应用卷[M].北京:国防工业出版社,2013.

[2]　王彪,蓝海根,王爱玲.现代数控机床实用操作技术[M].3 版.北京:国防工业出版社,2009.

[3]　王爱玲.机床数控技术[M].2 版.北京:高等教育出版社,2013.

[4]　王爱玲,李清.数控加工工艺[M].2 版.北京:机械工业出版社.2013.

[5]　全国数控培训网络天津分中心.数控机床[M].北京:机械工业出版社,2006.

[6]　王先逵.机械制造工艺学[M].北京:机械工业出版社,2007.

[7]　王贵明.数控实用技术[M].北京:机械工业出版社,2002.

[8]　袁锋.数控车床培训教程[M].北京:机械工业出版社,2005.

[9]　关颖.数控车床[M].北京:化学工业出版社,2005.

[10]　王爱玲,刘中柱.数控机床操作技术[M].北京:机械工业出版社,2013.

[11]　BEIJING – FANUC 0i 系统操作说明书[R].北京发那科机电有限公司,2004.

[12]　世纪星铣床数控系统 HNC – 21/22M 编程/操作说明书[R].武汉华中数控股份有限公司,2005.

[13]　HEIDENHAIN iTNC530 用户手册(simplified Chinese)[R].海德汉博士公司,2006.

[14]　黄康美.数控加工实训教程[M].北京:电子工业出版社,2004.

[15]　华茂发.数控机床加工工艺[M].北京:机械工业出版社,2004.

[16]　SIEMENS SINUMERIK802S/802D/840D 操作与编程说明书[R].西门子股份公司,2004.

[17]　MDVIC EDW 电火花线切割机床使用说明书[R].陕西汉川机床厂,2002.

[18]　顾京.数控加工编程及操作[M].北京:高等教育出版社,2003.

[19]　张学仁.数控电火花线切割加工技术[M].哈尔滨:哈尔滨工业大学出版社,2004.

[20]　刘雄伟.数控机床操作与编程训练教程[M].北京:机械工业出版社,2003.

[21]　赵长明,刘万菊.数控加工工艺及设备[M].北京:高等教育出版社,2003.

[22]　魏昌洲,李晓会,等.德马吉五轴加工中心 DMU60 操作与编程培训手册[M].无锡职业技术学院,2012.

[23]　王建平,黄登红.数控加工中的对刀方法[M].工具技术,2005.

[24]　李娟,刘洪伟.柔性制造系统中组合夹具在制造业中的应用[J].重型机械科技,2007.

[25]　王素琴,钱瑾红.组合夹具的研究状况与应用[J].电子机械工程,2004.

[26]　宗国成.数控车工技能鉴定考核培训教程[M].北京:机械工业出版社,2006.

[27]　田萍.数控机床加工工艺及设备[M].北京:电子工业出版社,2005.

[28]　Huang Supin. Tool – Setting Principles of NC Machine and Its Common Operations. Equipment Manufactring Technology [J]. 2007.

[29]　张超英,罗学科.数控机床加工工艺、编程及操作实训[M].北京:高等教育出版社,2003.

[30]　熊熙.数控加工实训教程[M].北京:化学工业出版社,2003.